"十三五"普通高等教育系列教材

建筑制图

主　编　杨　悦　刘韦伟
参　编　孙　响　李小娟　张　敏　曹立辉
主　审　王丽洁

U0387431

中国电力出版社
CHINA ELECTRIC POWER PRESS

内 容 提 要

本书为"十三五"普通高等教育系列教材。全书分为 10 章，主要内容包括制图准备、投影知识、点线面的投影、基本立体的投影、组合体视图、形体的剖切表达、轴测投影、透视投影、阴影、建筑制图相关规范解析。本书以"精炼和易懂"为编写指导思想，用"树式"框架表达庞杂的知识，用精选实例贯穿全书，易学易懂。

本书可作为普通高等院校建筑学、城市规划、园林风景、室内设计、环境艺术设计等专业的教材，也可作为从事建筑类设计的人员和从业者的参考用书。

图书在版编目（CIP）数据

建筑制图 / 杨悦，刘韦伟主编 . —北京：中国电力出版社，2019.2（2023.6 重印）
"十三五"普通高等教育规划教材
ISBN 978-7-5198-2751-9

Ⅰ．①建…　Ⅱ．①杨…②刘…　Ⅲ．①建筑制图—高等学校—教材　Ⅳ．① TU204

中国版本图书馆 CIP 数据核字（2019）第 002239 号

出版发行：中国电力出版社
地　　址：北京市东城区北京站西街 19 号（邮政编码 100005）
网　　址：http://www.cepp.sgcc.com.cn
责任编辑：霍文婵
责任校对：黄　蓓　常燕昆
装帧设计：赵姗姗
责任印制：钱兴根

印　　刷：北京天泽润科贸有限公司
版　　次：2019 年 2 月第一版
印　　次：2023 年 6 月北京第七次印刷
开　　本：787 毫米 ×1092 毫米　16 开本
印　　张：15.25
字　　数：375 千字
定　　价：50.00 元

前　言

拓展资源

　　本书从培养应用型建筑类专业人才的目标出发，以培养学生自主思维和自主表达的能力为目标，对传统"画法几何与阴影透视"原理知识和制图方法的脉络进行了系统梳理，相对于目前使用较多的教材，更注重原理知识在实践绘图中的应用，强调知识的规律性和连续性，为学生搭建清晰的"树式"知识框架，帮助学生对庞杂的原理知识融会贯通、学以致用。

　　（1）本书以"精炼和易懂"为编写的指导思想，在阐述基本原理知识的同时，用精选实例贯穿全书，突出原理和绘图相辅相成的关系。

　　（2）全书强调知识脉络，除在各章节的开始编入学习指导、在各章节的末尾编入小结与思考外，还在各部分原理知识和绘图方法中增加空间想象力的方法讲解，用清晰的"树式"框架表达庞杂的原理知识，加强了教材的导读性。

　　（3）本书通过大量实例解析原理知识和绘图方法，在部分章节中，以现代经典建筑形体作实例分析，帮助学生理解建筑的形体特征及其空间关系，使学生掌握灵活多变的制图技巧，能进行更快速实用的方案表达。

　　（4）在传统"画法几何与阴影透视"的原理知识和绘图方法部分，本书从投影规律入手，以构成形体的点、线、面、体为顺序展开平行投影、中心投影、透视以及阴影的知识，为学生揭示投影规律和绘图方法的关系，使学生掌握正投影图、轴测投影图、透视图和阴影的基本画法、实用画法和辅助画法，实现从简单几何形体到复杂建筑形体的制图表达。为提升读者自身空间想象力，特增加用"空间想象力"的方法来解决画法几何相关问题，以标识"T"作为引出符号辅助读者阅读。

　　（5）在建筑制图规范的部分，本书以国家标准《房屋建筑制图统一标准》（GB/T 50001—2017）和《建筑制图标准》（GB/T 50104—2010）为核心依据，以国家标准统领知识点，培养学生通过严谨制图的过程，形成敬业、精益、专注的工匠精神和治学态度。通过精讲初步设计图和施工图的制图规范与表达要求，结合详细解析实际案例和图纸，使学生掌握正确的读图和绘图方法，使建筑制图知识更能适应学生在不同学习阶段中的应用。

　　为学习贯彻落实党的二十大精神，本书根据《党的二十大报告学习辅导百问》《二十大党章修正案学习问答》，在数字资源中设置了"二十大报告及党章修正案学习辅导"栏目，以方便师生学习。本次重印对部分内容进行了修订。

　　建筑制图的原理知识、绘图方法和空间思维方法，是每一个从事建筑类相关专业设计人员的必备知识和必备技能。学习建筑制图的目的是能将原理和技法学以致用，在学习和工作中，以精益求精的工匠精神和对精美图纸的极致追求，对待每一份图纸、每一个项目，在设计表达和实际工程中活学活用制图知识的原理和方法，才是学习建筑制图的终极目标。

　　谨以这段结束语作为对本书全部内容的总结，也送给每位读者，希望读者朋友能从中获益，运用书中的知识对国家和社会有更大的贡献。

本书由天津城建大学杨悦、天津大学仁爱学院刘韦伟任主编。编写人员及编写具体分工为：第 1、8~10 章由天津城建大学杨悦编写；第 2~6 章由天津大学仁爱学院刘韦伟编写；第 7 章由天津理工大学孙响编写；计算机绘图、图片整理、文字整理及校对等其他编写工作由天津理工大学孙响、天津城建大学李小娟、天津城建大学张敏、天津城建大学曹立辉共同完成。河北工业大学王丽洁教授任主审，提出了宝贵的修改意见和建议，在此致以诚挚的谢意。

由于编者水平有限，书中有不完善、不足之处，敬请关爱本书的老师和读者提出宝贵意见。

编　者
2023 年 6 月

目　　录

第1章 制 图 准 备

学习指导

本章是学习建筑制图的总纲指导和基础铺垫，通过对几何作图的基本方法进行讲解，使学生掌握一定的制图预备知识和几何作图的基础绘图方法。

知识要点

线段的各种等分画法
圆与内切多边形
导角与椭圆

1.1 建筑制图的应用与学习

作为建筑设计、城市设计、风景园林设计或其他相关专业的从业者，每天都在"生产"设计，设计者头脑中的方案、设计的过程和设计的结果都需要借助图纸或模型等形式表达出来，其中，建筑制图就是通过图纸、用尺规进行方案表达的一种方法。建筑制图侧重对建筑的平面、立面、剖面、轴测、透视和阴影的表达，能通过图纸表现出建筑在外部形态、内部空间以及地理环境等方面的信息，能反映设计意图，能作为施工依据，是每一位设计者必须掌握的技能。

本书以几何图形、几何形体和建筑形体作为讲解和研究的对象，分析制图原理知识，详解常用制图的方法与步骤。

学习建筑制图，空间想象力的培养非常重要，空间想象力是识图和绘图的基础，可以通过多想、多看、多画来增强自己的空间想象力，提高平面形象与空间形象相互转化的能力。

1.2 绘 图 工 具

手绘建筑制图常用的工具有丁字尺、三角板、比例尺、圆（分）规、半圆仪、绘图笔等，徒手制图时，还可以利用坐标网格纸绘图。随着计算机的快速发展和广泛应用，计算机辅助制图的应用也越来越普及，成为提高作图效率的重要工具。

1.3 几 何 作 图

建筑制图中的几何作图，是按照一定的法则和规律对基本的几何图形进行仪器作图的方法。利用仪器手绘制图，应将图纸固定在图板上，要熟练掌握丁字尺和三角板配合使用的方法与技巧，可以利用它们直接绘制水平线、垂直线以及 30°、60°、45°斜线，同时还要掌握用比例尺量取尺寸、绘制各种比例图线的方法。

1.3.1　直线段的垂直平分线

如图 1-1 所示，用圆规在直线 AB 的两端点上以大于该直线半径的长度分别画弧，使两弧相交于点 C 和点 D，点 C、D 的连线即为直线 AB 的垂直平分线，两直线的交点 E 也即是直线 AB 的中点。

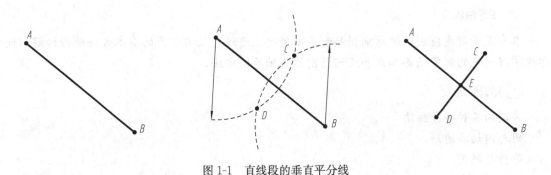

图 1-1　直线段的垂直平分线

1.3.2　直线段的任意等分

如图 1-2 所示，作直线 AB 的五等分，可自直线 AB 的端点作任意角度的辅助直线 CB，利用尺子上的刻度在辅助线段 CB 上截取出辅助等分点 1~5，连接直线 AB 上的端点 A 和辅助线段上的点 5 后，分别过点 4、3、2、1 向直线 AB 上作平行线，使 $44'$、$33'$、$22'$ 和 $11'$ 与辅助连线 $A5$ 平行，这些平行线在直线 AB 上的交点即为直线 AB 的五等分点。

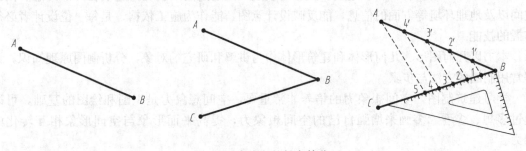

图 1-2　直线段的任意等分

1.3.3　平行两直线间距的任意等分

AB 与 CD 是相互平行的两直线，若要等分两直线间的间距，可以利用尺子上的刻度在两直线上的落点、要等分的段数及其与尺子上刻度的数值关系来确定辅助等分点 1~5 的位置（图 1-3），过各辅助等分点作直线 AB 和 CD 的平行线即可得到两直线间距的任意等分。

1.3.4　圆的内切正方形

如图 1-4 所示，利用 45°三角板和圆的水平轴作过圆心的 45°直径，使其与圆周相交于点 A 和 B，过点 A 和 B 分别向圆周上作圆的水平轴的平行线，与圆周交于点 C 和 D，连接点 C、A 和点 B、D 后，即得到圆的内切正方形。

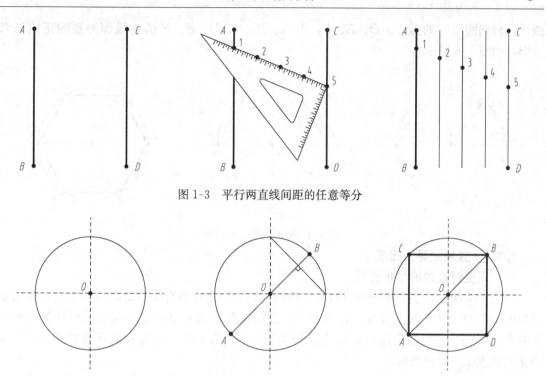

图 1-3　平行两直线间距的任意等分

图 1-4　圆的内切正方形

1.3.5　多边形

除了在圆内绘制圆的内切正方形，还可以利用圆与其内切几何形的联系，将作圆内切正方形的原理运用到其他多边形的绘制中。

一、正五边形

利用圆的水平轴与圆周的交点 A 和圆心 O，作出半径 OA 的中心点 B；以点 B 为圆心、以圆的垂直轴与圆周的交点 C 为起点、以 BC 为半径（$R1$）画弧，得到圆的水平轴上的交点 D；以圆周上的点 C 为圆心、以点 D 为起点、以 CD 为半径（$R2$）画弧，得到圆周上的交点 E；圆周上的点 C、E 的连线（即正五边形的边长）与半径 $R2$ 相等，可以用半径 $R2$ 对圆周进行五等分，圆周上各等分点的连线即为圆的内切正五边形（图 1-5）。

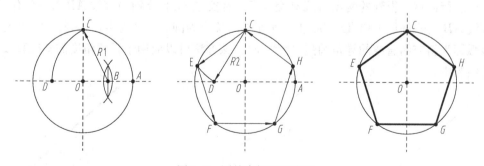

图 1-5　圆的内切正五边形

二、正六边形

用正六边形的边长 R 为半径画圆；在圆周与其水平轴的交点 A 和 B 上，用边长 R 等分

圆周，得到圆周上的点 C、D、E、F，点 A、B、C、D、E、F 的连线即为圆的正内切六
边形，如图 1-6 所示。

图 1-6　圆的内切正六边形

1.3.6　直线的导角圆弧

一、正交两直线的导角圆弧

如图 1-7 所示，绘制正交两直线的导角圆弧时，应先以两直线的交点 O 为起点，利用欲
导角的半径 R 在两直线上截取出点 A 和 B；分别以点 A 和 B 为圆心向两直线的内侧画半径
为 R 的弧，得到两弧的交点 O′；以交点 O′为圆心、R 为半径，自点 A 至点 B 画弧，该弧即
为正交两直线的导角圆弧。

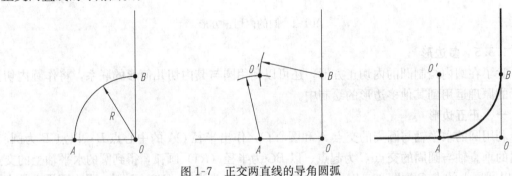

图 1-7　正交两直线的导角圆弧

二、斜交两直线的导角圆弧

作斜交两直线的导角圆弧时，可先以欲导角的半径 R 为距离，对两直线分别向斜交两直
线的内侧进行偏移，得到的两条直线有交点 O；在交点 O 上分别向直线 AB 和 BC 作垂线，
得到直线 AB 上的垂足 1 和直线 BC 上的垂足 2；以 O 为圆心、R 为半径，画点 1、2 间的圆
弧，该弧即为斜交两直线的导角圆弧（图 1-8），该方法可以应用于任意角度的斜交直线导角
圆弧的绘制中。

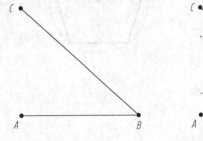
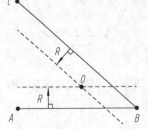
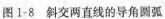
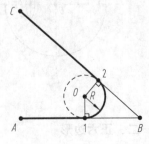

图 1-8　斜交两直线的导角圆弧

1.3.7　椭圆

一、依据长短轴作椭圆

如图 1-9 所示，已知椭圆形的长轴 AB、短轴 CD 及它们的交点 O，以 O 为圆心、OA 为半径画弧，得到在短轴 CD 延长线上的交点 1；连接点 A 和点 C，以 C 为圆心、$C1$ 为半径画弧，使其与 AC 交于点 2；作线段 $A2$ 的垂直平分线使其在短轴 CD 延长线上有交点 O_1、在长轴 AB 延长线有交点 O_3；在长轴 AB 上作 O_4，使 $OO_4 = OO_3$；在短轴 CD 上作 O_2，使 $OO_2 = OO_1$；以 O_3 为圆心、O_3A 为半径画弧，使弧与直线 O_1O_3、O_2O_3 及其延长线相交于点 E 和点 F；以 O_4 为圆心、O_4B 为半径画弧，使弧与直线 O_1O_4、O_2O_4 及其延长线相交于点 G 和点 H；以 O_1 为圆心、O_1C 为半径在点 E 和点 G 间画弧；以 O_2 为圆心、O_2D 为半径在点 F 和点 H 间画弧，即完成由 4 段圆弧组成的椭圆形。

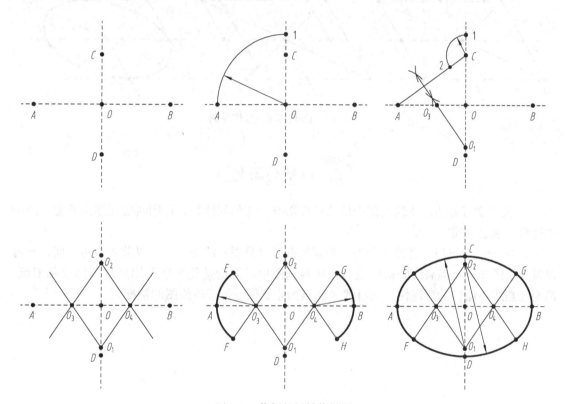

图 1-9　依据长短轴作椭圆

二、依据共轭直径作椭圆

如图 1-10 所示，已知椭圆形的共轭直径 AB、CD 及它们的交点 O。过点 C 和 D 作 AB 的平行线，过点 A 和 B 作 CD 的平行线，得到平行四边形 $EFGH$ 后连接其对角线；以 CE 作斜边，作直角三角形 ECJ；以 CJ 为半径在平行四边形的边长 EF 上截取点 J_1 和 J_2，使 $CJ_1 = CJ$、$CJ_2 = CJ$；过点 J_1 和 J_2 作 CD 的平行线，分别在平行四边形对角线 EG 上确定点 1 和 4、在 FH 上确定点 2 和 3；用平滑的曲线连接点 C、1、A、2、D、4、B、3 后，即得到依据共轭直径 AB、CD 所作的椭圆。

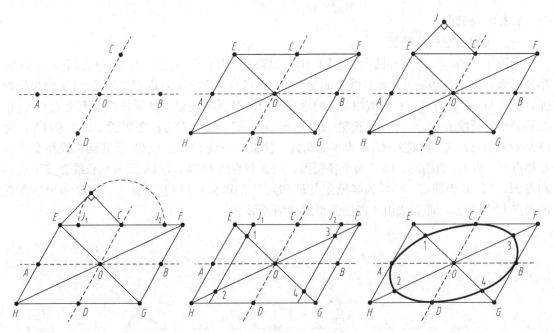

图 1-10　依据共轭直径作椭圆

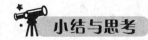 小结与思考

1. 关于学习方法。建筑制图中的几何作图有一定的规律性，作图时要在逐渐熟悉、熟练的过程中融会贯通。

2. 关于制图技巧。要善于利用三角板和圆规（分规）绘图，既可以节省绘图时间，又可以减少绘图步骤，提高绘图精准性。在建筑制图中，无论是徒手还是用尺规仪器绘制图纸，都要注意线条绘制的严谨性，只有严谨的制图才能保证每一步绘图的精准。

第2章 投 影 知 识

🔍 **学习指导**

建筑设计中，无论是方案阶段的草图还是实施阶段的施工图，设计师必须用图纸来表达自己的想法，如何在二维图纸上准确完整地表达空间三维形体的形态和结构特点等，是每个建筑设计师必须掌握的能力。投影法是进入工程类行业必学的入门方法，在二维平面与三维空间之间进行转化，同时有效培养空间想象力和逻辑思维能力。

📋 **知识要点**

投影法的概念
平行投影的特性
三面投影图的形成原理

2.1 投影的形成及分类

2.1.1 投影的形成

室内，物体或家具在灯光的照射下，在墙面或地面上就会呈现该物体的影子；室外，建筑物或构筑物在阳光的照射下，在地面或相邻建筑墙面上也会形成影子，通过影子可以看出形体的外轮廓线，但仅仅是一个黑影。为了能够表达形体的完整形态，假定光线能够穿透形体，使形体的点、线、面均能在一个平面上体现，用清晰的图线连接起来形成完整的图形，绘制出来的图形称为形体在平面上的投影。这些投影会随着光线照射角度的不同而发生变化，在一定程度上能够反映出物体或建筑物的形状和大小。人们通过以上日常的投影现象得到启发，发现了空间三维形体用二维平面表达的方法，也就是把光源、光线、物体和地面四者进行几何化的抽象总结：光源抽象为投射中心，光线抽象为投射线，物体抽象为空间形体，地面抽象为投影面，这就形成了投影和投影法。

投影法的定义：过空间形体由投射中心引投射线，向选定的投射面进行投影，在投影面上得到图形的方法，称为投影法。所得到的图形称为此空间形体的投影，如图2-1所示。

投影的构成要素：

（1）**投射中心 S**：投射线的源点。

（2）**投射线 SA、SB、SC**：投射中心和

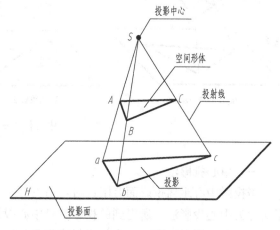

图2-1 投影法

形体各点的连线，用细实线表示。

（3）**投影面 H**：指定一平面，且是投影所在平面。

（4）**空间形体 ABC**：需要表达的形体，用大写字母和粗实线表示。

（5）**投影 abc**：投射线与投影面各个交点所构成的图形，用小写字母和粗实线表示。

影和投影的区别：如图 2-2 所示，可以看出影子只是一个黑色区域，仅反映了房子的外轮廓，而投影能够清晰的反映出房子的形状，可以看出房子的屋顶形式为四坡屋顶。

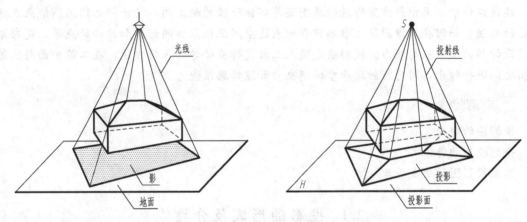

图 2-2　影和投影的区别

2.1.2　投影法分类

根据投射中心与投影面相对位置不同，投影法可分为中心投影法和平行投影法两类。如图 2-3 所示。

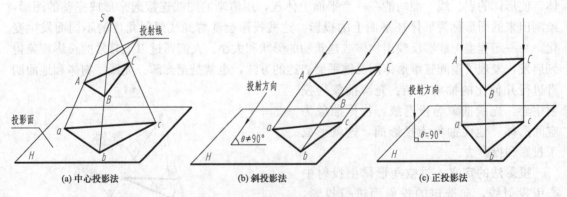

　(a) 中心投影法　　　　　　　(b) 斜投影法　　　　　　　(c) 正投影法

图 2-3　中心投影法和平行投影法

一、中心投影法

当投射中心距离投影面有限远时，所有投射线都汇集于一点（即投射中心 S），这种投影法称为中心投影法。所得到的投影就是中心投影，如图 2-3（a）所示。

从定义中可以看到，所有的投射线都是从投射中心出发，通过形体的一系列投射线与投射面相交所得的图像就是中心投影；中心投影的大小随空间形体与投射中心之间的距离发生变化（距离越近，投影越大）；中心投影不反映形体的真实大小，多为类似形。

中心投影法主要应用于透视投影，也就是建筑透视图。

二、平行投影法

当投射中心距离投影面无限远时，所有的投射线均可看作相互平行（类似于太阳光线），这种投影法称为平行投影法。所得到的投影称为平行投影。

根据投射线与投影面夹角不同，平行投影法又分为斜投影法和正投影法。

（1）**斜投影法**：投射线与投影面倾斜的平行投影法称为斜投影法。由斜投影法所得的投影为斜投影，如图 2-3（b）所示。

（2）**正投影法**：投射线与投影面垂直的平行投影法称为正投影法。由正投影法所得的投影为正投影，如图 2-3（c）所示。

平行投影法是工程制图中非常重要的投影法，而正投影又是平行投影的特殊情况，由于其规律性强，在今后识图和绘图中具有举足轻重的作用，是建筑制图中主要的绘图方法。

2.2 投 影 的 特 性

2.2.1 共有性质

以下特性，中心投影和平行投影均具备，图中仅以中心投影为例，平行投影同理具有相同性质。

（1）唯一性。投影中心和投影面（或投射方向）确定之后，空间形体上的每一个点都具有唯一的投影，具有一一对应关系。例如图 2-4（a）中的 A 与 a、B 与 b。

（2）同质性。点的投影仍为点，直线的投影一般仍为直线，空间形体与投影的性质相同。例如图 2-4（b）中的点 A 与 a、直线 BC 与 bc。

（3）从属性。从属于直线上的点（或称为在直线上的点），其投影必在此直线的同面投影上。例如图 2-4（c）中的空间点 K 在 AB 直线上，则点 K 的投影 k 一定在 ab 上。

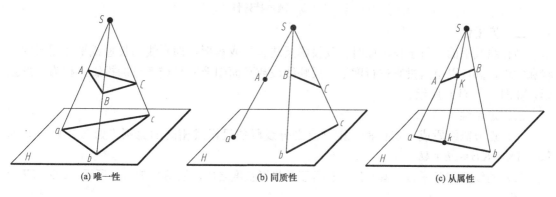

(a) 唯一性　　　　　　　　(b) 同质性　　　　　　　　(c) 从属性

图 2-4 共有性质

2.2.2 平行投影的特性

研究平行投影的性质，目的是找到空间形体和二维平面的一一对应关系，对今后读图和绘图有重要的意义。以下的几种性质只针对平行投影。

一、倾角特殊性

（1）当直线或平面倾斜于投影面时，其正投影小于实长或实形，但它的形状必然是原平面图形的相仿形，即直线投影仍是直线，五边形投影仍为五边形，圆投射成椭圆等，这又称之为相仿性。如图 2-5（a）中空间平面 ABCD 与投影面成一定角度，则其正投影 abcd 小于实形，但平面图形与原空间形体一致，均为四边形。

（2）当两直线或两平面都平行于投影面时，它们在同一投影面上的投影仍相互平行。一直线或一平面经过平移之后，虽然投影的位置改变了，但它们在同一投影面上的投影形状和大小仍保持不变，这又称之为平行性。如图 2-5（b）中直线 AB 平行于投影面，则其正投影 ab 与 AB 等长，平面 CDE 平行于投影面，则其正投影 cde 能够反映实长和实形。

（3）当直线或平面垂直于投影面时，其平行投影积聚为一点或一直线，该投影称为积聚投影，这一特性又称之为积聚性。如图 2-5（c）中直线 AB 垂直于投影面，其正投影 a 和 b 积聚成一点 a (b)，空间平面 CDEF 垂直于投影面，则其投影积聚成一条直线。

可见性问题：积聚性是正投影非常重要的一个性质，由于产生积聚，例直线 AB 的投影 a 和 b，积聚为一点，有可见性问题，也就是哪个点是可见的，哪个点是不可见的。我们规定，从上向下作投影，由于空间 A 点在上，B 点在下，所以认为 a 可见，b 不可见，规定不可见加小括号，如图 2-5（c）所示。

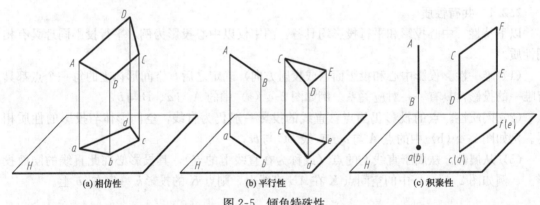

(a) 相仿性   (b) 平行性   (c) 积聚性

图 2-5 倾角特殊性

二、度量性

当直线或平面平行于投影面时，其投影反映实长或实形，即直线的长短或平面图形的形状和大小，都可以由其投影进行度量，反映线段或平面图形实长或实形的投影，称为实形投影，如图 2-5（b）所示。

三、定比性

（1）点分割线段成一定比例，则该点必分线段的投影成相同的比例。如图 2-6（a）所示，$AK:KB=ak:kb$。

（2）两线段相互平行，其长度之比等于其投影长度之比，如图 2-6（b）所示，$CD:EF=cd:ef$。

由于平行正投影不仅具有上述平行投影特性，而且投射方向垂直于投影面，作图更便捷，工程上应用更广泛，尤其是建筑图中的平立剖面图，都是用正投影绘制的。为简便起见，以后本书提及投影二字，除作特殊说明外，均为平行正投影。

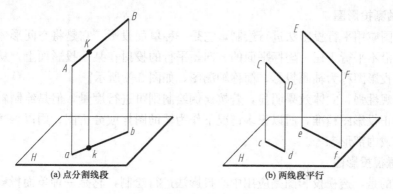

(a) 点分割线段   (b) 两线段平行

图 2-6 定比性

2.3 工程中常用的投影图

2.3.1 单面正投影图

在单面投影体系中，空间形体在某一投影面上有唯一的投影，但反过来，仅凭某一投影面上的投影，不能确定空间形体位置的唯一性。如图 2-7 所示，无论是空间中的点、线和形体，单凭一个投影面中的投影不能准确和完整的表达出形体的实际情况，存在单面投影的局限性。

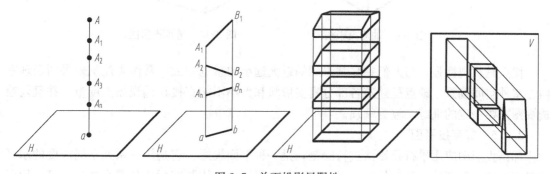

图 2-7 单面投影局限性

2.3.2 多面正投影图

采用正投影法将空间几何元素或形体分别投射到相互垂直的两个或两个以上的投影面上，且空间形体的主要侧面分别平行于投影面，做出正投影，然后按一定的规律将投影面展开在同一平面上。这种将两个或两个以上正投影组合而成，用以确定空间形体的多面正投影，称为多面**正投影图**，如图 2-8 所示。

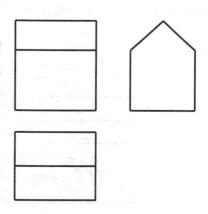

优点是能准确的反映空间形体的形状和大小，便于度量、作图方便；缺点是直观性差，缺乏立体感，读图需要一定的训练。

图 2-8 多面正投影图

2.3.3　轴测投影图

轴测投影图应用平行投影法进行绘制，它是一种单面投影，它是将空间形体及其参考的直角坐标系，沿不平行于任一坐标平面的方向，平行的投射在某一投影面上，从而得到具有一定立体感的投影图称为轴测投影，简称轴测图，如图 2-9 所示。

优点是直观性强，立体效果明显，若按比例绘制则可进行度量，但是绘制轴测图比较繁琐，尺寸不如正投影图精准，所以很多情况下作为辅助图样或分析图，用以表达建筑体量关系、构造示意或内部形态等。

2.3.4　透视投影图

需要注意的是，透视投影图是应用中心投影法进行绘制，它是一种单面投影。用中心投影法将空间形体投射在单一投影面上，从而得到具有透视效果的透视投影图，简称透视图，如图 2-10 所示。

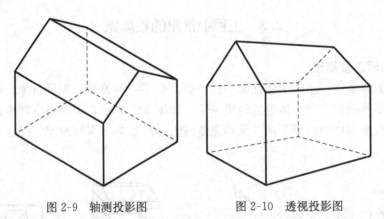

图 2-9　轴测投影图　　　　　图 2-10　透视投影图

优点是直观性强，与人们在日常看到的近大远小的感觉一致，常作为建筑效果图表现室内、室外空间场景；缺点是建筑各部分真实形状和大小不能直接在透视图上度量，并且勾绘透视图需要一定的训练，较为烦琐。

2.3.5　标高投影图

标高投影图应用平行投影法进行绘制，是一种单面投影。它是用一系列不同高度的水平截平面剖切空间形体，然后依次做出各截面的正投影，并用数字标出各等高线的标高，用以表达该地段的地形，称为标高投影图，如图 2-11 所示。

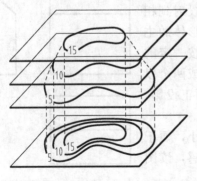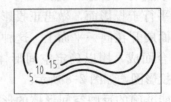

图 2-11　标高投影图

2.4　三面投影图

2.4.1　单面投影图

如图 2-7 所示，单面投影图的概念已在 2.3.1 单面正投影图中进行了讲解，那在形体的下面放置一个水平投影面，简称 H 面，在水平投影面上的投影称为水平投影，简称 H 投影。从图中可看出，此形体只反映形体底面的形状，不能反映其真实立体形态，因此形体的单面投影不能完整确定空间形状。

2.4.2　两面投影图

一般情况下，形体至少需要两面投影，才能较准确的表达出形体的大小和形状。如图 2-12 所示，设立了两个投影面，水平投影面（简称 H 面）和垂直于 H 面的正投影面（简称 V 面）。在水平投影面上的投影称为水平投影，简称 H 投影；在正投影面上的投影称为正面投影，简称 V 投影。

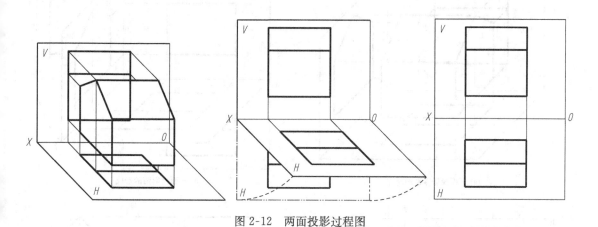

图 2-12　两面投影过程图

从图中可以清楚的看到，水平投影是从上向下做投影，投影在水平面上；正面投影是从前向后做投影，投影在正投影面上。H 面投影反映了形体的长和宽，而 V 面投影反映了长和高，这两个投影共同反映了形体的长、宽、高，并且在两个投影面上均能反映出长度，也称之为"长对正"。

2.4.3　三面投影图

如图 2-13 所示，对形体做两面投影，但不同形体尽管两面投影相同，但不能真实反映形体形状、大小和空间位置，有些形体必须增加一个投影面，形成三面投影体系才能反映真实情况，即除水平投影面 H 和正投影面 V 之外，再增加一个侧立投影面 W。

如图 2-14 所示，把形体放在三面投影体系当中，从上向下在水平投影面上做水平投影，从前向后在正投影面上做正投影，从左向右在侧立投影面上做侧投影。由于三面投影体系是一个立体空间，要把三维空间转换到二维图纸中，需要一把"剪刀"，规定：沿 OY 轴，也就是 H 面和 W 面中间的轴剪开，V 面不动，H 面向下转，W 面向右转，三面投影均在一个平面上，完成三维空间向二维图纸的转换。

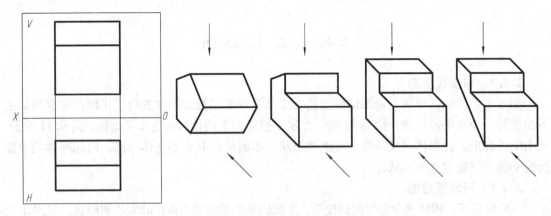

图 2-13　两面投影均相同的形体

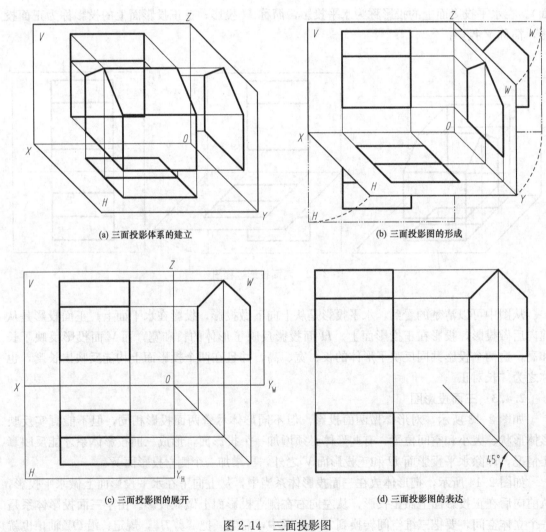

图 2-14　三面投影图

从展开的图中可以看到，水平投影与正投影长度相等，称为"长对正"，水平投影和侧投影宽度相等，称为"宽相等"，同理，正投影和侧投影在高度方向相等，称为"高平齐"。

为提升读者空间想象力，特增加"空间想象力法"来解决画法几何相交问题，用"T"作为引出符号。

T：若把二维投影平面转换成三维空间，可从空间想象力的角度来分析，V 面保持不动，从前向后做的投影得出的是正投影，如果想把三维立体呈现在眼前，只需要把原来"拍扁"的正投影给拉起来，同时把水平投影面还原回三维空间的三面投影体系中，结合水平投影能够在头脑中形成一个三维立体形状，再结合水平投影宽度方向的具体尺寸，使得这个形体有了较准确的尺度，即利用空间想象力在头脑中构造从二维图形向三维空间形体转换的过程。

2.4.4　投影体系八分角

在三面投影体系中，可以看到无论是水平面、正投影面和侧投影面，都是以正向量呈现在眼前，但事实上，H 面、V 面和 W 面均是无限大的，水平面不仅存在于正投影面的前方和侧投影面的左方，在后方和右方也存在；同理，正投影面在水平面的下方和侧投影面的右方也同样存在；侧投影面在水平面的下方和正投影面的后方也同样存在。因此，把三个投影面扩大到无限大，就形成了 8 个三面投影体系。如图 2-15 所示，规定人站在这个投影体系的左上方，即是三面投影体系中的第一分角，按逆时针方向，依次为第二、三、四分角；同理，侧投影面的右侧，按逆时针方向，与第一、二、三、四分角对应位置分别为第五、六、七、八分角。

我国应用的三面投影体系为第一分角，而国外等欧美国家应用的是第三分角体系。

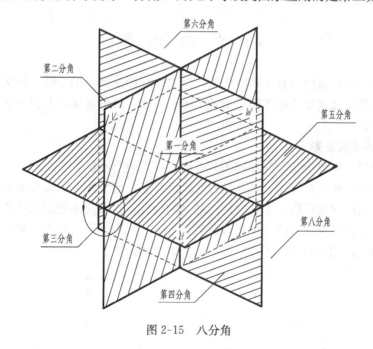

图 2-15　八分角

掌握投影的形成原理和分类；熟知平行投影的投影特性；尤其是平行正投影；掌握三面投影图的形成原理；了解八分角的概念。

第3章 点 线 面 的 投 影

🔍 学习指导

　　任何空间形体都是由点、线、面这些基本几何元素构成的，建筑形体也不例外，无数个点组成线，无数条线组成面。点作为最基本的几何元素，是研究线、面、体投影原理、规律和作法的基础。而投影规律是绘图的依据，不需要死记硬背，需要真正理解其中的原理，无论是通过逻辑分析还是空间想象力，都需要掌握点线面的三面投影规律，建立二维图纸与三维形体的转换关系，为学习体的投影打好基础。

📖 知识要点

点线面的三面投影及其投影规律
点线面相对位置关系
"二求三"及直线的实长问题

3.1 点 的 投 影

　　通过前面的学习，对投影有了基本认识，对二维投影图和三维空间形体之间的关系有了初步了解。任何简单或复杂的形体都是由若干个点构成，从最基本的几何元素——点，开始研究其投影规律。

3.1.1 点的单面投影

　　研究点的投影，本质上是研究如何用其投影确定点的空间位置。

　　如图 3-1 所示，可以看出：①空间点的投影仍是点，当空间点的位置确定后，其投影是唯一的。②已知点的单面投影，不能确定点的空间位置，也就是由投影反推空间点的位置不能得到唯一答案，由于空间点的位置包含前后、上下、左右，而一个投影面只能反映两个方向的投影，所以必须增设投影面才能找到点的准确空间位置。

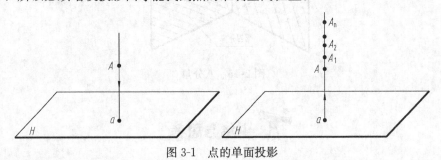

图 3-1　点的单面投影

3.1.2 点的两面投影

　　点的单面投影不能确定空间中唯一的点，引入两面投影体系，如图 3-2 所示，增加正投

影面 V，由空间 A 点向水平投影面（H 面）做投影得到水平投影 a，向正投影面（V 面）做投影得到正面投影 a'，由此可以看到，a 能够反映 A 点的左右、前后位置，a' 能够反映 A 点的上下、左右位置。这样 a 和 a' 两个投影，就可以唯一确定 A 点的空间位置。

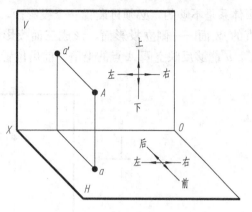

图 3-2　点的两面投影体系

如何从三维投影体系转换为二维图纸，也就是如何应用 a 和 a' 来准确表达 A，这里有一个投影面翻转的原则，如图 3-3（a）所示，V 面不动，H 面向下翻转，翻转 $90°$，使其与 V 面重合，这样两面合一，完成了从三维向二维的转化，由于投影面是无限大的，所以最终的投影图中不需要画出边线，如图 3-3（c）所示。

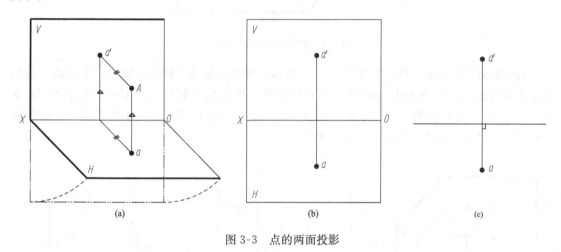

图 3-3　点的两面投影

投影规律：

（1）图 3-3（a）中，可以看到投影的辅助线在空间上构成了一个矩形，标识出矩形的对边线段相等，也就是 A 到 V 面的距离＝a 到 OX 轴的距离；A 到 H 面的距离＝a' 到 OX 轴的距离。

（2）如图 3-3（c）所示，$a\,a'$ 的连线垂直于投影轴。

二维与三维的转换：

T：空间想象力法，如图 3-3（c）所示，看图原则，第一步：二维图形中，盯着 a' 不动，即 V 面保持不动；第二步：把投影轴下面的 H 面翻回到原三维空间中，即 H 面与 V 面是垂直状态，那么 a 也跟着 H 面翻回到水平状态，在头脑中要建立起这样清晰的三维空间；第三步：a' 不动，沿着垂直于 a' 向前的方向量取 a 到投影轴的距离，头脑中想象出空间 A 点的位置，由此完成二维向三维的转换。这是训练大家空间想象力的重要方法。（之后的表达中第一步简称 S1）

3.1.3　点的三面投影

如前所述，点的两面投影能够确定点的空间位置，但一些非常复杂的形体，仅有两面投影体系是不够的，必须再设置一个投影面，如图 3-4 所示，再设置一个与 H 面和 V 面都垂直的 W 面——侧立投影面，形成三面投影体系，其中 A 点向侧立投影面 W 面的投影称为 a''，a'' 能够反映空间 A 点的上下、前后位置。

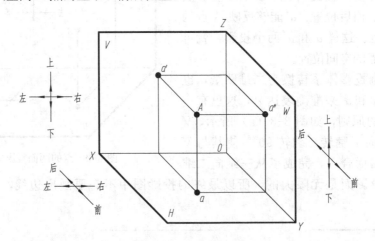

图 3-4　点的三面投影体系

如同两面投影体系一样，如图 3-5（a）所示，要把三面投影体系转换为二维平面，投影面翻转原则是：沿 H 面和 W 面相交的 OY 轴剪开，H 面向下翻转 90°，与 V 面重合，W 面向右翻转 90°，与 V 面重合，这样就得到图 3-5（b）"三面合一"，这时不再画出投影面的边框和标识，便得到图 3-5（c）的三面投影图。

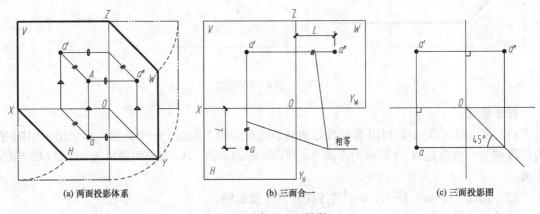

(a) 两面投影体系　　　　　(b) 三面合一　　　　　(c) 三面投影图

图 3-5　点的三面投影

投影规律：

（1）如图 3-5（a）所示，可以看到，作投影的辅助线在空间上形成了一个立方体，这样根据立方体的平行边相等的规律，就能清晰地看出相同标识的线段相等。那么对于二维图纸中最重要的一条规律是：如图 3-5（b）所示，线段 L 长度相等，再回到三面投影体系中我们就不难发现其相等的原因。

（2）如图 3-5（c）所示，aa' 的连线垂直于 OX 投影轴，$a'a''$ 的连线垂直于 OZ 投影轴。

那么，只要给出点的两个投影就可以求出第三个投影，通常这种求作过程称为"二求三"。

二维向三维转换：

T：空间想象力法，如图 3-5（c）所示，S1：二维图形中，盯着 a' 不动，即 V 面保持不动；S2：把投影轴下面的 H 面翻回到原三维空间中，即 H 面与 V 面应是垂直状态，那么 a 也跟着 H 面翻回到水平状态；同理，把右侧的 W 面也翻回到原三维空间中，那么 a'' 也跟着 W 面翻回到侧立投影面上，把 H 面、V 面和 W 面在头脑中建立清晰的三维模型；S3：在这个三维模型中，分别找到 a、a' 和 a'' 的具体位置；S4：保证 a' 不动，沿着垂直于 a' 向前的方向量取 a 到投影轴的距离，或者对照 a'' 的位置，分别从 a' 和 a'' 引辅助线，都可以看到空间 A 点，由此完成二维向三维的转换。

PS：空间想象力是可以训练的，如果在头脑中不能建立空间三维投影关系，需要一遍一遍地重复记忆空间元素，由简单到复杂，分步骤循序渐进的训练空间想象力。

例 3-1　如图 3-6（a）所示，已知空间 C 点的两个投影 c 和 c'，求 c''。

解：两种方法：（1）如图 3-6（b）所示，根据前述点的投影规律或者空间想象出三面投影体系可知，c 到 OX 的距离 $=c'$ 到 OZ 的距离，那么向 OZ 轴右侧量取相同距离就可以得到 c''。

（2）如图 3-6c 所示，借助 45° 辅助线作图，过原点 O 作 45° 线，然后按箭头指示方向分别作延长线和平行线，也可以得到 c''。

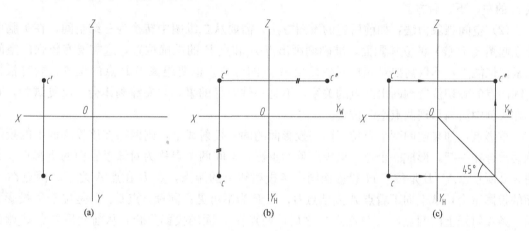

图 3-6　点的二求三

表达方式：作投影图时，一般规定，表示空间点时应采用大写的字母，例 A、B、C、D 等；表示空间点的水平投影时采用相应的小写字母，例 a、b、c、d 等；表示空间点的正面投影时采用相应的小写字母加一撇，例 a'、b'、c'、d' 等，表示空间点的侧面投影时采用相应的小写字母加两撇，例 a''、b''、c''、d'' 等。

3.1.4　两点的相对位置

前文所述，已知：H 面投影反映出形体的左右、前后关系。V 面投影反映出形体的上下、左右关系。W 面投影反映出形体的上下、前后关系。

三维空间中容易判断出两点位置，而在投影体系中如何判断，则依赖于点的三面投影，也就是判断两点投影的上下、左右、前后位置关系，比较时，将其中一点作为基准点，另一点作为比较点。如图 3-7（a）所示，空间 A 点和 B 点的位置关系一目了然，选定 A 为基准点，B 点为比较点，B 在 A 点的下方、左方、后方。如果单纯看图 3-7（b），是否还能快速准确地分析出两点的位置关系呢？

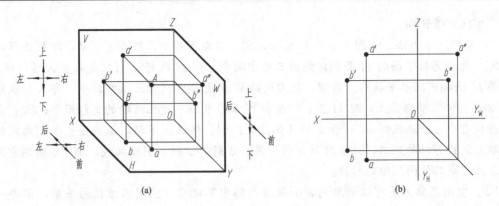

图 3-7　两点的相对位置

如图 3-7（b）所示，两种方法：

（1）逻辑分析：从 H 面和 V 面的投影可以看出，b 和 b' 在 a 和 a' 的左侧；从 V 面和 W 面的投影可以看出，b' 和 b'' 在 a' 和 a'' 的下方；从 H 面和 W 面的投影可以看出，b 和 b'' 在 a 和 a'' 的后方。也就是要看哪个投影与 X 轴、Y 轴和 Z 轴正向距离更大，比较的结果是：点 B 在点 A 的左、下、后方。

（2）空间想象力法：如前所述的看图方法，需要从二维图中转换为三维空间，在头脑中建立起图 3-7（a）的立体画面，准确刻画出点 A 和点 B 的准确位置，这需要有较强的空间元素记忆能力，不仅需要对照投影想象出 A 点的位置，也要想象出 B 点的位置，同时根据空间两点的确切位置判断出两点的关系，不是一件容易的事，需要深刻体会，反复试验，直到在头脑中清晰呈现两点空间位置。

重影点：如果空间两个点位于同一投影面的同一投射线上，则两点在该投影面上的投影就会重合在一起，形成一个点，该投影称为重影，空间两个点称为对该投影面的重影点。如图 3-8 所示，A、B 是位于 H 投影面同一条投射线上的两点，点 B 在点 A 之下，两点在 H 面的投影重合，从上向下看点 A 遮挡点 B，点 B 为不可见；同理，点 C、D 是位于 V 投影面同一条投射线上的两点，点 D 在点 C 之后，两点在 V 面的投影重合，从前向后看点 C 遮挡点 D，点 D 为不可见。在投影图中规定重影点中不可见点的投影要加括号，如图 3-8（b）中的点（b）和点（d'）。

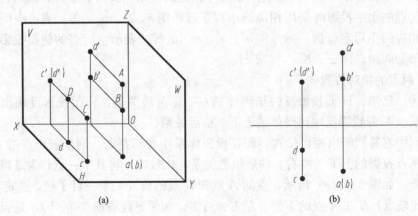

图 3-8　重影点

3.2　直　线　的　投　影

一般情况下，直线的投影仍然是直线，只有在特殊情况下直线的投影才会积聚为一点。如图 3-9（a）所示，直线 AB 为一般情况下直线，其投影 ab 仍为直线；如图 3-9（b）所示，特殊情况下，直线 CD 垂直于投影面 H，其投影积聚为一个点 c(d)。

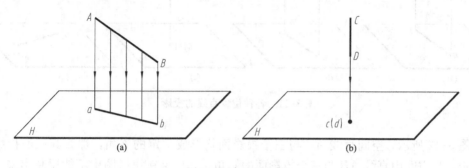

图 3-9　直线的投影

直线的投影是无数点投影的集合，那么只要找到直线上两个点的投影，再进行连线即可。如图 3-10 所示，由几何学可知，直线是无限长的，想要确定直线的位置，只要找到直线上的两个点连线即可，如图 3-10（a）所示为两点的投影，把两个的投影连线即构造出空间直线 AB，再由图 3-10（b）转换成图 3-10（c），即得一般情况下直线的三面投影。

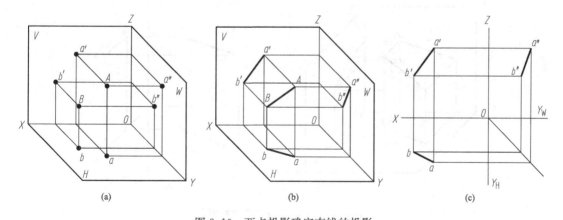

图 3-10　两点投影确定直线的投影

3.2.1　各种位置直线的投影

如图 3-11（a）可示，直线倾斜于投影面时，投影短于实长；图 3-11（b）所示，直线平行于投影面时，投影反映实长；图 3-11（c）所示，直线垂直于投影面时，直线积聚为一点；图 3-11（d）所示，直线从属于投影面，投影反映实长，情况更特殊。

一、一般位置直线

同时倾斜于三个投影面的直线称为**一般位置直线**。

空间直线与各个投影面的夹角称为对投影面的倾角。α 表示空间直线 AB 与 H 面的夹角；β 表示空间直线 AB 与 V 面的夹角；γ 表示空间直线 AB 与 W 面的夹角。

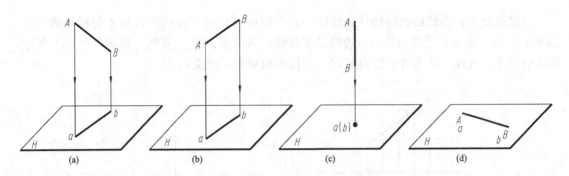

图 3-11 各种位置直线的投影

如图 3-12 所示，空间直线 AB 与三个投影面均形成一定的夹角，那么其三面投影不能反映实长，且空间中直线 AB 与三个投影面的倾角 α、β、γ 在投影图中不能反映出来，其中倾角 α 是直线 AB 与水平投影 ab 的夹角；倾角 β 是直线 AB 与正面投影 a'b' 的夹角；倾角 γ 是直线 AB 与侧面投影 a"b" 的夹角。

总结一般位置直线的投影特征：

(1) 三面投影的长度均小于实长。

(2) 三面投影与投影面的夹角均不反映空间直线与投影面倾角的真实大小。

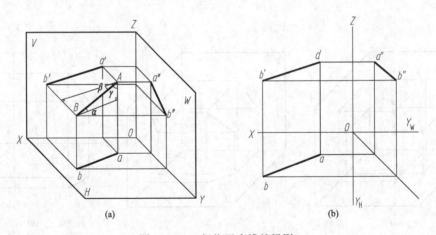

图 3-12 一般位置直线的投影

二、投影面平行线

平行于某一个投影面，同时倾斜于另两个投影面的直线，称为投影面平行线。根据直线所平行的投影面不同，分为三种，见表 3-1：

水平线——平行于水平投影面（H 面）的直线。

正平线——平行于正立投影面（V 面）的直线。

侧平线——平行于侧立投影面（W 面）的直线。

表 3-1 列出了三种投影面平行线的空间关系及投影特征，其中 α、β、γ 分别表示直线对 H、V、W 面的倾角。

表 3-1　　　　　　　　　　　投 影 面 平 行 线

名称	立体图	投影图	投影特点
水平线 （//H面）			$ab=AB$ 反映 β、γ 角 $a'b'//OX$ $a''b''//OY_W$ 且都缩短
正平线 （//V面）			$a'b'=AB$ 反映 α、γ 角 $ab//OX$ $a''b''//OZ$ 且都缩短
侧平线 （//W面）			$a''b''=AB$ 反映 α、β 角 $ab//OY_H$ $a'b'//OZ$ 且都缩短

以水平线为例，由于空间直线 AB 平行于水平面（H 面），故在水平面的投影 $ab//AB$，且反映实长，即 $ab=AB$；同时可以看到，ab 与 OX 轴的夹角＝AB 对 V 面的倾角 β，ab 与 OY_H 的夹角＝AB 对 W 面的倾角 γ。

总结三种投影面平行线的共性：

（1）直线在所平行投影面上的投影反映其实长，同时反映其与另两个投影面的倾角。

（2）直线的另两个投影分别平行于相应的投影轴，且均小于直线段的实长。

三、投影面垂直线

垂直于某一个投影面，同时平行于另两个投影面的直线，称为投影面垂直线。根据直线所垂直的投影面不同，分为三种：

铅垂线——垂直于水平投影面（H 面）的直线。

正垂线——垂直于正立投影面（V 面）的直线。

侧垂线——垂直于侧立投影面（W 面）的直线。

表3-2列出了三种投影面垂直线的空间关系及投影特征，以铅垂线为例，由于空间直线 AB 垂直于水平面（H 面），$\alpha=90°$则水平投影 a（b）积聚成一点，同时其余两个投影平行于同一投影轴，且反映直线 AB 的实长。

表 3-2   **投 影 面 垂 直 线**

名称	立体图	投影图	投影特点
铅垂线 （⊥H面）			积聚成一点 $a(b)$ $\alpha=90°$ $a'b' /\!/ OZ$ $a''b'' /\!/ OZ$ $a'b'=a''b''=AB$
正垂线 （⊥V面）			积聚成一点 $a'(b')$ $\beta=90°$ $ab /\!/ OY_H$ $a''b'' /\!/ OY_W$ $ab=a''b''=AB$
侧垂线 （⊥W面）			积聚成一点 $a''(b'')$ $\gamma=90°$ $ab /\!/ OX$ $a'b' /\!/ OX$ $ab=a'b'=AB$

总结三种投影面垂直线的共性：

（1）直线在所垂直的投影面上积聚成一点。

（2）直线的另两个投影平行于同一投影轴，且反映实长。

四、投影面从属直线

直线在投影面内称为**投影面从属直线**。空间直线反映实长，与本投影面的夹角不存在。如图 3-13 所示，空间直线 AB 在正投影面（V 面）内，直线 AB 与 $a'b'$ 重合于一条直线，ab 和 $a''b''$ 分别在 OX 和 OZ 轴上，倾角 β 不存在，倾角 α 和 γ 在图中已标出。

特殊情况：空间直线 AB 在坐标轴上（OX、OY、OZ），假设在 OX 轴上，那么直线 AB 与 ab、$a'b'$ 重合于一条直线，均在 OX 轴上，$a''b''$ 则积聚于一点——O 点。

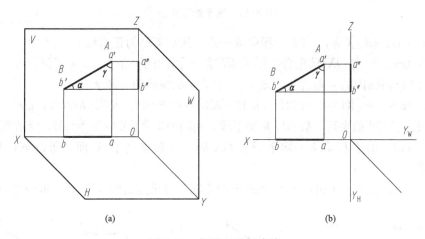

图 3-13　投影面从属直线

例 3-2　判断图 3-14（a）所示直线 AB 的空间位置，并求出侧面投影及倾角 α 和 β。

解：判断直线 AB 的空间位置两种方法。

（1）空间想象力法。根据图中所给信息，由二维图纸向三维空间投影体系转换，指定 V 面不动，也就是 $a'b'$ 不动，先来找出空间中的 A 点，把 H 面还原为三维空间中水平状态，a 的位置确定，从 a' 向前引垂线，从 a 向上引垂线，两条垂线的交点就是点 A，同理得到空间点 B 的位置，再连接点 A 和点 B，得到空间直线 AB。可以看出直线 AB 是一条侧平线。

（2）逻辑分析法。由于 $a'b'//OZ$，$ab//OY_H$，$a'b'$ 和 ab 上各点到 W 面的距离都相等，所以直线 AB 是侧平线，其侧面投影应该是一条斜线。

侧面投影及倾角 α 和 β：如图 3-14（b）所示，右下角作 45°辅助线，由 $a'b'$ 和 ab 求出点 A、B 的侧面投影 $a''b''$，连接 a''、b'' 即可；$a''b''$ 与 OY_W 的夹角即是倾角 α，$a''b''$ 与 OZ 的夹角即是倾角 β。

例 3-3　判断图 3-15 所示直线 AB 的空间位置。

解：根据空间想象力法和直线的投影特征作如下判断：

图 3-15（a）：$a'b'//OX$，表明直线 AB 上各点与 H 面等距，并且 ab 倾斜于 OX，故直线 AB 是水平线，$ab=AB$，并且反映倾角 β 和 γ。

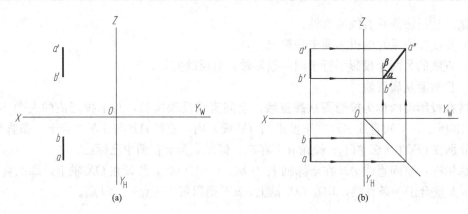

图 3-14　侧平线二求三

图 3-15（b）：$cd \perp OX$，$c'(d')$ 积聚成一点，所以 CD 为正垂线。

图 3-15（c）：ef 与 OX 轴重合，说明 EF 是 V 面内的一条直线，$e'f'$ 倾斜于 OX 轴，故直线 EF 是在 V 面面内的一条直线，则 $e'f' = EF$，反映倾角 α 和 γ。

图 3-15（d）：与［例 3-2］相似，gh 和 $g'h'$ 均垂直于 OX，说明 $gh // OY$，$g'h' // OZ$，表明直线 GH 上各点与 W 面平行，故 GH 是侧平线，而图中未画出的 $g''h'' = GH$，反映倾角 α 和 β。

图 3-15（e）：由于 kl 和 $k'l'$ 均平行于 OX 轴，必然垂直于 W 面，所以 KL 是侧垂线，在 W 面积聚为一点。

图 3-15（f）：由于 mn 和 $m'n'$ 均倾斜于 OX 轴，可确定直线 MN 是一般位置直线。

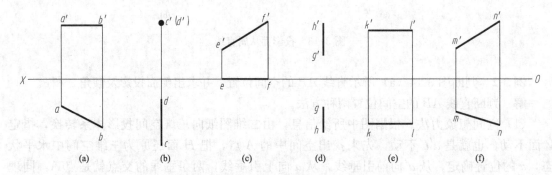

图 3-15　判断直线与投影面的相对位置

3.2.2　一般位置直线的实长及对投影面的倾角

特殊位置直线可以通过三面投影直观求得直线的实长和对三个投影面的倾角，而一般位置直线与三个投影面空间上均是倾斜的，如何在二维投影图中求得空间直线的实长和对三个投影面的倾角，需要应用投影和几何关系作图求得。解决一般位置直线实长和倾角的问题对提高空间想象力具有重要作用。

求一般位置直线的实长和倾角所用到的方法——**直角三角形法**：

如图 3-16（a）所示，AB 为一般位置直线，分别作 H 面和 V 面的投影得 ab 和 $a'b'$，求 AB 直线的实长和对 H 面的倾角 α。

作图步骤：

（1）在三维空间投影体系中构造一个直角三角形，向上平移 ab，向前平移 Δz，则空间

AB 直线、ab 平行线与 Δz 平行线组成一个直角三角形。

（2）三维空间向二维图纸转换，如图 3-16（b）所示，把空间的直角三角形沿竖直方向，向下平移至与 ab 重合。

（3）直角三角形向右放倒得到图 3-16（c），使得 ab 和 Δz 是直角边，AB 直线的实长是斜边，倾角 α 是斜边与 ab 之间的夹角。

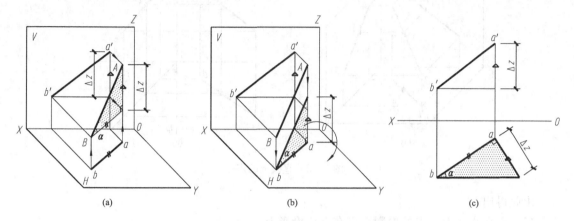

图 3-16　直角三角形法求直线实长和倾角

同理，如图 3-17 所示，可得直线的实长和对 V 面的倾角 β。

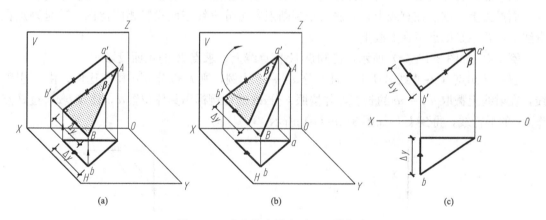

图 3-17　求直线实长和对 V 面的倾角

由此得出，直角三角形法的四个要素：实长、投影长、坐标差及直线对投影面的倾角。已知四要素中的任意两个，便可确定另外两个。

直角三角形法的作图要领：

投影面上的投影长——一条直角边。

相对于该投影面的坐标差——另一条直角边。

直线的实长——斜边。

斜边与投影长之间的夹角——直线与该投影面的倾角。

3.2.3　直线上的点

点和直线的相对位置有两种情况：点在直线上或点不在直线上。若点在直线上，则点的投影必然在直线的同名投影上。如图 3-18 所示，点 K 在直线 AB 上，则 k 在 ab 上，k' 在 $a'b'$ 上，k'' 在 $a''b''$ 上，并且 $AK:KB=ak:kb=a'k':k'b'=a''k'':k''b''$。

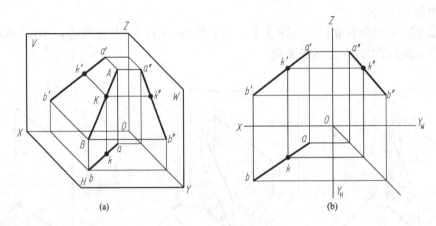

图 3-18 直线上的点

由此得出：

（1）点在直线上，点的投影一定在直线投影上。

（2）点按比例分割直线，投影则按相同比例被分割。

判断点是否在直线上，有两种方法：方法一是作出点的三面投影，若三面投影均在直线的三面投影上，则点在直线上；方法二是判断点是否分直线三面投影相同比例，若是则点在直线上，若不是则点不在直线上。

例 3-4 如图 3-19（a）所示，已知点 K 在直线上，求点 K 的正面投影 k'。

解： 已知点 K 在直线 AB 上，且 k 分 ab 一定比例，则 k' 也分 $a'b'$ 相同比例。由 a' 引射线，在射线上截取 $a'c=ab$ 的长度，并按照 k 分 ab 的比例标出具体位置 d，连接 $b'c$，过 d 点作 $b'c$ 的平行线，得到 k'，如图 3-19（b）所示。

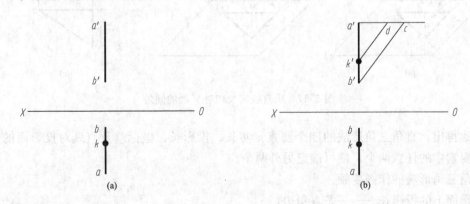

图 3-19 分割直线定比

3.2.4 两直线的相对位置

两直线的相对位置关系有几种情况：平行、相交、交叉（也称为交错、异面）以及特殊情况垂直。

一、两直线平行

提出两个问题：①空间两直线平行，那么投影是否平行？②投影平行，那么空间两直线是否平行？

如图 3-20（a）所示，直线 AB//CD，两条空间直线分别向 H 面投射投影，与辅助线组成平面 ABba 和平面 CDdc，这两个投射线平面相互平行，则其与投影面的交线必平行，故有 ab//cd。同理可得，a'b'//c'd'，如图 3-20（b）所示。所以回到上述第一个问题，空间两直线平行，则其同名投影也相互平行。

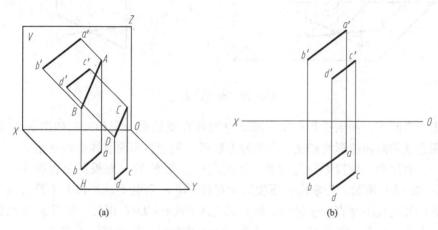

(a)　　　　　　　　　　　　　　　(b)

图 3-20　两直线平行

回答第二个问题，如果投影平行，判断空间两直线是否平行，一般情况下（一般位置直线）只需要判定水平投影和正面投影是否平行即可，侧平线为特殊情况，如图 3-21 为侧平线，可见空间两直线的水平投影和正面投影相互平行，此时不能判定空间两直线平行，需要看侧面投影是否相互平行，如图所示可知投影不平行，则空间两直线不平行。由此可以回答第二个问题，需判定两直线的三面投影均相互平行，才能证明空间两直线平行。

由此可得平行两直线的投影特性：

两直线平行，则它们的同名投影必然相互平行；反之，若两直线的三组同面投影均相互平

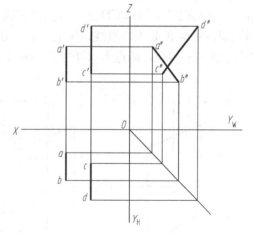

图 3-21　判断两侧平线是否平行

行，则两直线也相互平行，且平行两直线之比等于其投影之比。

二、两直线相交

提出两个问题：①空间两直线相交，那么投影是否一定相交？②投影相交，那么空间两直线是否一定相交？

如图 3-22（a）所示，直线 AB 与 CD 相交于点 K。交点 K 是两直线的共有点，故水平投影 ab 和 cd 相交于 k，a'b' 和 c'd' 相交于 k'，k 和 k' 必是空间交点 K 的两面投影，且 kk'⊥ OX。回答第一个问题，空间两直线相交，则其三面投影一定相交，且交点符合点的投影规

律（点投影的连线垂直于坐标轴），如图 3-22（b）所示。

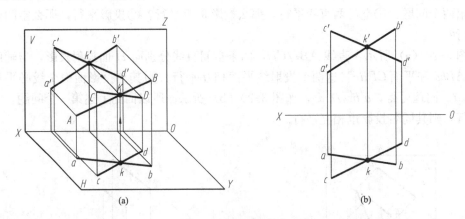

图 3-22　两直线相交

　　解决第二个问题，如果投影相交，那么空间两直线是否一定相交？如图 3-23 所示，若已知空间两直线的两面投影均相交，有两种方法可以判定空间两直线是否真相交：

　　方法一：利用第三面投影进行判断，并判定相交点 K 的三面投影是否符合点的投影规律。如图 3-23（b）所示，先求出侧面投影 $a''b''$ 和 $c''d''$，交点 k''、k' 和 k 不符合点的投影规律，即三者相互连线不垂直于坐标轴，则空间直线 AB 和 CD 不相交。如图 3-23 可知，K 点在 CD 上，不在 AB 上，即点 K 不是 AB 和 CD 的共有点，故两直线不相交。

　　方法二：利用点定比分割直线的原则，不求第三面投影也可进行判断。如图 3-23（c）所示，由两面投影得知 CD 是一般位置直线，$kk' \perp OX$，则点 K 在直线 CD 上，利用定比分割原则判断点 K 是否在直线 AB 上。以 k 分割 ab 同样的比例分割 $a'b'$，求出分割点 m_k，由于 m_k 和 k' 不重合，即点 K 不在直线 AB 上，故可判断 AB 和 CD 没有共有点，判定不相交。

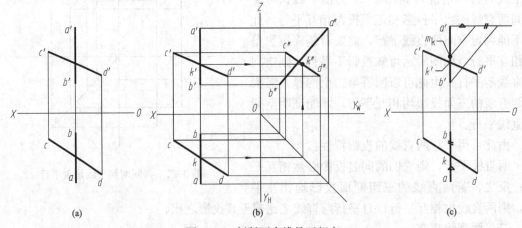

图 3-23　判断两直线是否相交

　　由此可得相交两直线的投影特性：

　　两直线相交，则它们的同名投影必然相交，且交点投影的连线垂直于相应的投影轴。

三、两直线交叉

　　空间上既不平行又不相交的两直线称为交叉直线，也称为交错直线或异面直线。

　　如图 3-24 所示，尽管交叉直线在空间上既不平行也不相交，但在投影体系中，两直线的单面投影或两面投影有可能是平行的或是相交的，但交叉两直线的三面同名投影不可能同时平行；同理，交叉两直线的单面、双面或三面投影有可能是相交的，因空间并无交点，故交点的连线不垂直于相应的投影轴，即不符合点的投影规律，如图 3-24（b）所示。

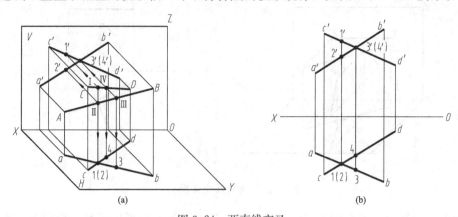

图 3-24　两直线交叉

　　可见性问题：交叉两直线同面投影的交点是重影点，如图 3-24（a）所示，根据重影点可见性的判断方法可知，直线 CD 上的点Ⅰ在上，直线 AB 上的点Ⅱ在下，故点Ⅰ可见，点Ⅱ不可见，水平投影表示为 1（2）；同理，直线 AB 上的点Ⅲ在前，直线 CD 上的点Ⅳ在后，故点Ⅲ可见，点Ⅳ不可见，其正面投影表示为 3′（4′）。

四、两直线垂直

　　两直线在空间上是垂直的，可以分为两种情况：相交垂直和交叉垂直（或异面垂直）。提问：①若两直线均是一般位置直线，其空间两直线垂直，那么投影是否垂直？②若想空间两直线垂直，要满足某一投影面上的投影也相互垂直，空间直线应该符合什么条件？

　　回答问题：①若空间两直线均是一般位置直线，空间上相互垂直，那么投影肯定不垂直。②空间直线应符合的条件，如图 3-25 和图 3-26 所示，其中必有一条空间直线是该投影面的平行线，则空间两直线在该投影面的投影相互垂直。

　　相交垂直：如图 3-25a 所示，两直线 AB 和 BC 在空间上相交且相互垂直，其中直线 AB 为一般位置直线，直线 BC 为水平线。因为 $BC \perp AB$，且 $BC \perp Bb$，故直线 BC 垂直于铅垂面 AB-ba，又因为 $BC//bc$，故直线 bc 垂直于铅垂面 ABba，由此可得，$bc \perp ba$，如图 3-25（b）所示。

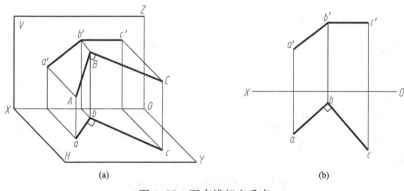

图 3-25　两直线相交垂直

交叉垂直：如图3-26所示，两直线 AB 和 CD 在空间上交叉（异面）且相互垂直，其中直线 AB 为水平线，直线 CD 为一般位置直线，与相交直线同理可得，$ab \perp cd$，如图3-26（b）所示。

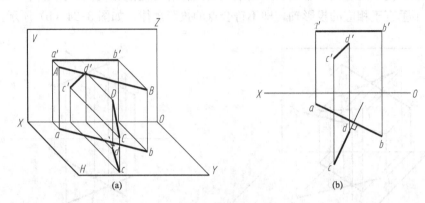

图 3-26　两直线交叉垂直

由此可得出结论：若空间两直线相互垂直，其中一条直线平行于某一投影面，则在该投影面上的投影相互垂直。反之，如果两直线的同名投影相互垂直，且两直线其中之一是该投影面的平行线，则可判定两直线在空间上相互垂直。

例 3-5　如图3-27所示，判断两直线的相对位置。

解：根据两直线平行、相交、交叉和垂直的基本原理进行判断。以图3-27（a）为例，运用逻辑分析法和空间想象力法解题。

（a）逻辑分析法：两直线的水平投影交点与正面投影交点不符合一点的投影规律，故两直线交叉（异面）。T 空间想象力法：二维图纸转换为三维空间，在空间上想象出直线 AB 和 CD 的空间位置。如图3-27所示，规定 V 面保持不动，即 $a'b'$ 不动，把 H 面翻转回原三面投影体系中，在脑海中建立空间状态，看出 ab 的位置，同时由 a'、b' 向前引出 a、b 距 OX 轴的距离，看到空间直线 AB 的位置，是一条从右前向左后倾斜的一般位置直线；同理看出直线 CD 的空间位置（或者利用两支铅笔摆放一下两直线的空间位置），由此可得，两直线交叉（异面）。后续例题的空间想象力法同此题。

（b）如图3-27所示 ab 和 cd 在一条直线上，且 $a'b'//c'd'$，由此判定直线 AB 和 CD 相互平行。

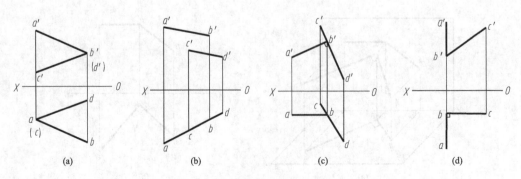

图 3-27　判断两直线的相对位置

　　(c) 如图 3-27 所示，$a'b' \perp c'd'$，且直线 AB 是正平线，在 V 面的投影相互垂直，且交点的投影符合一点的投影规律，故直线 AB 和 CD 相交垂直。

　　(d) 如图 3-27 所示，虽然直线 BC 是正平线，但在正面投影中 $a'b'$ 不垂直于 $b'c'$，所以两直线相交但不垂直。

3.3　平面的投影

　　作为建筑空间形体必不可少的基本几何元素包含点、线、面，上述已经研究了点和线的一般投影规律，接下来研究平面的投影原理和相关规律。相对于点和线的投影，平面的投影可以理解为仅仅是多了一个空间元素，遵循之前的研究方法，能更快更好地理解平面的投影。

3.3.1　平面的表示法

平面的投影图表示方法有两类：几何元素法和迹线法。

一、几何元素表示法

平面的投影图可由以下任意一组几何元素的投影来表示。

（1）不在同一直线上的三个点 ［图 3-28（a）］。

（2）直线和直线外一点 ［图 3-28（b）］。

（3）相交两直线 ［图 3-28（c）］。

（4）平行两直线 ［图 3-28（d）］。

（5）平面图形 ［图 3-28（e）］。

其中用平面图形表示平面比较直观，且较为常用。

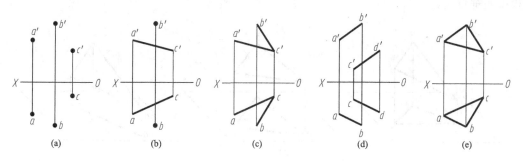

图 3-28　几何元素表示法

　　T 空间想象力法：如图 3-28（e）所示，平面的水平投影和正面投影已知，由二维图形转换为三维空间，利用之前的方法，保持 V 面不动，翻转 H 面，分别在空间内想象出点 A、B、C 的空间位置，再进行连线，得到平面的空间位置。

二、迹线表示法

　　迹线：指不平行于投影面的平面，必与投影面相交出一直线，此直线称为该平面的迹线。用迹线表示的平面称为迹线平面。

　　如图 3-29（a）所示，一般位置平面 P 与两个投影面 H、V 面分别相交得交线 P_H 和 P_V，其中 P_H 称为平面 P 的水平迹线，P_V 称为平面 P 的正面迹线。如图 3-29（b）所示用迹线 P_H 和 P_V 表达空间中的平面 P。

如图 3-29（c）所示，平面 Q 与两个投影面 H、V 面分别相交得交线 Q_H 和 Q_V，其中 Q_H 称为平面 Q 的水平迹线，Q_V 称为平面 Q 的正面迹线。如图 3-29（d）所示用迹线 Q_H 和 Q_V 表达空间中的平面 Q。

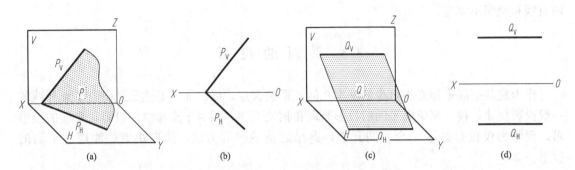

图 3-29　迹线表示法

在投影图中，通常将各投影面的迹线用粗实线标识出来，符号为 P_H 和 P_V。

T 空间想象力：迹线表示法是非常重要的平面投影表示方法，可以很好地训练空间想象力，根据二维投影图转换为三维空间，同样保持 V 面不动，翻转 H 面至水平状态，那么 P_H 也会随之转到水平状态，结合 P_V 和 P_H 的位置，找到平面 P 的空间位置。

3.3.2　各种位置平面的投影

从图 3-30 可以看出，平面倾斜于投影面时，投影为平面的类似形，即多边形的边数不变，平行线的性质不变；平面平行于投影面时，投影反映实形；平面垂直于投影面时，平面积聚成直线。根据以上平面与投影面的相对位置不同，可分为一般位置平面、投影面平行面和投影面垂直面。

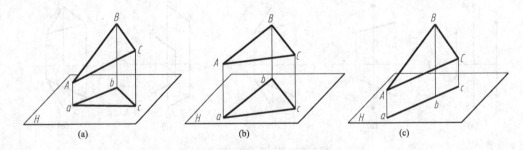

图 3-30　各种位置平面的投影

一、一般位置平面

同时倾斜于三个投影面的平面称为**一般位置平面**。空间平面与各个投影面的夹角称为**对投影面的倾角**。

如图 3-31 所示，空间平面 ABC 与三个投影面均形成一定的夹角，那么其三面投影不能反映实形，且空间中 ABC 平面与三个投影面的倾角 α、β、γ 在投影图中不能反映出来。

总结一般位置平面的投影特征：

（1）三面投影均不反映实形，也不积聚为一直线，而只具有类似形。

（2）空间平面与投影面的夹角，在三面投影图中不能直观反映出来。

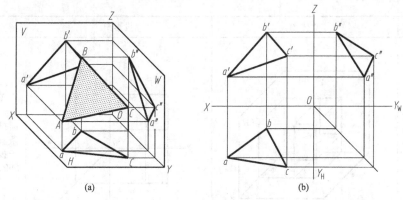

(a)　　　　　　　　　　　　　(b)

图 3-31　一般位置平面的投影

二、投影面平行面

平行于某一个投影面，同时垂直于另两个投影面的平面，称为投影面平行面。根据平面所平行的投影面不同，分为三种：

水平面——平行于水平投影面（H 面）的平面。

正平面——平行于正立投影面（V 面）的平面。

侧平面——平行于侧立投影面（W 面）的平面。

表 3-3 列出了三种投影面平行面的空间关系及投影特征：

（1）平面在所平行的投影面上的投影反映实形；

（2）在另两个投影面上的投影积聚成一直线，并分别平行于相应的投影轴。

表 3-3　　　　　　　　　　　　投 影 面 平 行 面

名称	立体图	投影图	投影特点
水平面（∥H面） 几何元素法	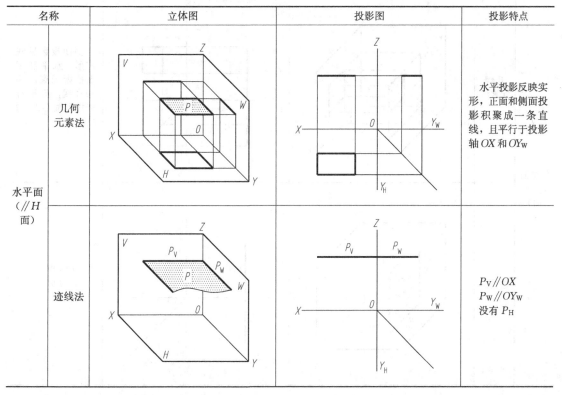		水平投影反映实形，正面和侧面投影积聚成一条直线，且平行于投影轴 OX 和 OY_W
迹线法			$P_V \parallel OX$ $P_W \parallel OY_W$ 没有 P_H

名称		立体图	投影图	投影特点
正平面 （//V 面）	几何 元素法			正面投影反映实形，水平和侧面投影积聚成一条直线，且平行于投影轴 OX 和 OZ
	迹线法			$Q_H // OX$ $Q_W // OZ$ 没有 Q_V
侧平面 （//W 面）	几何 元素法			侧面投影反映实形，水平和正面投影积聚成一条直线，且平行于投影轴 OY_H 和 OZ
	迹线法			$R_H // OY_H$ $R_V // OZ$ 没有 R_W

三、投影面垂直面

垂直于某一个投影面，同时倾斜于另两个投影面的平面，称为投影面垂直面。根据平面所垂直的投影面不同，分为三种：

铅垂面——垂直于水平投影面（H 面）的平面。

正垂面——垂直于正立投影面（V 面）的平面。

侧垂面——垂直于侧立投影面（W 面）的平面。

表 3-4 列出了三种投影面垂直面的空间关系及投影特征：

（1）平面在其所垂直的投影面上积聚成一条直线，并反映该直线与另外两个投影面的倾角。

（2）平面另两个投影面上的投影为平面的类似形。

表 3-4 投 影 面 垂 直 面

名称		立体图	投影图	投影特点
铅垂面（⊥H面）	几何元素法	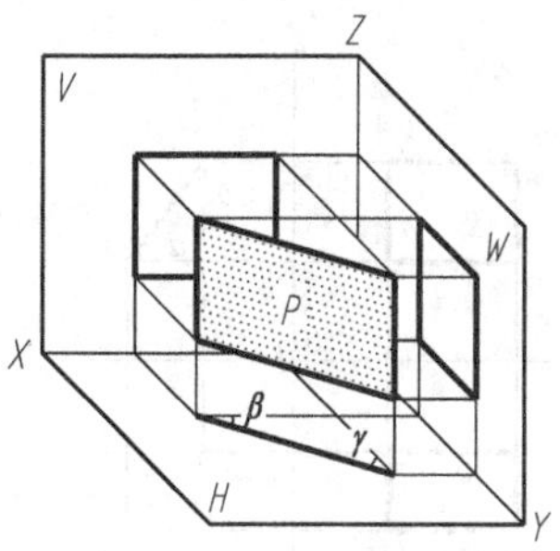	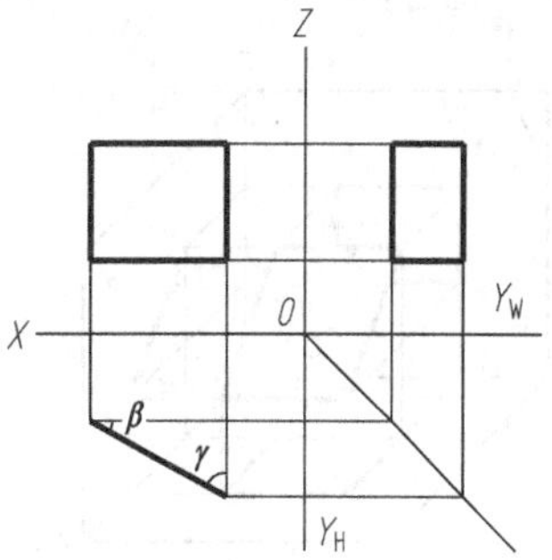	水平投影积聚成一条直线，反映 β、γ 角，正面和侧面投影是类似形
	迹线法	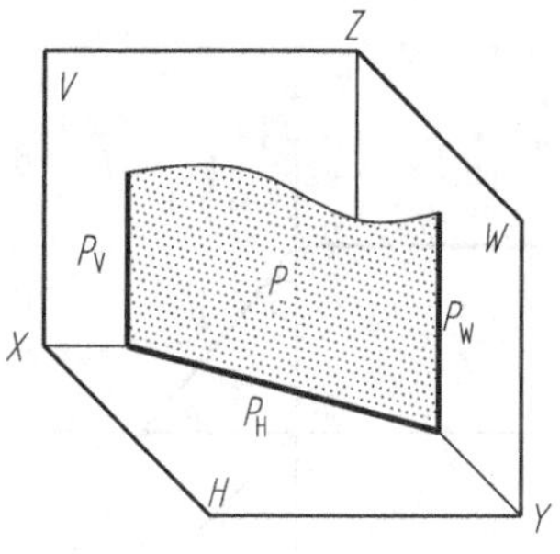	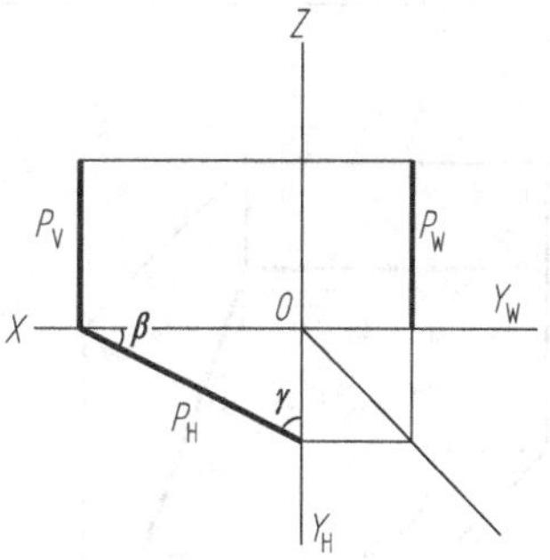	P_H 积聚，且反映 β、γ 角 $P_V \perp OX$ $P_W \perp OY_W$
正垂面（⊥V面）	几何元素法	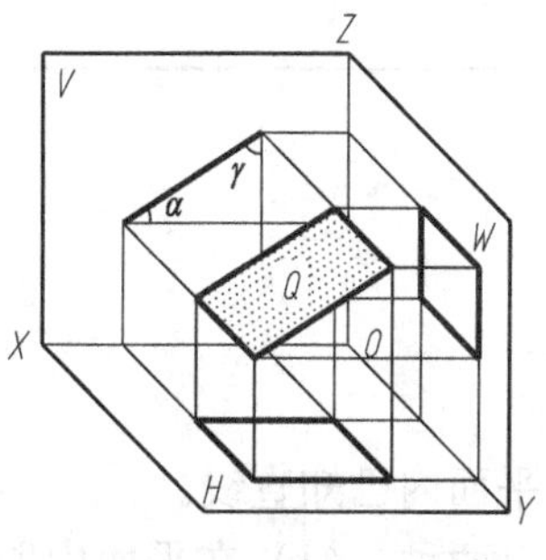	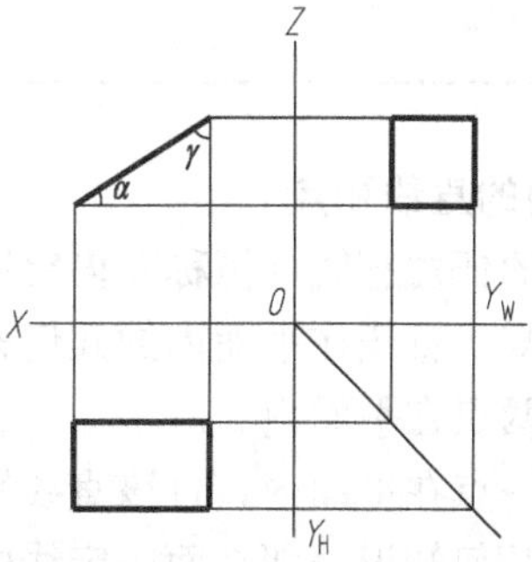	正面投影积聚成一条直线，反映 α、γ 角，水平和侧面投影是类似形

名称		立体图	投影图	投影特点
正垂面（$\perp V$面）	迹线法			Q_V 积聚，且反映 α、γ 角 $Q_H \perp OX$ $Q_W \perp OZ$
侧垂面（$\perp W$面）	几何元素法			侧面投影积聚成一条直线，反映 α、β 角，水平和正面投影是类似形
	迹线法			R_W 积聚，且反映 α、β 角 $R_H \perp OY_H$ $R_V \perp OZ$

3.3.3　平面内的直线和点

一、求平面内的任意直线（简称面内定线）

由初等几何可知，直线在平面内的几何条件是：

（1）直线上有两点在平面内。

（2）直线上有一点在平面内，且该直线平行于平面内已知直线。

根据以上初等几何知识，那么面内定线的方法有两种：（1）在平面内取已知两点连线即可；(2) 过平面内已知点作已知直线的平行线。

如图 3-32 所示，已知平面 P 内两条相交直线 AB 和 BC，求确定平面内直线。

方法一：在直线 AB 和 BC 上各取一点 D 和 E，则点 D 和 E 必在平面 P 内，连线 DE，则直线 DE 一定是平面 P 内的直线。

方法二：已知点 C 在 P 平面内，过点 C 作 CF//AB，则 CF 一定在 P 平面内。

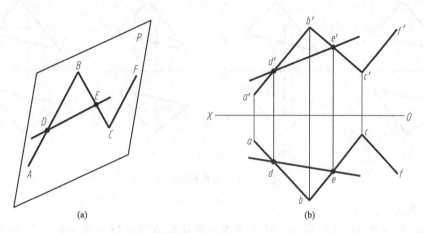

图 3-32　平面内的任意直线

二、求平面内的投影面平行线

平面内平行于某一投影面的直线，称为平面内的投影面平行线。此直线既要满足投影面平行线的投影特征，同时又符合在平面内的条件。常见的有平面内的水平线和正平线。

如图 3-33 (a) 所示，已知平面 ABC，求过 C 点作平面内的一条水平线。由于水平线的正面投影必平行于 OX 轴，则过 c′ 作 OX 轴的平行线与 a′b′ 相交于 d′，再由 d′ 引垂线求出 d，连接水平投影 cd，则 CD 即是平面 ABC 内的一条水平线。同样方法可作出一般位置平面内的正平线 AE，如图 3-33 (b) 所示。

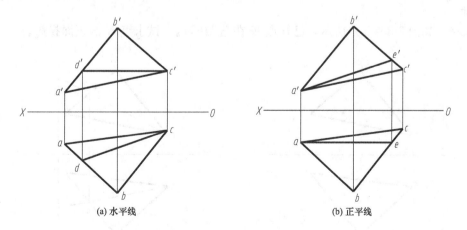

图 3-33　平面内作投影面平行线

三、求平面内的点（简称面内定点）

由初等几何可知，点在平面内的几何条件是：该点必在平面内的一条直线上。也就是说，求平面内一点，必先求作平面内一已知直线，然后再在此直线上定点。一般采用辅助线法，过点的某一投影作平面内的辅助线，辅助线在平面内，则该点必在平面内。

如图 3-34（a）所示，已知在平面△ABC 内的一点 K 的正面投影 k'，求点 K 的水平投影 k。

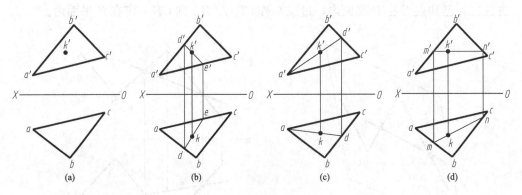

图 3-34　求平面内一点

解：辅助线法。

方法一：如图 3-34（b）所示，作平面内一般位置直线：过 k'作平面内任意直线与 a'b'相交于 d'，反向延长与 a'c'相交于 e'，d'e'即为平面内直线 DE 的正面投影，由此作出其水平投影 de，点 K 在平面内，k'在 d'e'上，则 k 一定在 de 上，由 k'向下引垂线与 de 相交于 k，即求得点 K 的水平投影 k。

方法二：如图 3-34（c）所示，过平面内已知点作一般位置直线：过 a'和 k'作平面内直线，反向延长与 b'c'相交于 d'，作其水平投影 ad，点 K 在平面内，k'在 a'd'上，则 k 一定在 ad 上，由 k'向下引垂线与 ad 相交于 k，即求得点 K 的水平投影 k。

方法三：如图 3-34（d）所示，作平面内的水平线：过 k'作平面内水平线，则其正面投影 m'n'必平行于 OX 轴，再作出水平线 MN 的水平投影 mn，用上述同样方法求得点 K 的水平投影 k。

例 3-6　如图 3-35（a）所示，已知点 K 在△ABC 内，试求点 K 的正面投影。

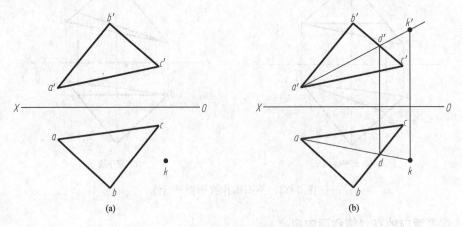

图 3-35　面内定点

解： 辅助线法，在平面内作一辅助线，使其水平投影通过点 K 的水平投影 k，再根据与平面内直线的交点作出此辅助线的正面投影，进而求得点 K 的正面投影。

如图 3-35（b）所示，过 k 作辅助线连接 a，与 bc 相交于 d，根据投影关系确定 d'；连接 $a'd'$ 并反向延长，由 k 向上引垂线得 k'。

例 3-7　如图 3-36（a）所示，补全五边形 $ABCDE$ 平面的两面投影。

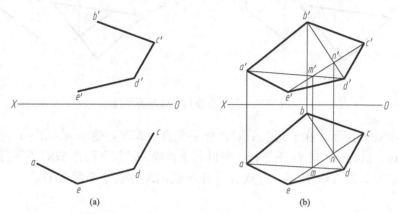

图 3-36　求五边形的两面投影

解： 已知五边形 $ABCDE$ 的部分水平投影和正面投影，利用面上定点的投影特征，在面内作辅助线分别求 b 和 a'。

如图 3-36（b）所示，作辅助线连接 ce 和 ad，相交于 m，再连接 $c'e'$，根据投影关系作 m'，连接 $d'm'$ 并反向延长，与 a 向上引垂线相交于一点，即为 a'。用同样的方法求 b，$c'e'$ 与 $b'd'$ 相交于 n'，根据投影关系求作 n，连接 dn 并反向延长，与 b' 向下引垂线相交于一点，即求得 b。分别连接 abc 和 $e'a'b'$ 即补全五边形的两面投影。

3.4　直线与平面、平面与平面的相对位置

3.4.1　直线与平面、平面与平面平行

一、直线与平面平行

根据初等几何可知，若一条直线平行于平面上某一直线，则此直线平行于该平面。检查一个平面是否平行于一条已知直线，只要看能否在该面上作一条直线与已知直线平行。如图 3-37 所示，直线 MN 平行于平面 P 内的一条直线 BC，则直线 MN 平行于平面 P。反之也成立，在 P 平面内找到直线 AD 与 EF 平行，那么平面 P 与直线 EF 平行。

例 3-8　如图 3-38（a）所示，判断直线 DE 是否平行于已知平面△ABC。

解： 判断直线 DE 是否平行于平面△ABC，关键在于平面△ABC 内是否能作出平行于 DE 的直线，即水平投影和正面投影与直线 DE 的同名投影均平行，若能作出，则可判断直线 DE 平行于平面△ABC；反之，则不能。

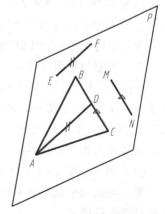

图 3-37　直线与平面平行

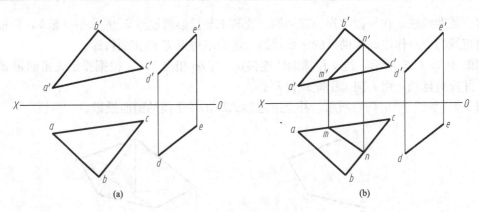

图 3-38　判断直线与平面是否平行

　　如图 3-38（b）所示，在平面△ABC 内作一条直线 MN，使 $m'n'//d'e'$；进而求出 MN 的水平投影 mn，因为 mn 与 de 不平行，所以判定直线 DE 与平面△ABC 不平行。

　　例 3-9　如图 3-39（a）所示，过点 K 作正平线 MN 平行于平面△ABC。

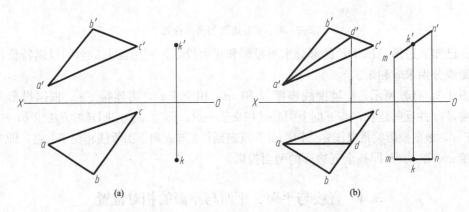

图 3-39　过点作正平线和已知平面平行

　　解：首先在平面△ABC 内作一条正平线，再过点 K 作一条直线平行于这条正平线，则该直线必平行于平面△ABC，且为正平线。

　　如图 3-39（b）所示，在平面△ABC 的水平投影上作 ad//OX，并作出 $a'd'$，则 AD 是平面△ABC 内的一条正平线；再过已知点 K 作 mn//ad，$m'n'//a'd'$，则 MN//AD，直线 MN 即为平行于平面△ABC 的正平线。

　　二、平面与平面平行

　　由初等几何可知，若平面内相交两直线与另一平面内相交两直线对应平行，则两平面相互平行。如图 3-40 所示，平面 P 内相交两直线 AB 和 BC，与平面 Q 内相交两直线 DE 和 EF 对应平行，即 AB//DE，BC//EF，因此平面 P 与平面 Q 相互平行。也就是两平面平行的问题转换为相交直线平行的问题。

　　例 3-10　如图 3-41（a）所示，判断平面△ABC 和平面△DEF 是否平行？

　　解：判断两平面是否平行，只需判断平面△ABC 内两相交直线与平面△DEF 内两相交直线是否平行即可。

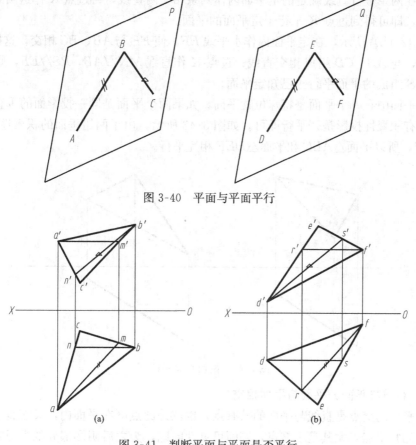

图 3-40　平面与平面平行

图 3-41　判断平面与平面是否平行

如图 3-41 所示，在平面△ABC 内作水平线 AM 和正平线 BN，再在平面△DEF 内作水平线 FR 和正平线 DS，均为相交两直线，可得 am//fr，b'n'//d's'，即平面△ABC 和平面△DEF 相互平行。

例 3-11　如图 3-42（a）所示，已知定平面由平行两直线 AB 和 CD 确定，过点 K 作一平面平行于已知平面。

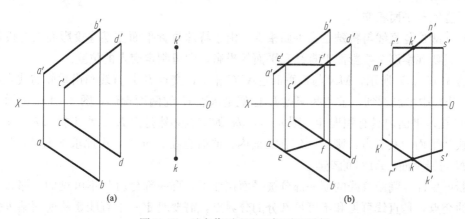

图 3-42　过点作平面和已知平面平行

解：若在两条平行直线确定的定平面内作两条相交两直线，再过点 K 作这两条相交两直线的平行线，即可得到过点 K 平行于定平面的平面。

如图 3-42（b）所示，在定平面内作水平线 EF，使 EF 与 AB、BC 相交，这样 EF 一定在定平面内，与 AB、CD 组成相交直线；过点 K 作直线 $MN // AB$，$RS // EF$，则相交两直线 MN 和 RS 组成的平面平行于已知定平面。

如果两平面中有一个平面是特殊位置平面，如果两个平面是同一投影面的垂直面，则只需检验其具有积聚性投影是否平行即可。如图 3-43 所示，由于两铅垂面的积聚性投影平行，即 $abc // def$，所以平面 $\triangle ABC$ 和平面 $\triangle DEF$ 相互平行。

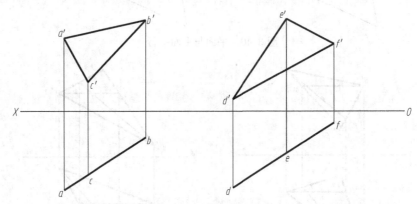

图 3-43　两铅垂面平行

3.4.2　直线与平面、平面与平面相交

直线与平面的交点是直线与平面的共有点，也就是此点既在平面内，又在直线上。线面相交是重要的知识点，尤其是求交点，判断可见性问题，为之后阴影部分的学习起到重要的铺垫作用，也是本章的难点。

两平面的交线是两平面的共有线，也就是找两平面上共有的直线。这是求解交点、交线问题的基本概念，也是求解的核心。

下面主要介绍特殊情况下的求解方法，一般情况下的求解方法简单介绍。

特殊情况是指相交两元素中至少有一个垂直于某一投影面的情况。这时该元素有积聚性，利用积聚性作图。

一、直线与平面相交

（1）**一般位置直线与特殊位置平面相交**。由于特殊位置平面在某些投影面上的投影具有积聚性，只要观察那个投影面上直线和平面的投影，即可判定交点的位置。

如图 3-44（a）所示，MN 与铅垂面 $\triangle ABC$ 相交，交点 K 是直线和铅垂面的共有点。在图 3-44（b）中可以看到，求空间交点 K 也就是求点 K 的两面投影，图 3-44 中所示，铅垂面 $\triangle ABC$ 在水平面内具有积聚性，则 mn 与 abc 的交点必然是点 K 的水平投影 k，又由于点 K 是直线和平面的共有点，则 k' 一定在平面内，同时也在 $m'n'$ 上，由此求出 $K(k，k')$ 即为直线 MN 与铅垂面 $\triangle ABC$ 的交点。

判断可见性：判断直线的哪一部分被平面挡住了，哪一部分就是不可见的，那么，直线和平面的交点就是直线可见和不可见部分的分界点，需要判定一下直线是从前面钻进去的还是从平面的后面钻出来的，所以判断可见性问题有两种方法，一是逻辑分析法，如图 3-44

（c）所示，直线和平面的水平投影均可见，只要判断正面投影的可见性即可，可利用重影点的判定方法，如图，投影 $1'（2'）$ 是 V 面的重影，其水平投影有 1 和 2，分别位于 bc 和 mn 上，如图可知 1 点在前，2 点在后，所以 BC 在前，KN 在后，KN 为不可见，则正面投影 $k'n'$ 用中虚线表示，同理可知 $k'm'$ 在前，为可见，交点 k' 是直线可见和不可见的分界点。

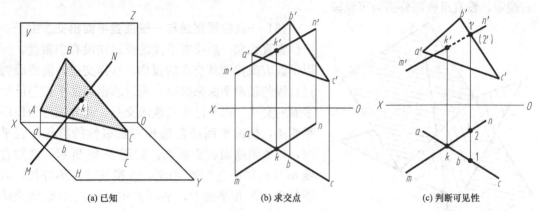

图 3-44　一般位置直线与铅垂面相交

T 空间想象力法：能够很好地训练空间想象力。此方法在前面已经阐述过很多次，方法的根本即是由二维投影图向三维空间转换，在空间中想象出直线和平面的位置，再进行判定，如图 3-44 所示，想象出空间位置后，可以判定，直线从左前向右后钻进平面后方的，这样就可以一目了然看到 k' 的左下部分可见，右上被平面挡住，直观判断可见性问题，同时训练空间想象力。如果对此方法不能运用自如，可多练习几遍，记住各个空间要素，最终在头脑中建立起各要素之间完整的空间位置关系。

（2）**特殊位置直线与一般位置平面相交**。由于特殊位置直线在某个投影面上具有积聚性，例如铅垂线、正垂线和侧垂线，在垂直投影面上积聚为一点，又因为直线和平面的交点是共有点，则很容易判定交点的一面投影，再利用"面内定点"的方法求得另一投影面的投影即可。

如图 3-45（a）所示，一条铅垂线 EF 与平面△ABC 相交。如图 3-45（b）所示，因交点 K 在 EF 上，故 k 与 $e（f）$ 重合，又因点 K 在平面△ABC 内，再利用面内定点的方法，作辅助线 AD，即先过 k 作 ad，与 bc 交于 d 点，再作 $a'd'$，与 $e'f'$ 相交于 k'，即为所求。

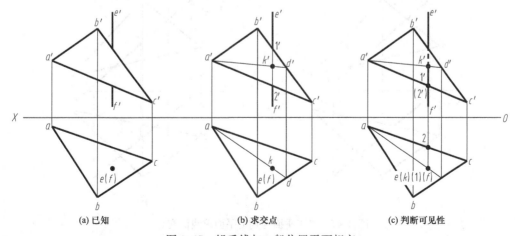

图 3-45　铅垂线与一般位置平面相交

判断可见性：同样可用两种方法进行判断，空间想象力方法与上述同理，不再赘述。如图 3-45（c）所示，因水平投影具有积聚性均可见，只需判断正面投影的可见性，利用正面投影中的重影点进行判定，找到 V 面的重影点 $1'(2')$，从点 1 和点 2 的水平投影可以看到，EF 上的点 Ⅰ 在前，AC 上的点 Ⅱ 在后，故 $1'$ 可见，$(2')$ 不可见，$k'f'$ 为可见，用粗实线表示。规定，没有重叠部分仍为可见段。

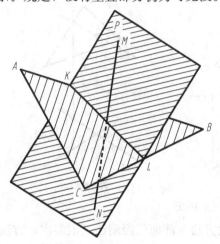

图 3-46　辅助平面法
（一般位置直线与一般位置平面相交）

（3）**一般位置直线与一般位置平面相交**。由于一般位置直线和一般位置平面的投影均没有积聚性，所以不能直观找到其交点的投影。求作交点，需要虚构过直线的辅助平面来解决，通过求出辅助平面与已知平面的交线，再与已知直线求交点，此方法称为辅助平面法，辅助平面通常选择有积聚性的特殊位置平面，例如铅垂面、正垂面。如图 3-46 所示，已知直线 MN 与平面 $\triangle ABC$ 相交，直接找交点不好找，需要包含 MN 作平面 P，平面 P 与平面 $\triangle ABC$ 的交线为 KL，KL 与 MN 的交点即为直线 MN 与平面 $\triangle ABC$ 的交点。

如图 3-47（a）所示，以正垂面为辅助平面求线面交点。求直线 MN 与平面 $\triangle ABC$ 交点的步骤：

1）包含直线 MN 作辅助平面 Q（正垂面），以平面 Q 的正面迹线 Q_V 表示。

2）求出辅助平面 Q_V 与平面 $\triangle ABC$ 的交线 Ⅰ Ⅱ。

3）再求出直线 Ⅰ Ⅱ 与直线 MN 的交点，此交点即是直线 MN 与平面 $\triangle ABC$ 的交点。

如图 3-47（b）所示，过 $m'n'$ 作辅助平面 Q_V，与 $a'b'$ 交于点 $1'$，与 $a'c'$ 交于点 $2'$，分别求出水平投影 1 和 2 并连线，与 mn 相交于 k，点 k 即为交点 K 的水平投影，再求得 k' 即可。

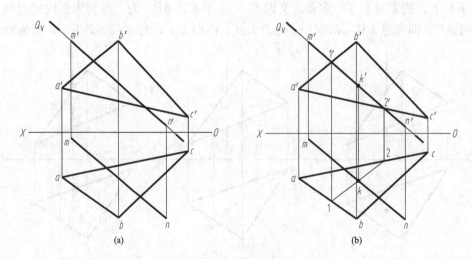

图 3-47　以正垂面为辅助平面求线面交点

如图 3-48 所示，以铅垂面为辅助平面求线面交点。作图步骤和方法同上。

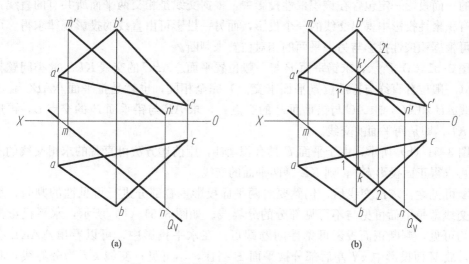

图 3-48 以铅垂面为辅助平面求线面交点

判断可见性：如图 3-49 所示，利用 V 面的重影点投影 $1'(2')$ 判断正面投影的可见性。由水平投影可知 ab 上的 1 在前，mn 上的 2 在后，所以 AB 在前，MK 在后，MK 中的一段被平面挡住为不可见，则 $m'k'$ 用中虚线表示，k' 为正面投影图中可见和不可见部分的分界点，$k'n'$ 为可见。同理，利用 H 面的重影点投影 (3) 4 判断水平投影的可见性，$b'c'$ 上的 $4'$ 在上，$m'n'$ 上的 $3'$ 在下，故 BC 在上，KN 在下，KN 不可见，kn 用中虚线表示，km 可见，用粗实线表示。

二、平面与平面相交

如图 3-50 所示，平面 P 与平面 Q 相交，其交线为 KL。平面与平面相交分为两种情况。

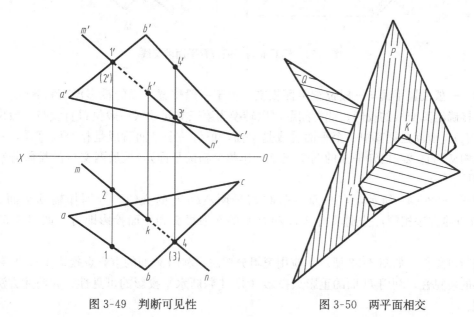

图 3-49 判断可见性   图 3-50 两平面相交

（1）**一般位置平面与特殊位置平面相交**。由于特殊位置平面的某些投影具有积聚性，所以交线的一面投影一定包含在该积聚性投影中，根据交线是相交两平面所共有的直线，可直接从具有积聚性投影中得出交线的一个投影，而另一投影可由直线的投影规律求得。可见性问题则可根据积聚性投影与另一平面的相对位置来判断。

如图 3-51（a）所示，求铅垂面 P 与一般位置平面△ABC 的交线 KL。此类问题与第一类问题（一般位置直线与特殊位置平面求交点）完全相同，也就是把平面△ABC 看成是相交两直线 AB 和 AC，求 AC 与铅垂面 P 的交点 K，求 AB 与铅垂面 P 的交点 L，再进行连线得到 KL，即是两平面的交线。

如图 3-51（b）所示，由于平面 P 具有积聚性，用前述方法可直观的求得交线的水平投影 kl，再求得正面投影 $k'l'$，则 KL 是两平面的交线。

判断可见性：求出交线后，仍然要对两平面投影重叠部分进行可见性的判断，那么两平面的交线即是平面可见与不可见部分的分界线。如图 3-51（b）所示，水平投影具有积聚性，均可见，判断正面投影可见性问题即可。在水平投影中，可以看出△AKL 在平面 P 之后，故 V 面投影中 $k'l'$ 左后部分被平面 P 挡住，不可见；交线 $k'l'$ 为分界线，其右前部分为可见。

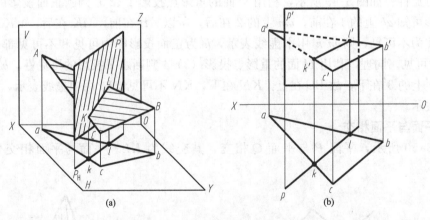

图 3-51　铅垂面与一般位置平面求交线

（2）**一般位置平面与一般位置平面相交**。由于一般位置平面的投影没有积聚性，因此，不能直接确定其交线的投影。此类问题可以转换为第三类问题（一般位置直线与一般位置平面求交点），也就是把其中一个平面看成是平面，把另一个平面看成是相交两直线，只要分别求出相交两直线与已知平面的两个交点（作两个辅助平面），最后两交点的投影分别对应连线即可。

如图 3-52（a）所示，求平面△ABC 与平面△DEF 的交线。分别作辅助平面 P_V 和 Q_V，与前述方法相同，分别求出点 K 和点 L 的水平投影和正面投影即可，如图 3-52（b）所示。

判断可见性：如图 3-53 所示，应用逻辑分析法，利用 V 面的重影点投影 $1'(2')$ 判断正面投影的可见性，利用 H 面的重影点投影（3）4 判断水平投影的可见性，如前述方法，不再赘述。

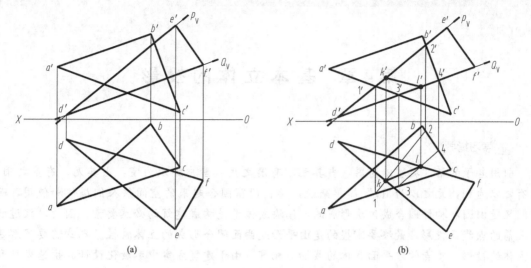

图 3-52　两一般位置平面求交线

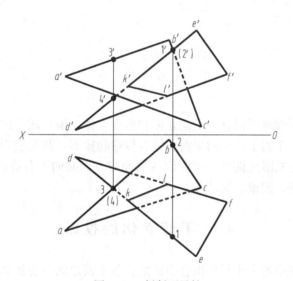

图 3-53　判断可见性

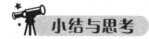

1. 关于点线面的投影特性。熟知三面投影体系，掌握点线面的投影特性，掌握直线的分类方法以及不同类型直线的投影特征，掌握平面的分类方法以及不同类型平面的投影特征。

2. 关于点、线、面的相互关系。掌握解决面内定点与面内定线的原理和作图方法。

3. 关于直线与平面的关系。重点掌握直线与平面求交点问题，一种情况是直线或平面为特殊直线或平面，另一种情况是直线与平面均为一般位置，并判断可见性。对平面与平面相交问题进行转化，做一般了解。

第4章 基本立体的投影

🔍 学习指导

引用老子的话"埏埴以为器，当其无，有器之用。凿户牖以为室，当其无，有室之用。故有之以为利，无之以为用。"简单来说，墙、门窗围合起来的空间供人们居住和使用，而空间又是由围护构件围合成体块形成的，体块或体量是构成建筑的必然要素，因此，经过研究之前的点线面投影，最终要掌握的是由平面或曲面围合形成的立体特性。本章需要了解基本立体的投影，重点学习平面立体的截切与相贯。由于建筑方案中参数化设计的快速发展和应用，复杂形体的截切与相贯不具有普遍意义，故对曲面立体的截切和相贯仅做简要讲解。

📖 知识要点

基本立体的投影
平面立体的截切
平面立体的相贯

基本立体按其表面性质不同分为平面立体和曲面立体。围合成立体的表面都是平面，则此立体称为平面立体，工程上常见的平面立体有棱柱和棱锥，其他较为复杂的形体均是由基本立体切割或叠加等方式演变而来。由曲面或曲面与平面共同围合成的立体称为曲面立体，常见的曲面立体有圆柱、圆锥、圆球等。

4.1 平面立体的投影

平面立体的表面是由若干个平面围合而成的。各平面之间的交线称为棱线，棱线的交点称为顶点。棱线的投影是构成各投影面上的平面立体的轮廓线，其中可见时用粗实线表示，不可见时用中虚线表示，若粗实线和中虚线重合时，用粗实线表示。

4.1.1 棱柱

一、投影

棱柱是由棱面和上下底面组成的。底面通常为多边形，棱面上各条棱线相互平行，按棱线的数目可分为三棱柱、五棱柱、六棱柱等。棱线垂直于底面的棱柱称为直棱柱，棱线倾斜于底面的棱柱称为斜棱柱。

如图4-1（a）所示为正六棱柱的三维空间图，顶面和底面为两互相平行的正六边形，六个棱面均为矩形，六条棱线相互平行且垂直于底面，其长度等于棱柱的高度。

如图4-1（b）所示为正六棱柱的投影图，顶面和底面的水平投影反映实形，因六个棱面均垂直于水平面，所以水平投影积聚成六边形的六条边。正面投影为水平和竖直直线，因前后两个棱面为正平面，故正面投影反映实形，其他四个棱面为铅垂面，正面投影为类似形。

同理，侧面投影为水平和竖直直线，左右两个棱面为侧垂面，积聚成一条直线，其他四个棱面为铅垂面，侧面投影为类似形。

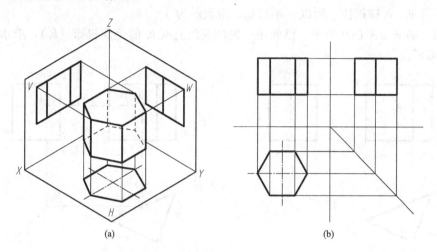

图 4-1　六棱柱

在绘制投影图时，投影图主要表示立体的形状和大小，而与投影面的距离无关，故今后在绘制立体的三面投影图时，通常省略投影轴，保证各投影图之间的投影"长对正、高平齐、宽相等"的原则即可。

正棱柱的投影特性：一个投影积聚成多边形，反映多边形的实形；其他两个投影均为实形的类似形，由若干小矩形组成，棱线投影相互平行。

二、表面取点

由于棱柱表面是由不同的平面组成的，所以在棱柱上取点的方法与平面上取点的方法相同。可见性问题：如点在平面立体的某一个表面上，则它们的投影也在该平面的同名投影上，且这些点的可见性与所在平面的可见性相同，值得注意的是，若点所在的平面在某一投影面上积聚为一条直线，规定点的投影可见。

例 4-1　如图 4-2（a）所示，已知正六棱柱表面上点 K 的正面投影 k'，求水平投影 k 和侧面投影 k''。

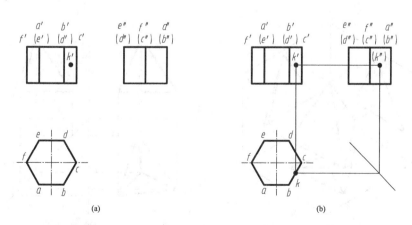

图 4-2　六棱柱表面取点

解： 如图 4-2（b）所示，由于 k' 可见，则点 K 一定在 BC 棱面上，而不会在 CD 棱面上，所以 k 一定在 BC 棱面的水平投影积聚线 bc 上，再由点的投影规律可得 k''，侧面投影 BC 棱面不可见，k'' 被挡住，所以 k'' 不可见，应表示为（k''）。

例 4-2　如图 4-3（a）所示，已知正三棱柱表面上点 K 的正面投影（k'），求水平投影 k 和侧面投影 k''。

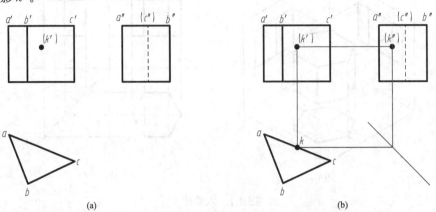

图 4-3　三棱柱表面取点

解： 如图 4-3（b）所示，由于（k'）不可见，则点 K 一定在 AC 棱面上，不在 BC 棱面上，则 k 就在 AC 棱面的水平投影积聚线 ac 上，再由点的投影规律可得 k''，由三棱柱的水平投影可知，k'' 不可见，故表示为（k''）。

4.1.2　棱锥

一、投影

棱锥是由一个底面和几个棱面组成的，所有棱线交汇于一点，称为顶点，按照棱线的数目可分为三棱锥、四棱锥等等。

如图 4-4（a）所示为三棱锥的三维空间图，其底面是水平面，三个棱面是一般位置平面，三条棱线是一般位置直线。如图 4-4（b）所示，为三棱锥的三面投影图，三棱锥底面的水平投影反映实形，其正面投影和侧面投影均积聚为一条水平直线段。三个棱面的三面投影均为三角形，是实形的类似形。

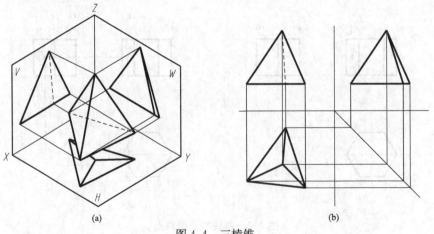

图 4-4　三棱锥

二、表面取点

由于棱锥的各个棱面是一般位置平面，在三面投影中没有积聚性，所以其表面上点的投影应用一般位置平面上求点的方法确定，也就是在点所在的平面上作辅助线，然后在辅助直线上作出点的投影。

例 4-3　如图 4-5（a）所示，已知三棱锥表面上点 K 的正面投影（k'），求水平投影 k 和侧面投影 k''。

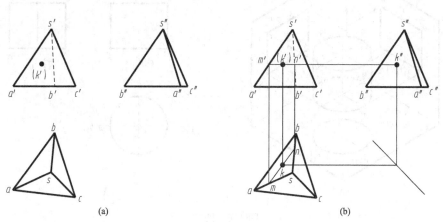

图 4-5　三棱锥表面取点

解： 如图 4-5（b）所示，由于（k'）不可见，点 K 一定在棱面 SAB 上，由于 SAB 是一般位置平面，要求点 K 水平和侧面投影，需过点 K 在平面 SAB 上作一条辅助线，此解是一条水平线［也可作一般位置直线或连接 $s'(k')$］，此水平线与 $s'a'$ 交于 m'，与 $s'b'$ 交于 n'，再作 mn，由此得到 k 和 k''。

求作平面立体的投影其实是求作不同位置平面投影的组合，有些底面具有积聚性，有些棱面具有积聚性，或棱面是一般位置平面。值得注意的是各棱面是由棱线和底边围合而成，只需求出它们相交的交点投影。

可见性的判断：平面立体表面取点的方法与平面上取点方法相同。第一步应分析清楚点在立体的哪个表面上，然后再分析点所在平面的性质，是否具有积聚性，在哪几个投影面上是不可见的，两种情况应如何求其他两个投影，这在平面上取点中已有讲解。

4.2　曲面立体的投影

在建筑工程中常见的曲面立体是回转体，回转体是由回转面或回转面与平面围成的立体。由直线或曲线绕空间某一固定直线旋转而形成的曲面称为**回转面**，固定的直线称为**回转轴**，旋转的直线或曲线称为**母线**，母线旋转过程中的任一位置称为**素线**。母线只有一条，素线有无数条。

工程中常见的回转体有圆柱、圆锥、球等。

4.2.1　圆柱

圆柱是由圆柱面、顶面和底面所围成。圆柱面是由母线绕一条与其平行的轴线回转一周所形成的曲面，顶面和底面是垂直于轴线的圆。

一、投影

图 4-6（a）所示为圆柱的三维空间图，圆柱的顶面和底面为平行于水平面的圆，轴线和素线均为铅垂线。

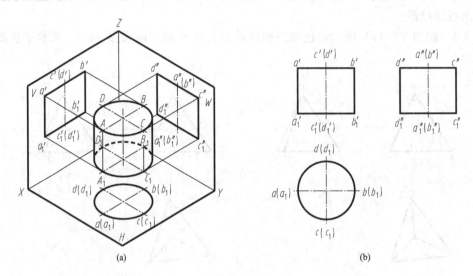

图 4-6　圆柱

图 4-6（b）所示为圆柱的三面投影图：

水平投影：由顶面、底面和圆柱面的投影构成，顶面和底面水平投影是一个圆，反映实形；圆柱面的水平投影则具有积聚性，是一个圆周，由此得到圆柱的水平投影是一个圆，但是这个圆不是通常意义的圆，是有"内涵"的圆，即此"圆"代表了面的积聚。

正面投影：是由顶面、底面和圆柱面的投影构成，顶面和底面作正投影，均具有积聚性，积聚为水平直线段，分别为 $a'b'$ 和 $a_1'b_1'$；圆柱面上最左素线 AA_1 和最右素线 BB_1 把圆柱面分为前后两部分，前半部分圆柱面的投影可见，后半部分圆柱面的投影不可见，且与前半部分圆柱面的正面投影重合，因此圆柱面的正面投影是由最左和最右两条素线作投影而得的两条竖直的直线段 $a'a_1'$ 和 $b'b_1'$，因此最终圆柱的正面投影是一矩形。

侧面投影：与正面投影作图方法相同。顶面和底面作侧投影，均具有积聚性，积聚为水平直线段，分别为 $c''d''$ 和 $c_1''d_1''$；圆柱面上最前素线 CC_1 和最后素线 DD_1 把圆柱面分为左右两部分，左半部分圆柱面的投影可见，右半部分圆柱面的投影不可见，且与左半部分圆柱面的侧面投影重合，因此圆柱面的侧面投影是由最前和最后两条素线作投影而得的两条竖直的直线段 $c''c_1''$ 和 $d''d_1''$，因此最终圆柱的侧面投影与正面投影一致，是形状大小均相同的矩形。

二、表面取点

圆柱表面取点可利用顶面、底面和圆柱面在不同投影面具有积聚性的特点，以及点的投影规律进行作图求解。

例 4-4　如图 4-7（a）所示，已知圆柱表面上点 A、B、C 的一个投影，求作另外两个投影。

解：如图 4-7（b）所示。

点 A 的另两个投影：已知点 A 的水平投影（a），可知 A 点在顶面或底面上，又因为水平投影不可见，则点 A 一定在底面上，根据点的投影规律很容易求得 a' 和 a''，判断可见性，因底面在正面和侧面投影积聚为直线段，故 a' 和 a'' 均可见。

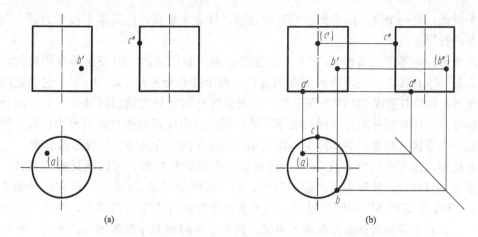

图 4-7　圆柱表面取点

点 B 的另两个投影：已知点 B 的正面投影 b′，可判定点 B 在圆柱面上，因为 b′ 可见，故在圆柱面的前半部分，其水平投影在圆周的前半部分上，再作出侧面投影，因点 B 的侧面投影被遮挡，故侧面投影不可见，表示为（b″）。

点 C 的另两个投影：已知点 C 的侧面投影 c″ 在圆柱面最后素线上，故其正面投影落在圆柱轴线上，正面投影不可见，而水平投影落在圆周的最后点上。

4.2.2　圆锥

圆锥是由圆锥面和一个圆形底面所围成。圆锥面可看成是由一条直线（母线）绕一条与其相交的直线（轴线）回转一周所形成的；底面为母线底端旋转轨迹所形成的圆。母线与轴线的交点称为圆锥的顶点。

一、投影

图 4-8（a）所示为圆锥的三维空间图，圆锥的底面为水平面，轴线为铅垂线，圆锥面上所有的素线与水平面夹角均相等。

图 4-8（b）所示为圆锥的三面投影图：

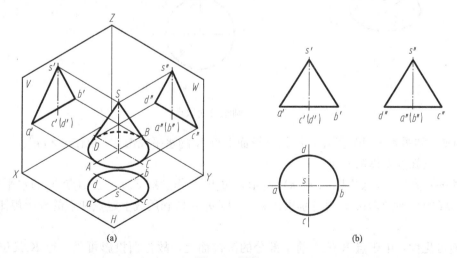

图 4-8　圆锥

　　水平投影：是一个圆。因为圆锥的底面是圆，且为水平圆，故其水平投影为圆，同时也是圆锥面的投影。

　　正面投影：是等腰三角形△$s'a'b'$。圆锥底面向正面作投影，因底面具有积聚性，故其正面投影是一条直线段，长度为底面圆的直径；两个腰线分别是 $s'a'$ 和 $s'b'$，它们是圆锥面最左素线 SA 和最右素线 SB 的正面投影，两条素线把圆锥分为前后两部分，前半部分向正面作投影可见，后半部分向正面做投影不可见，两部分均向正面作投影则投影重合。所以正面投影是一个等腰三角形，但实际上等腰三角形内部是两部分圆锥面的投影重合面。

　　侧面投影：是等腰三角形△$s''c''d''$。圆锥底面向侧面作投影，因底面具有积聚性，故其侧面投影是一直线段，长度为底面圆的直径；两个腰线分别是 $s''c''$ 和 $s''d''$，它们是圆锥面最前素线 SC 和最后素线 SD 的侧面投影，两条素线把圆锥分为左右两部分，左半部分向侧面作投影可见，右半部分向侧面做投影不可见，两部分均向侧面作投影则投影重合。所以侧面投影是一个等腰三角形，但实际上等腰三角形内部是两部分圆锥面的投影重合面。

二、表面取点

　　如图 4-9 所示，圆锥上取点，由于圆锥的特殊性，圆锥底面具有积聚性，但圆锥面本身没有积聚性，所以在圆锥面上取点时，需要在圆锥面作辅助线。

　　圆锥面上取点有两种方法：一是素线法，过已知点 K 在圆锥面上作一条素线，因为圆锥面上任一条素线均通过圆锥顶点，再通过线上定点的方法即可求出点 K 的投影；二是纬圆法，过已知点 K 在圆锥面上作平行于底圆（垂直于圆锥轴线）的圆（称为纬圆）。两种方法道理相同，均是作辅助线求圆锥面上点的投影，只是作辅助线的方式不同而已。

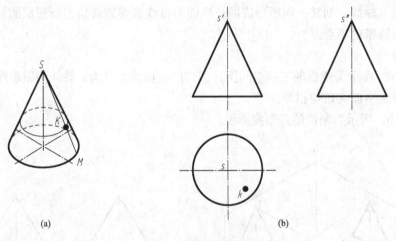

(a)   (b)

图 4-9　圆锥表面取点

　　例 4-5　如图 4-9（b）所示，已知圆锥面上点 K 的水平投影 k，求作 k' 和 k''。

　　解：过已知点 k 作辅助线。

　　方法一：素线法，如图 4-10（a）所示，过点 K 作素线 SM。已知点 K 的水平投影 k，首先作 SM 的水平投影 sm，再分别求出 $s'm'$ 和 $s''m''$；再利用线上定点和点的投影规律，作出 k' 和 k''。

　　判断可见性：由于点 K 位于前半部分的圆锥面上，故正面投影可见；点 K 又位于右半部分的圆锥面上，则侧面投影不可见，表示为 (k'')。

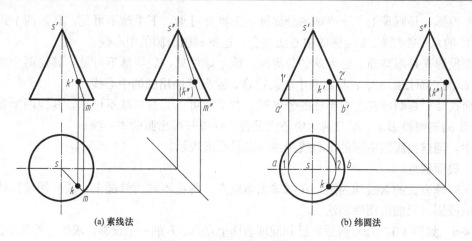

(a) 素线法　　　　　　　　　　　　　　(b) 纬圆法

图 4-10　圆锥表面取点的两种方法

方法二：纬圆法，如图 4-10（b）所示，过点 K 作水平纬圆的投影。因纬圆的水平投影为圆形，故过 k 作底面圆水平投影的同心圆，与左右素线的水平投影 sa 和 sb 相交于 1 和 2；再求出水平纬圆的正面投影，积聚为一直线段 $1'2'$；再根据点的投影规律求得 k' 和 k''。

可见性判断同上。

4.2.3　圆球

圆球是由圆球面所围成的。圆球面是由圆（母线）绕其一条直径（轴线）回转一周形成的曲面立体。

一、投影

图 4-11（a）所示为圆球的三维立体图，其中 A 为平行于 H 面的最大纬圆，B 为平行于 V 面的最大纬圆，C 为平行于 W 面的最大纬圆。

图 4-11（b）所示为圆球的三面投影图：如图可知，圆球的三面投影均是圆，且直径等于圆球的直径。

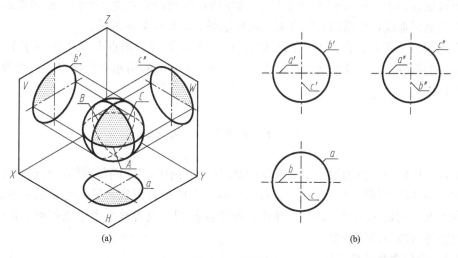

(a)　　　　　　　　　　　　　　(b)

图 4-11　圆球

水平投影 a 是圆球上、下半球的分界圆，上半球可见，下半球不可见，其他两个最大纬圆 B 和 C 的水平投影 b、c 与圆的中心线重合，这里只画出圆的中心线；

正面投影 b′ 是圆球前、后半球的分界圆，前半球可见，后半球不可见，其他两个最大纬圆 A 和 C 的正面投影 a′、c′ 与圆的中心线重合，这里只画出圆的中心线；

侧面投影 c″ 是圆球左、右半球的分界圆，左半球可见，右半球不可见，其他两个最大纬圆 A 和 B 的侧面投影 a″、b″ 与圆的中心线重合，这里只画出圆的中心线；

其中，圆球投影图中圆的中心线用细单点长画线表示。

二、表面取点

由于圆球表面的素线均为圆，在圆球表面取点，均在不同的纬圆上，故应用辅助线法求表面点的投影，只能应用纬圆法。

例 4-6　如图 4-12（a）所示，已知圆球表面上点 K、L 的一个投影，求作另外两个投影。

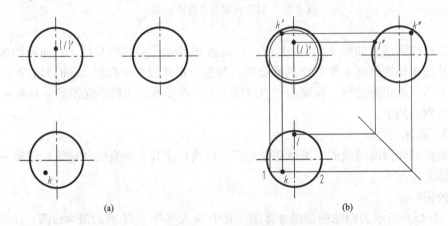

图 4-12　圆球表面取点

解： 如图 4-12（b）所示。

点 K 的另两个投影：由于点 K 的水平投影 k 可见，则点 K 必然位于圆球的前、左、上半部分的圆球表面上，过 k 作平行于 V 面的纬圆，纬圆的直径为 12mm，根据点的投影规律，由 k 向上引垂线，在纬圆上作出 k′，同理求得 k″。k′ 和 k″ 均可见。

点 L 的另两个投影：由于点 L 的正面投影（l′）不可见，则点 L 位于平行于 W 面的最大纬圆的后半部分上，则其侧面投影位于圆上，由（l′）向右引水平线作出 l″，同理作出 l。l 和 l″ 均可见。

4.3　立体的截交线

建筑设计中对于形体的把控要求很高，如何在头脑中构思空间与形体，对建筑专业是一项基本功，而这些空间形体尽管有一些可以由基本立体组合而成，但相对复杂一些的形体，其内部和外部空间是多变的，这些形体通常被平面截切，或者被几个平面截切，形成孔洞、凹凸变化或各种坡屋顶等造型。

4.3.1　平面立体的截交线

平面截断立体，会截去立体的一部分，称为**截切**，所用平面为截平面，截平面与立体的交线称为**截交线**。截交线是截平面与立体的公共线，因为立体是由表面围合成的完整形体，所以立体表面的截交线具有封闭性，是一个封闭的平面图形，截交线的形状取决于立体表面的形状以及截平面所在立体中的位置。

平面立体的截交线是一个平面多边形，此多边形的顶点是平面立体的棱线与截平面的交点，此多边形的边是平面立体的棱面与截平面的交线，如图 4-13 所示。

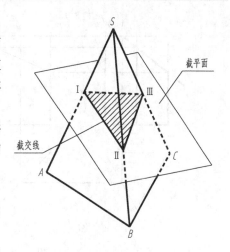

图 4-13　平面立体的截交线

一、平面立体截交线的作图方法

（1）交点法：依次求出平面立体棱线与截平面的交点，再连接同一表面上的交点相连。

（2）交线法：直接求出平面立体表面与截平面的交线。

（3）空间想象力法（适用于常见的简单平面立体）：还原未截切之前平面立体的形状，在三维空间中想象基本的平面立体形状，根据截平面与平面立体的相对位置，分析截平面的特性，确定边数，再在头脑中想象出截平面的空间形状，然后作三面投影，根据截平面一个投影的具体位置确定三面投影的确切位置和形状。

二、平面立体截交线的作图步骤

（1）分析截平面与平面立体的相对位置关系，寻找截交线的积聚投影。

（2）求出平面立体棱线与截平面的交点。

（3）将各交点依次相连，位于同一棱面上的交点才可相连。

（4）判断可见性，平面立体中可见棱面上的截交线可见，反之不可见，不可见用虚线表示。

例 4-7　如图 4-14（a）所示，试求三棱柱被正垂面 P 截切后水平投影和侧面投影。

解：如图 4-14（b）所示。

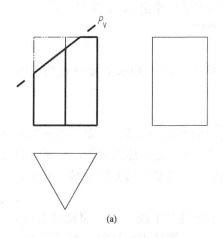

(a)

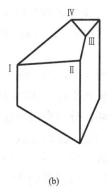

(b)

图 4-14　三棱柱被正垂面截切（一）

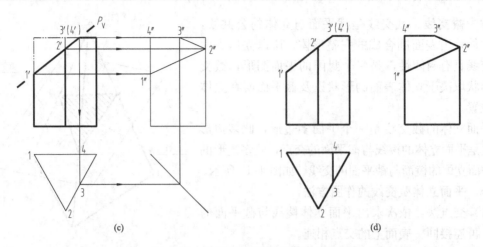

图 4-14　三棱柱被正垂面截切（二）

　　三棱柱被截平面 P 所截切，三棱柱整体被切掉一部分，去除切掉的部分，剩余立体的平面由一圈截交线所组成，求此截交线的投影。由立体图可知，截平面与三棱柱的三个棱面和一个顶面相交，故截交线为平面四边形。

　　正面投影：因截平面 P 是正垂面，截交线是截平面 P 与立体的共有线，因此，截交线的正面投影与截平面 P 的正面投影重合，即与平面 P 的正面积聚的投影重合。

　　水平投影：因立体的棱面在 H 面的投影具有积聚性，故截交线中的 Ⅰ Ⅱ、Ⅱ Ⅲ、Ⅳ Ⅰ三条边的水平投影落在棱面具有积聚性的水平投影上，另一条边 Ⅲ Ⅳ 是截平面 P 与上顶面的交线，水平投影图中反映实形。

　　侧面投影：根据截交线的正面投影和水平投影，结合立体图，分析各个棱线相互位置的对应关系，不难求出截交线的侧面投影。

　　作图步骤：如图 4-14（c）和 4-14（d）所示

　　（1）根据 P_{V} 所在 V 面位置，标识出 $1'$、$2'$、$3'$、$(4')$ 所在位置。

　　（2）引底稿线作上顶面与截平面 P 的交线的投影 34 和 $3''4''$。

　　（3）分析棱面在不同投影中的积聚性与对应关系，作出 1、2 和 $1''$、$2''$。

　　（4）依次连接水平和侧面投影图中截交线的顶点。

　　（5）在底稿线基础上对确定的结果线加粗。

　　例 4-8　如图 4-15（a）所示，试求四棱锥被正垂面 P 和水平面 Q 截切后的水平投影和侧面投影。

　　解： 如图 4-15（b）所示。

　　四棱锥被截平面 P 和 Q 所截切，四棱锥整体被切掉两部分，去除切掉的部分，剩余的立体表面由两部分截交线所组成，求此截交线的投影。由立体图可知，截平面 P 与四棱锥的四个棱面均相交，故截交线为平面四边形，截平面 Q 与四棱锥的两个棱面相交，又与截平面 P 相交，故截交线为平面三角形。

　　正面投影：因截平面 P 是正垂面，截平面 Q 是水平面，在正面投影上均具有积聚性，截交线是截平面 P、Q 与立体的共有线，因此，截交线的正面投影与截平面 P、Q 的正面投影重合，即与 P、Q 平面正面积聚的投影重合。

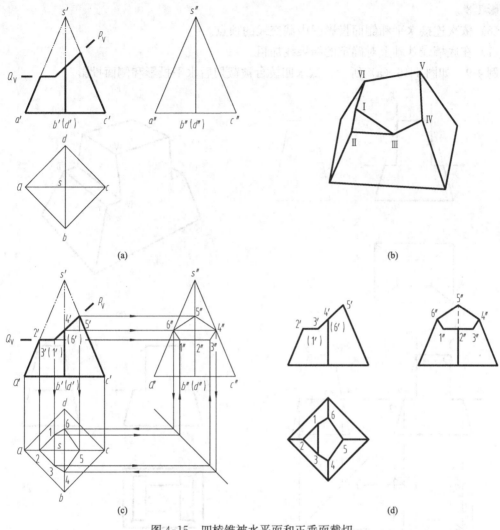

图 4-15　四棱锥被水平面和正垂面截切

　　侧面投影：截平面 P 与立体的 SB、SC、SD 三条棱线相交，与截平面 Q 相交于一条正垂线；截平面 Q 与棱线 SA 相交，且由于截平面 Q 为水平面，所得截交线围合的平面必平行于四棱锥的底面，则侧面投影积聚为一直线。

　　水平投影：根据截交线的正面投影和侧面投影，结合立体图，分析各个棱线相互位置的对应关系，不难求出截交线的水平投影，注意截平面 Q 与四棱锥的截交线ⅠⅡ和ⅡⅢ应与底边 AB 和 AD 平行。

　　作图步骤：如图 4-15（c）和图 4-15（d）所示。

　　(1) 根据 P_V 和 Q_V 所在 V 面的位置，标识出（1′）、2′、3′、4′、5′、（6′）所在位置。

　　(2) 引底稿线作截平面 P 与 SC 交点的投影 5 和 5″。

　　(3) 引底稿线作截平面 P 与 SB、SD 交点的投影 4″、6″和 4、6。

　　(4) 引底稿线作截平面 Q 与 SA 交点的投影 2″和 2。

　　依次连接水平和侧面投影图中截交线的顶点。

　　(5) 分别作 21//ad，23//ab，根据正面投影 1′、3′的位置确定 1、3 的位置，再求作侧面投影 1″3″。

（6）依次连接水平和侧面投影图中截交线的顶点。

（7）在底稿线基础上对确定的结果线加粗。

例4-9 如图 4-16（a）所示，试求四棱台被截切后水平投影和侧面投影。

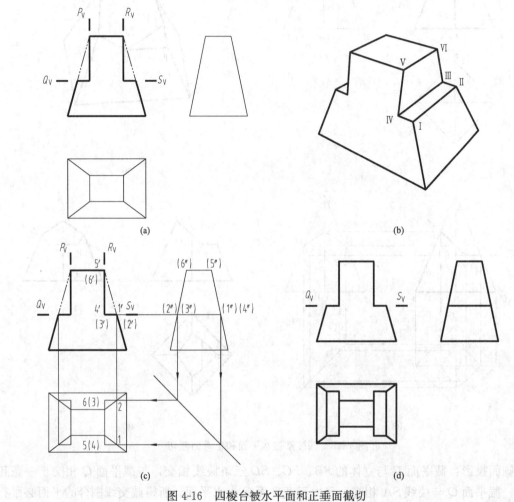

图 4-16　四棱台被水平面和正垂面截切

解： 如图 4-16（b）所示。

四棱台被 P、Q、R、S 四个截平面所截切，如图 4-16 所示，四棱台被截切掉两部分，剩余立体的表面形成四个闭合的截交线，求截交线的投影。尽管四棱台被四个截平面所截切，但截平面 P 与 R 对称，截平面 Q 与 S 对称，故只求出截平面 R、S 与四棱台的截交线即可，其余进行对称处理。（仅讲解截平面 R 和 S 的截交线，其他同理）

正面投影：因截平面 R 是正垂面，截平面 S 是水平面，正面投影图中均具有积聚性，截交线是截平面 R、S 与立体的共有线，因此，截交线的正面投影与截平面 R、S 的正面投影重合，即与截平面 R、S 平面正面积聚的投影重合。

侧面投影：截平面 R 截切四棱台棱面后所形成的平面是梯形，且其侧面投影与原四棱台棱面的侧面投影一致，故截切后平面的侧面投影仍为梯形；截平面 S 是水平面，其侧面投影具有积聚性，积聚成一条直线。

水平投影：因截平面 R 是正垂面，故水平投影具有积聚性，积聚为一直线；因截平面 S 是水平面，截切四棱台后的平面在水平投影图中反映实形，为矩形。

作图步骤：如图 4-16（c）和 4-16（d）所示

（1）根据 R_V 和 S_V 所在 V 面的位置，标识出 $1'$、$(2')$、$(3')$、$4'$、$5'$、$(6')$ 所在位置。

（2）利用积聚性，引底稿线作截平面 S 与棱线交点的侧面投影 $(2'')$ $(3'')$ 和 $(1'')$ $(4'')$。

（3）引底稿线作水平投影 1、（4）5 和 2、（3）6。

（4）依次连接水平和侧面投影图中截交线的顶点。

（5）截平面 P 和 Q 的截交线作图步骤同上。

（6）在底稿线基础上对确定的结果线加粗。

4.3.2　曲面立体的截交线

曲面立体的截交线是指截平面与曲面立体相交产生的交线，通常为平面曲线，或为直线段与曲线段组合而成的图形。具体截交线的形状取决于曲面立体表面的形状以及截平面与曲面立体的相对位置关系。如图 4-17 所示，圆柱体被截平面所截切，求截交线。

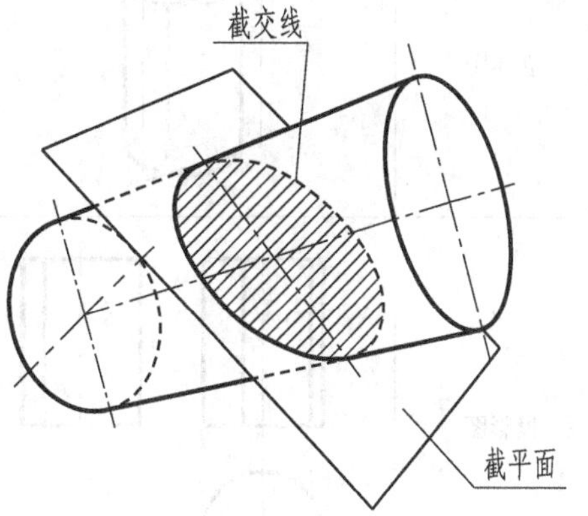

曲面立体的截交线是截平面与曲面立体表面的共有线，是共有点的集合。求解的思路是求得若干个共有点，然后依次进行连线即可。

图 4-17　曲面立体的截交线

一、曲面立体截交线的作图方法

截交线是截平面与曲面立体的共有线，也是所有共有点的集合，故其投影就是找到所有共有点的同面投影，再进行连线。

根据截交线位置和性质不同，可以分为三类。

（1）截交线为直线，可利用积聚性、从属性直接求得。

（2）截交线为圆弧，可利用素线法或纬圆法直接求得。

（3）截交线为特殊线段，如非圆曲线、直线段加非圆曲线等，这些情况需要作出若干个共有点的投影，然后连线，部分线段可能是直线段，部分线段则可能需要用光滑曲线连接起来。确定这些共有点时，首先找到特殊点，例如分界点、最上、最下、最左、最右、最前和最后的点，从而确定截交线的大致走向，再在特殊点中间找到若干个一般点，最终连接成光滑曲线。

二、曲面立体截交线的作图步骤

（1）分析截交线的形状。利用空间分析能力，根据曲面立体与截平面的三面投影，分析两者的空间位置关系，再根据曲面的形状，预判并分析截交线的大致走向和形状，从而确定截交线的投影特性。

（2）求作截交线特殊点的投影。明确特殊点的位置和数量，运用曲面上取点、取线的方法，例素线法或纬圆法，求出各特殊点的同面投影。

（3）求作截交线一般点的投影。方法同上，求出几个必要的一般点的同面投影。

（4）光滑连线。用直线段或光滑曲线依次连接各个公共点，判断可见性，并整理图面，对截切后余下的部分整理加粗。

三、常见曲面立体的截交线

介绍几种常见的曲面立体截交线的投影作法，如圆柱、圆锥、圆球等。

（1）圆柱的截交线。根据截平面与圆柱相对位置的不同，截交线有三种不同的形状，见表 4-1。

表 4-1　　　　　　　　　　　　　　圆 柱 的 截 交 线

截平面位置	平行于轴线	垂直于轴线	倾斜于轴线
截平面形状	矩形	圆	椭圆
立体图	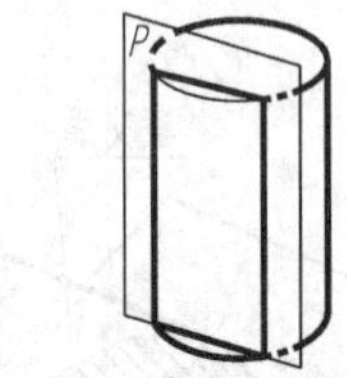	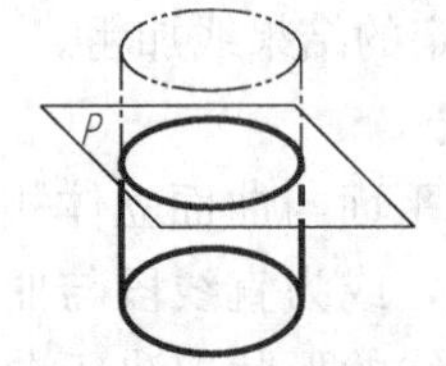	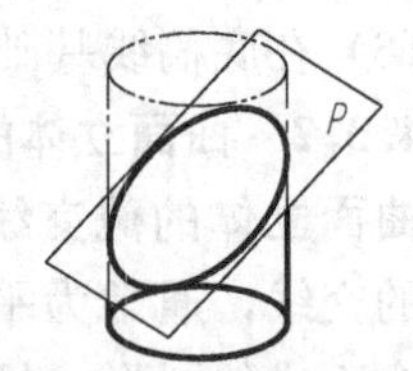
投影图	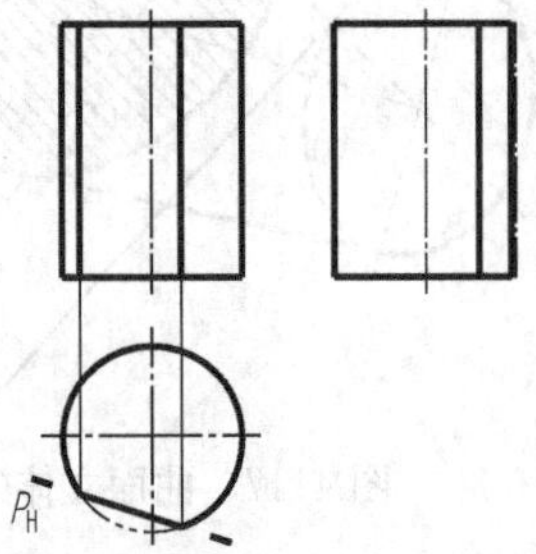	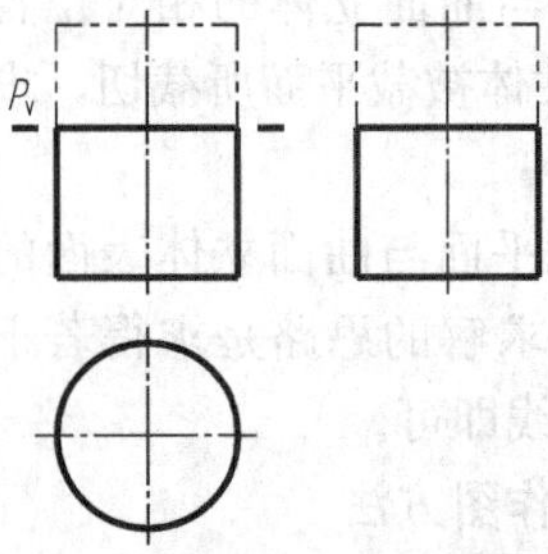	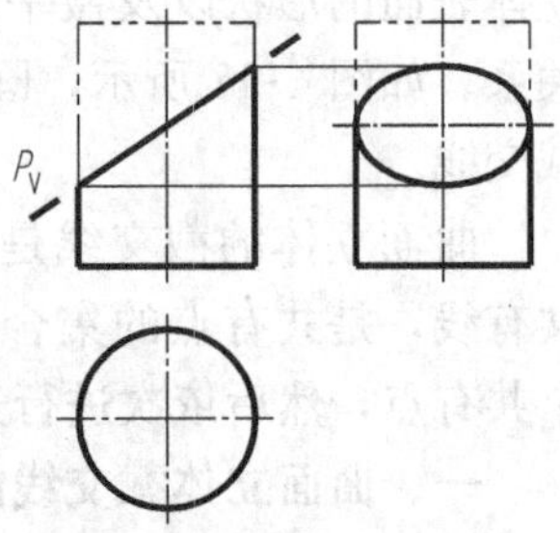

1）矩形——当截平面与圆柱轴线平行时。截平面与圆柱的侧面交线为两条铅垂线，与圆柱上顶面和下底面交线为两条水平线。

2）圆——当截平面与圆柱轴线垂直时。截交线是与圆柱顶面和底面相同的圆，其投影为圆或直线。

3）椭圆——当截平面与圆柱轴线倾斜时。若截平面只截切圆柱的侧面，则其投影一般为圆、椭圆或直线；若截平面同时与上顶面或下底面相交，则其截交线为一条直线段，那么，完整的截交线应是直线段与椭圆弧线段组成的图形。

例 4-10　如图 4-18（a）所示，试求圆柱被截切后的水平投影和侧面投影。

解： 如图 4-18（b）所示。

圆柱被截平面 P 所截切，由于正垂面 P 倾斜于圆柱轴线，且只截切圆柱的角部，故截交线的形状为部分椭圆。截交线的正面投影即是截平面具有积聚性的正面投影，又由于截平面 P 截切部分圆柱面和部分底面，则截交线的水平投影是由部分圆和直线段组成，故只需作出侧面投影即可，而侧面投影是部分椭圆。

作图步骤：如图 4-18（c）和图 4-18（d）所示。

1）根据 P_V 所在 V 面的位置，标识出 $1'$、$(2')$、$3'$。

2）根据 H 面的积聚性，引底稿线分别作出 1、2、3。

3）根据 V 面和 H 面的投影，引底稿线，确定 W 面投影中 $1''$、$2''$、$3''$ 的位置，由三点位置作出圆滑的椭圆。

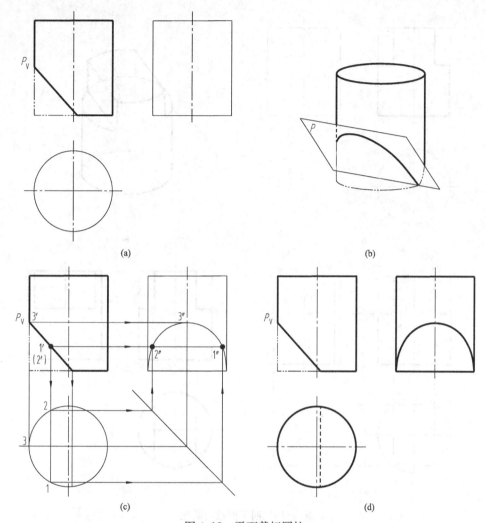

图 4-18　平面截切圆柱

4）在底稿线基础上对确定的结果线加粗，注意不可见线段用虚线表示。

例 4-11　如图 4-19（a）所示，圆柱上部有对称的两个缺口，求作圆柱被截切后的水平投影和侧面投影。

解：如图 4-19（b）所示。

圆柱上部被四个截平面截切，两两对称，形成对称的两个缺口，只需求出其中一对截平面的水平和侧面投影即可，也就是求出侧平面 P 和水平面 Q 所截切的交线投影。截平面 P 截切圆柱的水平投影为平面的积聚，积聚为一直线，侧面投影反映矩形平面的实形；截平面 Q 截切圆柱的水平投影反映圆弧平面的实形，侧面投影积聚为一直线。

作图步骤：如图 4-19（c）和图 4-19（d）所示。

1）作截平面 P 和 Q 与圆柱交线的水平投影。由于截平面 P 与圆柱的截交线为矩形，水平投影为积聚的直线，截平面 Q 与圆柱的截交线为圆弧，分别在水平投影上标识出 1、（2）、3、（4）四个点，以及对应的正面投影中 1′、2′、（3′）、（4′）四个点。

2）作截平面 P 和 Q 与圆柱交线的侧面投影。由水平投影和正面投影的对应点向侧面投影引辅助线，分别作出矩形平面 1″、2″、3″、4″四个点。

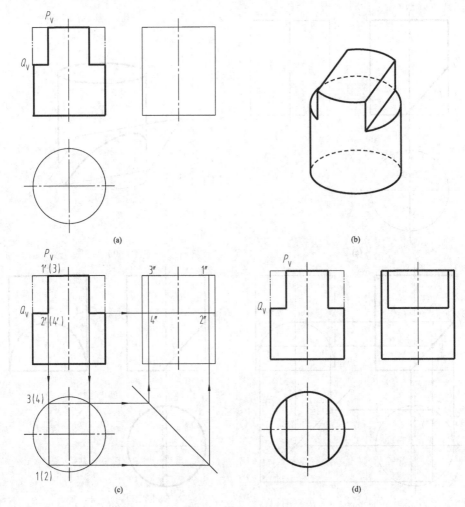

图 4-19　四平面截切圆柱

　　3）整理水平和侧面投影。水平投影为积聚的两条直线，侧面投影的上部最前和最后的素线被截切掉，整理如图 4-19（d）所示。

　　4）结果线加粗。

　　（2）圆锥的截交线。根据截平面与圆锥相对位置的不同，截交线有五种不同的形状，见表 4-2。

表 4-2　　　　　　　　　　　　　　圆 锥 的 截 交 线

截平面形状	三角形	圆	椭圆	抛物线	双曲线
立体图					

续表

截平面形状	三角形	圆	椭圆	抛物线	双曲线
投影图	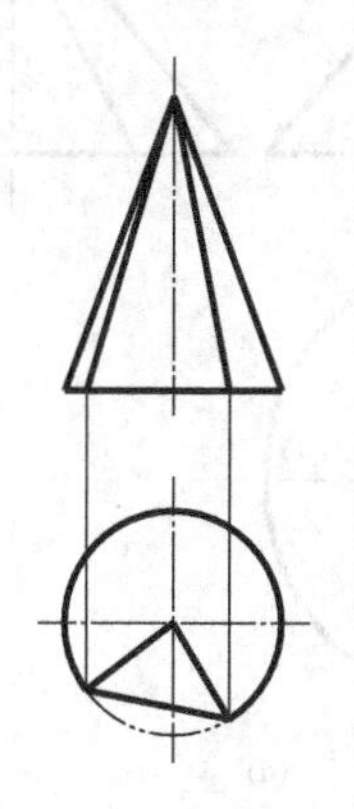	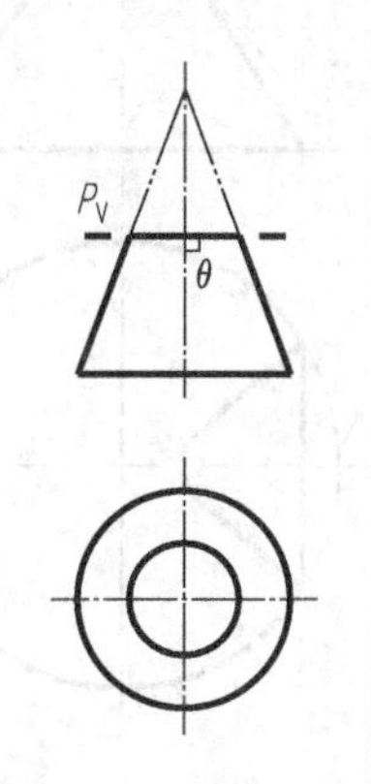	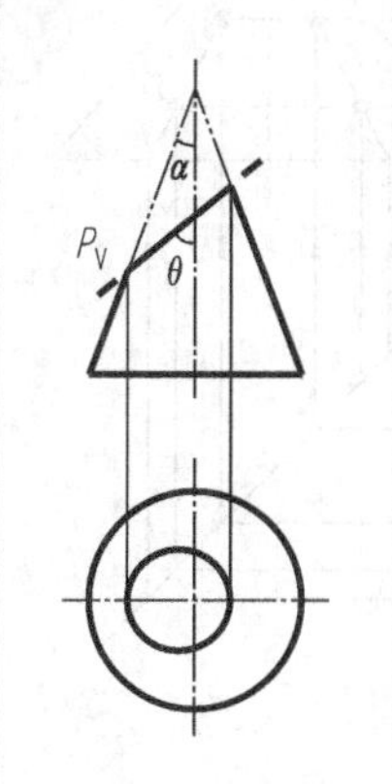	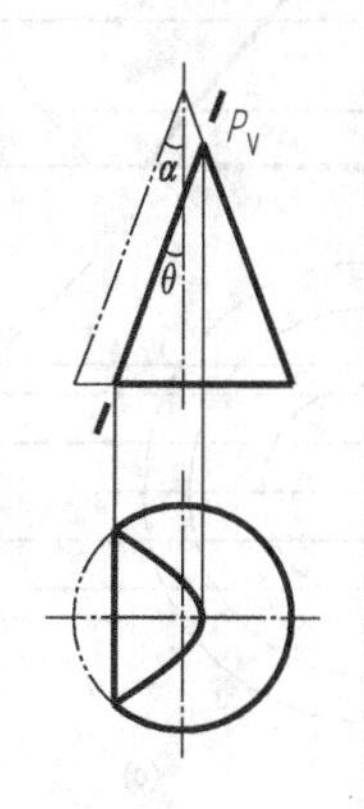	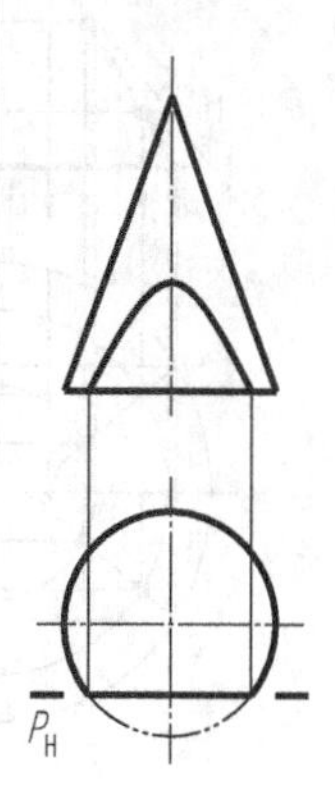

1) 三角形——当截平面通过圆锥顶点时，截交线为三角形。

2) 圆——当截平面与圆锥轴线垂直时，即 $\theta=90°$，截交线为圆。

3) 椭圆——当截平面不通过圆锥顶点，且倾斜于锥面的所有素线时，即 $\theta>\alpha$，截交线为椭圆。

4) 抛物线——当截平面不通过圆锥顶点，且与锥面上一条素线平行时，即 $\theta=\alpha$，截交线为抛物线。

5) 双曲线——当截平面不通过圆锥顶点，且与锥面上两条素线平行时，即 $0°\leqslant\theta<\alpha$，截交线为双曲线，如图 4-20 所示。

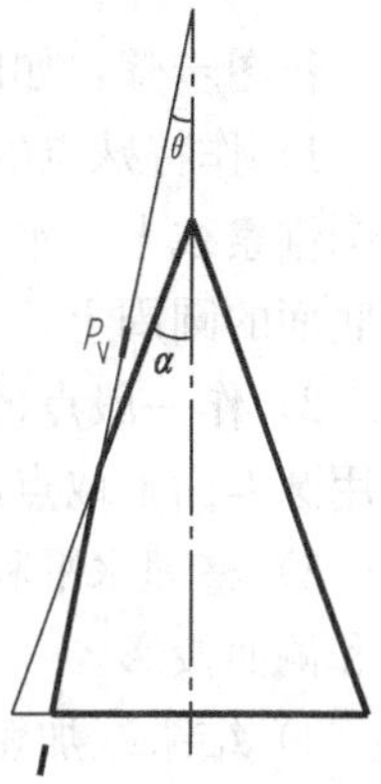

例 4-12 如图 4-21（a）所示，圆锥被截平面 P 所截切，求作截切后的水平投影和侧面投影。

解： 如图 4-21（b）所示。

图 4-20 双曲线

圆锥被截平面 P 所截切，截平面 P 为正垂面，未通过圆锥的顶点，且 $\theta<\alpha$，可知，截交线为一段双曲线。由于截交线的正面投影积聚为一条直线，求作水平投影和侧面投影。

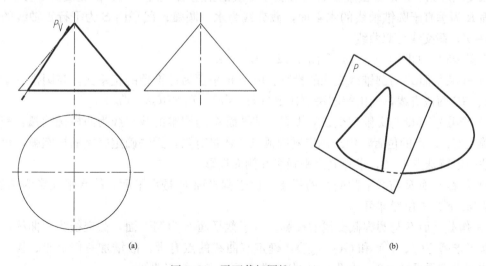

(a)　　　　　　　　　　(b)

图 4-21 平面截切圆锥（一）

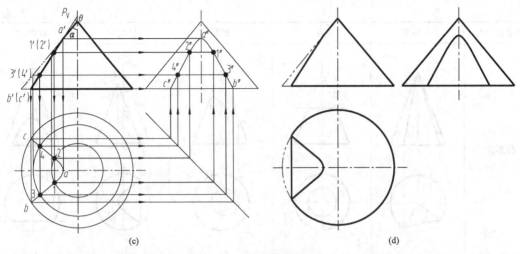

图 4-21　平面截切圆锥（二）

作图步骤：如图 4-21（c）和图 4-21（d）所示。

1）作特殊点的投影。双曲线顶点 A 和下端点 B、C 是特殊点，其中顶点 A 正面投影位于圆锥素线上，水平和侧面投影均位于轴线上，可直接标识出 a 和 a''；下端点 B 和 C 位于圆锥底面的圆周上，水平投影为 bc，侧面投影为 $b''c''$。

2）作一般点的投影。为了准确地画出双曲线的投影，作四个一般点 I、II、III、IV，利用圆锥面上取点的方法（纬圆法）作出投影 1234 和 $1''2''3''4''$。

3）整理水平和侧面投影。依次光滑连接 $a24cb31$ 和 $a''2''4''c''b''3''1''$，得到截交线的水平投影和侧面投影。

4）结果线加粗。

例 4-13　如图 4-22（a）所示，圆锥被截平面 P、Q、R、S 所截切，求作截切后的水平投影和侧面投影。

解：如图 4-22（b）所示。圆锥被截平面 P 所截切，截平面 P 为正垂面，通过圆锥的顶点，截交线应为三角形；截平面 Q 是倾斜于轴线的正垂面，且 $\theta > \alpha$，截交线为部分椭圆弧；截平面 R 为垂直于圆锥轴线的水平面，截交线为水平圆弧；截平面 S 为平行于轴线的侧平面，$\theta = 0°$，截交线为双曲线。

作图步骤：如图 4-22（c）和图 4-22（d）所示。

1）作截平面 P 与圆锥截交线的投影。由于 R 平面为过锥顶的正垂面，与圆锥的截交线为 SA、SB 两段直线，利用纬圆法求作 $SA(sa$，$s''a'')$ 和 $SB(sb$，$s''b'')$。

2）作截平面 Q 与圆锥截交线的投影。截平面 Q 与圆锥的截交线为两段椭圆弧，利用纬圆法确定 C、D 点的位置，由于确定椭圆弧点的数量有限，无法确定完整的椭圆弧，再利用纬圆法确定特殊点 1、2，求得其水平投影和侧面投影。

3）作截平面 R 与圆锥截交线的投影。由于截平面 R 是水平面，故水平投影为圆弧段，作出 $E(e$，$e'')$ 的位置即可。

4）作截平面 S 与圆锥截交线的投影。由于截平面 S 为侧平面，截交线为双曲线，利用纬圆法可求得 $F(f$，$f'')$ 和 $G(g$，$g'')$，确定双曲线的点有限，故增加一般点 III、IV，利用纬圆法亦可求得 $\mathrm{III}(3$，$3'')$ 和 $\mathrm{IV}(4$，$4'')$，进而画出完整的双曲线。

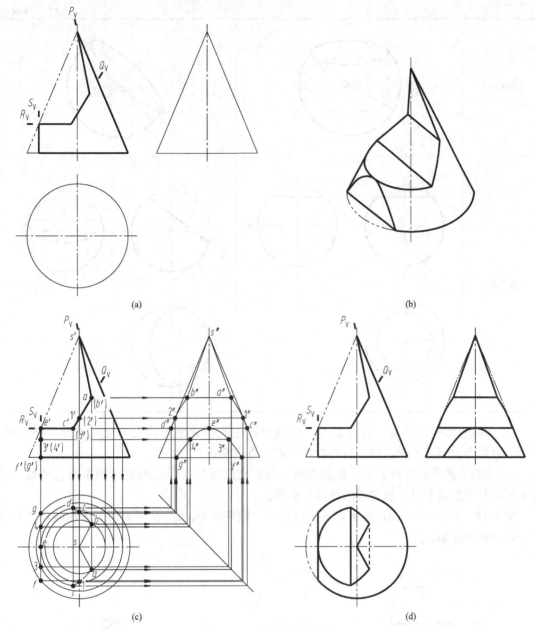

图 4-22　四平面截切圆锥

5）整理图面，结果线加粗。

（3）圆球的截交线。平面截切圆球，空间上的截交线形状只有一种——圆，而截交线的投影可分为两种情况，见表 4-3。

表 4-3　　　　　　　　　　　　　　圆　球　的　截　交　线

截平面位置	平行于投影面	垂直于投影面
截平面形状	圆	圆
截平面投影	水平投影为圆，其余投影为直线段	正面投影为直线段，其余投影为椭圆

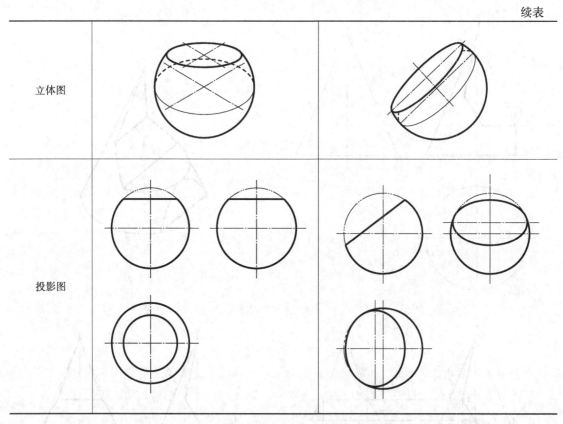

|立体图 / 投影图|

1）当截平面平行于某一投影面时，则截交线在此投影面上的投影反映实形，仍为圆，而对于另两个投影面来说，截交线的投影积聚为直线段。

2）当截平面垂直倾斜于某一投影面时，则截交线在此投影面的投影积聚为直线段，而对于另两个投影面来说，截交线的投影为椭圆。

例 4-14　如图 4-23（a）所示，半圆球被三个截平面 P、Q、R 所截切，求作截切后的水平投影和侧面投影。

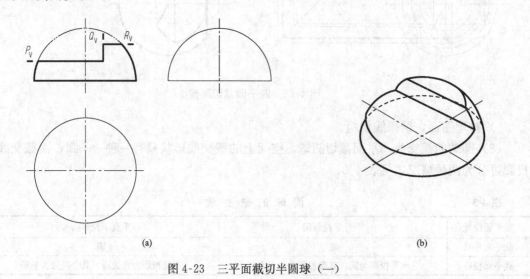

（a）　　　　　　　　　　　　　　（b）

图 4-23　三平面截切半圆球（一）

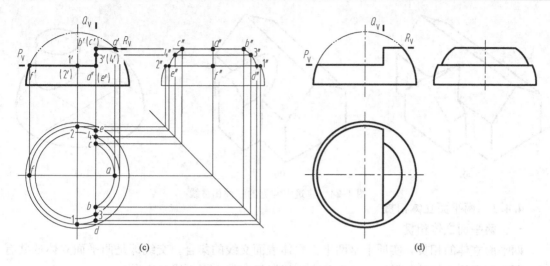

图 4-23　三平面截切半圆球（二）

解： 如图 4-23（b）所示。半圆球被截平面 P 所截切，截平面 P 为水平面，则其截交线的水平投影为圆弧段，侧面投影为积聚的直线段；截平面 Q 为侧平面，其截交线的侧面投影为圆弧段，水平投影为积聚的直线段；截平面 R 也是水平面，与截平面 P 截切半圆球的截交线投影规律一致。

作图步骤：如图 4-23（c）和图 4-23（d）所示。

（1）作截平面 P 与圆锥截交线的投影。由于截平面 P 是水平面，水平投影反映实形，为圆弧段，分别作出 $D(d, d'')$、$E(e, e'')$、$F(f, f'')$ 三个特殊点，再作出 I（1、$1''$）和 II（2、$2''$）两个特殊点，即可求得截交线的投影。

（2）作截平面 Q 与圆锥截交线的投影。截平面 Q 的水平投影积聚为直线段，作 $B(b, b'')$ 和 $C(c, c'')$ 两点，由于确定圆弧段的点有限，故增加一般点 III、IV，利用纬圆法亦可求得 III（3、$3''$）和 IV（4、$4''$），画出完整的圆弧段。

（3）作截平面 R 与圆锥截交线的投影。截平面 R 与截平面 P 的截交线投影规律一致，作出 $A(a, a'')$ 即可。

（4）整理图面，结果线加粗。

4.4　立 体 的 相 贯 线

建筑设计过程中，很多形体是由两个或两个以上的基本立体相交形成的。两立体相交也称为**相贯**，在两立体表面产生的交线称为**相贯线**。

相贯线的形状与两立体的外表面形状和两立体的相对位置有关。根据两立体表面形状的不同，分为三种类型：两平面立体相贯线、平面立体与曲面立体相贯线、两曲面立体相贯线。如图 4-24（a）为两个双坡屋顶相贯，图 4-24（b）为双坡屋顶与曲面屋顶相贯，图 4-24（c）为两曲面立体相贯。在建筑设计中，不仅仅是两个立体的相贯问题，有可能是多个立体的相贯，尽管由多个立体形成不同的相贯线，但研究最基本的两立体相贯问题是首要和基础问题。

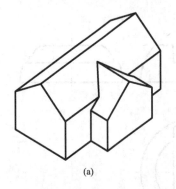 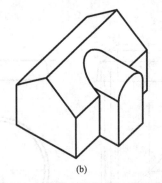 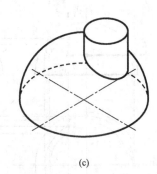

(a)　　　　　　　　　　　　　(b)　　　　　　　　　　　　　(c)

图 4-24　建筑中常见的三种相贯线

4.4.1　两平面立体相贯

一、两平面立体相贯

两平面立体的相贯，实质上是两平面立体表面交线的集合，交线即是两平面立体的共有线。所以两平面立体的相贯线，是由各个直线段组成的空间折线多边形。

由此得出，两平面立体相贯线是由折线和折点组成的，那么每条折线即是两平面立体上某两个棱面间的交线，每个折点是甲平面立体的某棱线与乙平面立体棱面的交点。因此，求两平面立体的相贯线，转化为之前所学的求两相交平面交线问题，以及求直线与平面交点问题。作图方法与第三章求交点、求交线方法一致。

作相贯线需注意的几个问题：

（1）分析两平面立体的相对位置关系和平面特征，从空间三维上想象相贯线的形状和特点。

（2）相贯线的连接，只有位于甲平面立体棱面上又同时又位于乙平面立体的同一棱面上的两点才可连接。

（3）各投影面上折点的连接顺序应一致，利用点的特性，由已知点的连接顺序求解未知点的位置。

（4）相贯线可见性的判别。

1）只有两立体表面的同面投影同时可见时，该段相贯线的投影才可见，用实线表示。

2）反之，只要有一个表面的同面投影不可见，则此段相贯线不可见，用虚线表示。

（5）求出相贯线后，两平面立体交融为一个形体，故两平面立体的各棱线应延长至相贯点，完成两相贯体的投影。

例 4-15　如图 4-25（a）所示，已知四棱锥与三棱柱相交，求作其表面的相贯线。

解： 如图 4-25（b）所示。四棱锥与三棱柱部分相互贯穿，则相贯线为一组空间折线。其中三棱柱各个棱面垂直于侧面投影，在侧面投影具有积聚性，也就是相贯线的侧面投影与三棱柱侧面投影重合。分别求出相贯线上各个折点的水平投影和正面投影即可。

作图步骤：如图 4-25（c）和图 4-25（d）所示

（1）利用三棱柱在侧面投影具有积聚性，标识出相贯线的各个折点，$1''$、$2''$、$3''$、（$4''$）、$5''$、（$6''$）、$7''$、（$8''$）、$9''$、（$10''$）。

（2）利用从属性作出各个点的正面投影 $1'$、$2'$、$3'$、$4'$、$5'$、$6'$、$7'$、$8'$、$9'$、$10'$，其中 $1'$、$2'$ 在四棱锥最前面的棱线上，$3'$、$5'$ 在左侧棱线上，$4'$、$6'$ 在右侧棱线上，$7'$、$8'$ 在三棱柱最上棱线上，$9'$、$10'$ 在最下棱线上。

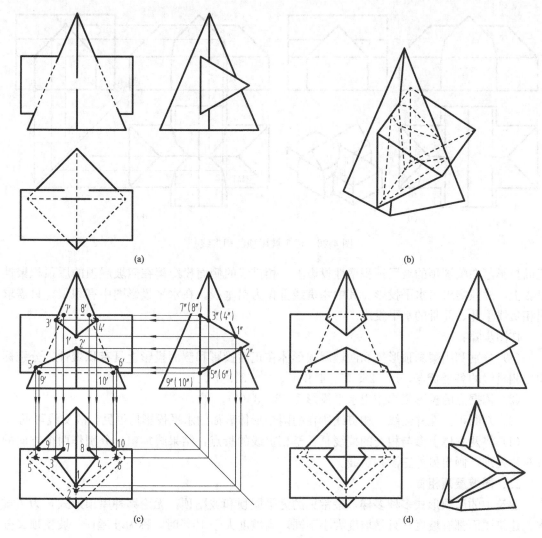

图 4-25 四棱锥与三棱柱的相贯线

（3）根据侧面投影和正面投影作出各个折点的水平投影 1、2、3、4、5、6、7、8、9、10。

（4）判断可见性并连线。正面投影：由于四棱锥最前面的左右棱面均可见，则 3'1'4' 和 5'2'6' 连线均可见，其他均不可见；水平投影：三棱柱的上棱面相贯线可见，即 73148 连线可见，而 952610 连线位于上棱面以下，不可见。

（5）将两立体上参与相交的棱线延长至相贯线的折点，整理图面，结果线加粗，如图 4-25（d）所示。

例 4-16 如图 4-26（a）所示，已知建筑坡屋顶的正面投影和侧面投影，求作其水平投影。

解：如图 4-26（b）所示。建筑的坡屋顶由一个四坡屋顶和一个蒙刹顶相互贯穿形成，相贯线为一组空间折线。因为两个屋顶垂直贯通，并且为轴对称空间形体，故只截取 1/4，分析相贯线的形态，其余均做轴对称处理。如图 4-26 所示，四坡屋顶的一个屋面与蒙刹顶的两个坡屋面相交于两条直线Ⅰ Ⅱ、Ⅱ Ⅲ，四坡屋顶形体的侧立面与蒙刹顶形体的侧立面相交于直线Ⅲ Ⅳ。由于两个形体有一个公共面，故它们的相贯线为非闭合的空间折线。相贯线的

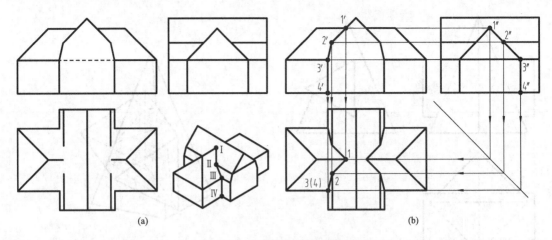

图 4-26　建筑坡屋顶的相贯线

正面投影落在蒙刹顶的坡屋顶积聚性投影上，相贯线的侧面投影落在四坡屋顶的屋顶积聚性投影上，故只需求出水平投影。其中相贯线ⅢⅣ为铅垂线，在水平投影图中有积聚，只需求出相贯线ⅠⅡ、ⅡⅢ的水平投影。

作图步骤：

（1）分别利用蒙刹顶形体和四坡屋顶形体在正面投影和侧面投影上具有积聚性，分别标识出相贯线的各个折点，1'、2'、3'、4'和1"、2"、3"、4"。

（2）依据点的投影规律作出水平投影1、2、3（4）。

（3）判断可见性并连线。相贯线所在的两个形体表面的水平投影均可见，故交线可见。

（4）将两立体上参与相交的棱线延长至相贯线的折点，结果线加粗，分别作两个方向的轴对称处理，画出另外三段相贯线。

二、同坡屋顶相贯

建筑中的屋顶形式多种多样，最常见的为平屋顶和坡屋顶，无论哪种屋顶形式，为了排水，建筑屋面都有坡度，只是坡度大小不同，当坡度大于10％时，称为坡屋顶。坡屋顶又分为单坡顶、双坡顶、四坡顶等等。如图 4-27 所示，为四坡屋顶，包含正脊、斜脊和屋檐，且屋顶的各个坡面与水平面的夹角均为 α。

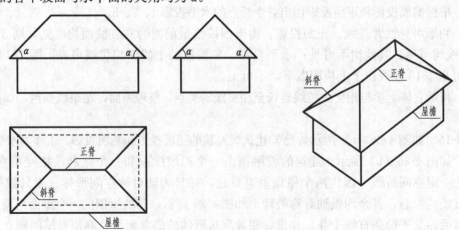

图 4-27　四坡屋顶

若屋顶的各个坡面对水平面的倾角均相等，则称为**同坡屋顶**。

如图 4-28 所示，同坡屋顶的交线及其投影规律如下：

（1）两屋面的屋檐线平行且等高，两屋面必相交于一条水平的屋脊线（一般为正脊），此屋脊线的水平投影必平行于屋檐线的水平投影，且与两屋檐线的水平投影等距，即为两檐口的中线，如图 4-28（a）所示，ab 平行于 cd 和 ef，gh 平行于 di 和 fj。

（2）两屋面的屋檐线相交，两屋面必相交成斜脊线或天沟线，其水平投影必为两屋檐线水平投影夹角的平分线。当两屋檐线相交成直角时，斜脊线或天沟线的水平投影与屋檐线成 $45°$，如图 4-28（a）所示，ac、ae、bf、bg、hi、hj 为斜脊线的水平投影，dg 为天沟线的水平投影。

（3）若有两条斜脊线、两条天沟线或一条斜脊线和一条天沟线相交于一点，也就是如果两条脊棱线相交于一点，则过该点必然还有第三条屋脊线通过。如图 4-28（b）中所示的 A、B、G、H 各点。

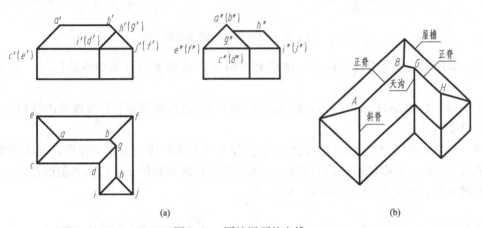

图 4-28　同坡屋顶的交线

随着现代建筑技术的发展，坡屋顶的排水技术越来越成熟，如图 4-29（b）所示，两四坡屋顶组合成新的建筑形体，在两个坡屋顶交接的位置出现了躺沟 MN，躺沟的出现利用现代技术手段是可以解决的，但是在中国古建筑中是没有躺沟线的，只有天沟，雨水可以利用坡度高的屋面依次排向坡度低的屋面，如图 4-30（b）所示，运用了同坡屋顶的原理。

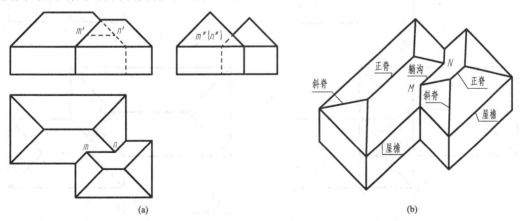

图 4-29　有躺沟的坡屋顶

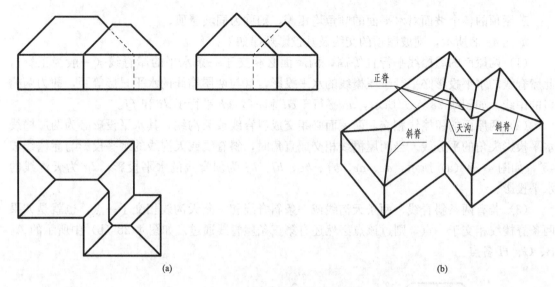

图 4-30 没有躺沟的同坡屋顶

下面运用同坡屋顶交线的投影规律求解中国古建筑坡屋顶（无躺沟坡屋顶）是如何绘制的。

例 4-17 如图 4-31（a）所示，已知建筑四坡屋顶的屋檐线形状以及坡面的倾角 α，求同坡屋顶交线的投影。

解： 利用同坡屋面交线的投影规律，首先作出各个四坡屋顶的水平投影，进而求作同坡屋顶的水平投影，根据屋顶坡面的倾角 α，最终求得同坡屋顶的正面投影和侧面投影。

作图步骤：如图 4-31（c）～（e）所示。

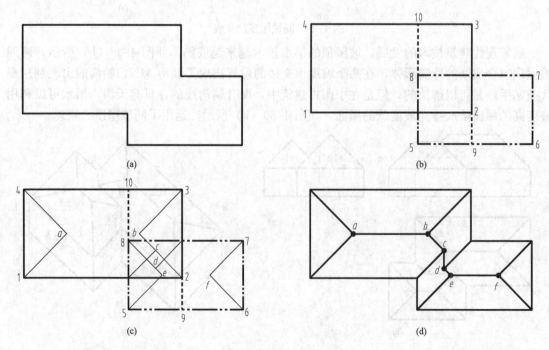

图 4-31 同坡屋顶交线作图过程（一）

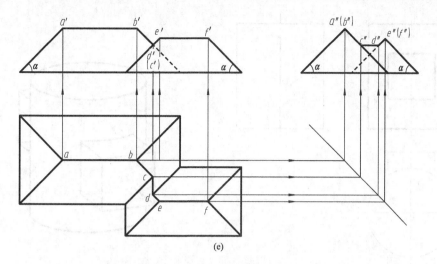

图 4-31　同坡屋顶交线作图过程（二）

（1）延长屋檐线的水平投影，将整个屋面的水平投影划分成三个相互重叠的矩形，分别是用实线表示的矩形 1、2、3、4，用双点画线表示的矩形 5、6、7、8 和虚线表示的矩形 5、9、3、10，如图 4-31（b）所示。

（2）作各个矩形顶角的角平分线（作 45°分角线），三个矩形的分角线分别交于 a、b、c、d、e、f，在凸角处作斜脊线，在凹角处作天沟线，如图 4-31（c）所示。

（3）连接交点 a、b、c、d、e、f，并擦除无屋角处的多余辅助线，因为无屋角，故不存在屋面交线，然后画出完整屋面交线的水平投影（包含正脊线、斜脊线和天沟线），如图 4-31（d）所示。

（4）根据坡屋面的倾角 α 和各个坡面的特性（各屋面分别为正垂面和侧垂面），作出同坡屋面的正面投影和侧面投影，如图 4-31（e）所示。

4.4.2　平面立体与曲面立体相贯

平面立体与曲面立体相互贯穿融为一体，称为**平面立体与曲面立体相贯**，两者表面形成的交线称为**相贯线**。根据两立体表面的形态得出，相贯线通常为多条平面曲线或与直线组成的空间曲线。

平面曲线或直线实质上是：平面立体上的棱面或底面与曲面立体表面的交线，转化为把平面立体拆解为不同的平面，求解曲面立体被平面截切，作截交线的问题。

相贯线上转折点实质上是：平面立体的棱边与曲面立体表面的交点。

因此，平面立体与曲面立体的相贯线问题，转化为曲面立体截交线的问题。如前所述，作图时，求作参与相贯的平面立体中棱面或底面与曲面立体表面的截交线即可。

例 4-18　如图 4-32（a）所示，已知四棱柱与圆柱相贯，求作相贯线的投影。

解：如图 4-32（b）所示。四棱柱与圆柱相贯穿，四棱柱的四个棱面与圆柱面相交，求作截交线即可。其中四棱柱的两个棱面（侧平面）与圆柱面的交线为直线段；另外两个棱面（水平面）与圆柱面的交线为圆弧段。利用棱面在各个投影面中的积聚性，以及圆柱面在水平投影中的积聚性，依次作出四个棱面与圆柱面的截交线，即为四棱柱与圆柱的相贯线。

作图步骤：如图 4-32（c）所示。

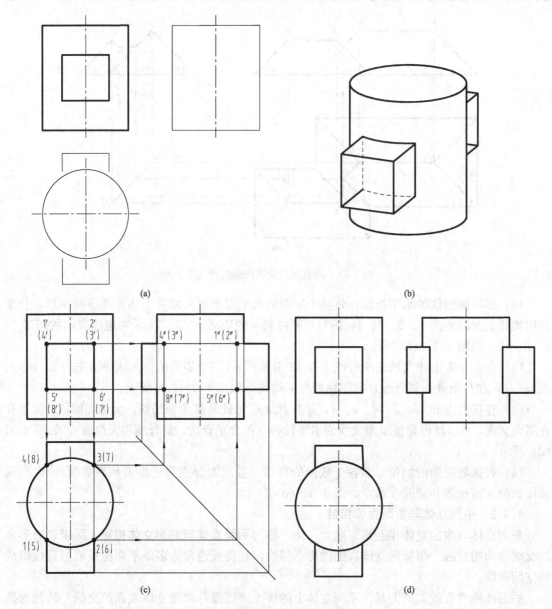

图 4-32 四棱柱与圆柱相贯

（1）作直线的投影：四棱柱的两个棱面 Ⅰ Ⅳ Ⅷ Ⅴ 和 Ⅱ Ⅲ Ⅶ Ⅵ 为侧平面，水平投影和正面投影均有积聚，圆柱面为铅垂面，水平投影中也具有积聚性，水平投影相交于 1(5)、2(6)、3(7)、4(8)，连接对应的点得到直线段的水平投影；由正面投影和水平投影可分别作出直线的侧面投影。

（2）作圆弧的投影：四棱柱的另两个棱面 Ⅰ Ⅱ Ⅲ Ⅳ 和 Ⅴ Ⅵ Ⅶ Ⅷ 为水平面，正面投影和侧面投影均具有积聚性，利用面的投影规律，可作出圆弧的侧面投影，积聚为直线段。

（3）整理图线，结果线加粗：体与体相贯内部相互融合，内部的线和面将不再画出，如图 4-32（d）所示。

例 4-19 如图 4-33（a）所示，已知双坡屋顶与拱形屋顶相贯，求作相贯线的投影。

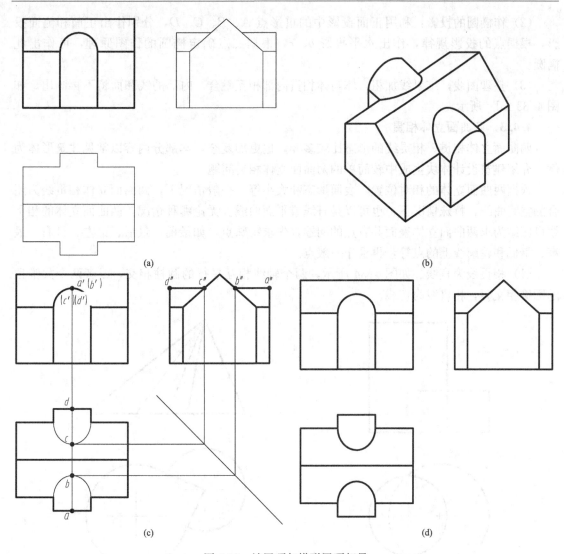

图 4-33　坡屋顶与拱形屋顶相贯

解：如图 4-33（b）所示。双破屋顶与拱形屋顶相贯穿，这是建筑中坡屋顶常见的两种屋顶形式，把两者结合在一起也是比较常见的做法，还有一些例如独栋别墅，经常在坡屋面上出现各种形式的老虎窗，其中半圆形的老虎窗与此例题求解方法相同，仅以此例题抛砖引玉，用以了解建筑中常见体块的相贯问题。

由已知条件可知，拱形屋顶与双坡屋顶中的四个面相交，分别为两个侧面和两个坡面，求作截交线。其中双坡屋面的两个侧面与拱形屋顶的两个侧面相交，交线为四条直线段；双坡屋顶的两个坡面与拱形屋顶的半圆屋面相交，交线为椭圆（可理解为 1/2 圆柱体与平面截交，见求作圆柱的截交线部分）；依次作出完整的截交线（两部分对称），即为拱形屋顶与双坡屋顶的相贯线。

作图步骤：如图 4-33（c）所示。

（1）作直线段的投影：由于双坡屋顶的侧面与拱形屋顶的侧面均具有积聚性，根据投影规律较容易求得直线段的投影，正面和侧面投影为直线段，水平投影积聚为点。

（2）作椭圆的投影：利用正面投影中的重影点 A、B、C、D，分别作出正面和侧面投影，根据点的投影规律，作出水平投影 b、c，根据三点确定椭圆的作图原理，可作出此椭圆。

（3）整理图线，结果线加粗：体与体相贯内部相互融合，内部的线和面将不再画出，如图 4-33（d）所示。

4.4.3　两曲面立体相贯

两曲面立体相贯，相贯线的形态比较多样，也更加复杂，本部分内容以常见建筑形体为例，介绍建筑设计体块生成中较简单的两曲面立体相贯问题。

根据两曲面立体的相对位置、表面形态和大小等，一般情况下，两曲面立体相贯线为闭合的空间曲线，特殊情况下，也可以是直线或平面曲线。无论哪种情况，两曲面立体的相贯线可归结为求两曲面立体表面共有点的问题，先求特殊点，如最前、最后、最左、最右、最高、最低和轮廓线上的点等，再求作一般点。

（1）相贯线为直线。如图 4-34 所示，两个轴线相互平行的圆柱相交，或者两个共锥顶的圆锥相交时，相贯线为直线。

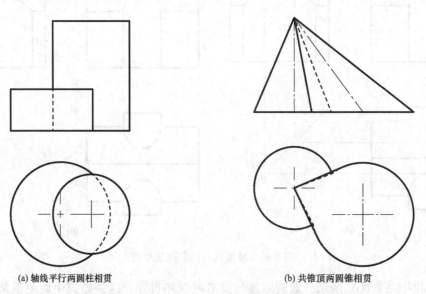

(a) 轴线平行两圆柱相贯　　　　　　　　　　(b) 共锥顶两圆锥相贯

图 4-34　相贯线为直线

（2）相贯线为平面曲线。当两个回转体具有共同的回转轴线时，或回转体轴线通过球心时，其相贯线为圆，如图 4-35（a）～（d）所示，四个形体在建筑中比较常见，图 4-35（a）、（b）为柱础，而图 4-35（c）、（d）为不同的屋顶形式。

当两个曲面立体有公共的内切球时，相贯线会由一条空间曲线变成两条平面曲线，如图 4-35（e）、（f）所示，为具有公共内切球的两圆柱相贯，图 4-35（g）、（h）所示，为具有公共内切球的圆柱和圆锥相贯，其相贯线均为平面曲线。

（3）相贯线为空间曲线。相贯线为空间曲线，是两曲面立体相贯的常见形式，如图 4-36 所示。图 4-36（a）是建筑中常见的两拱形屋面相交的情况，图 4-36（b）为建筑中常见的烟囱出屋面情况，图 4-36（c）、（d）为两圆柱、圆柱与圆锥均无公共内切球的情况（一般情况），其相贯线均为空间曲线。

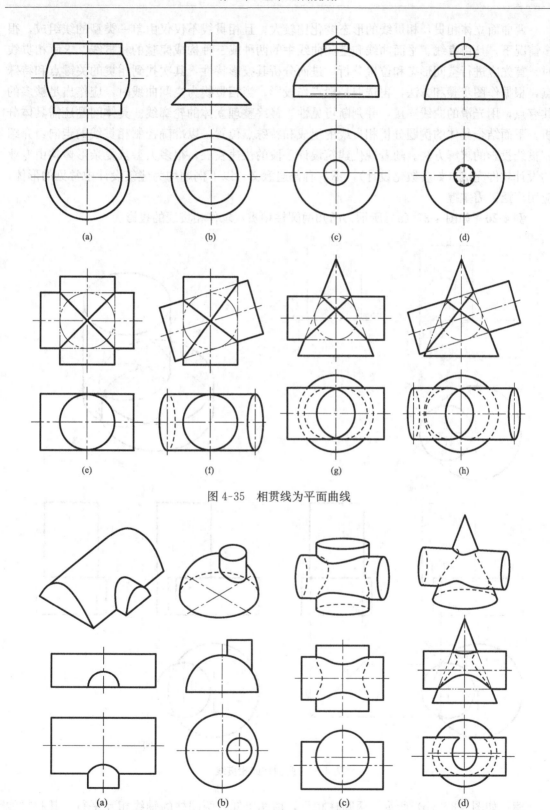

图 4-35　相贯线为平面曲线

图 4-36　相贯线为空间曲线

　　两曲面立体相贯，相贯线的形态变化比较大，且相贯线不仅仅由单一类型的线组成，很多情况下，是由直线、平面曲线和空间曲线中的两种或三种构成完整的相贯线。求解相贯线时，首先应进行空间形态和位置分析，进而分析其投影特性，其次找到相贯的关键点和特殊点，根据作图步骤和方法，再选取一般点作投影，当相贯线为空间曲线时，应作出足够多的共有点，用光滑的曲线连接，并判断可见性，最终整理立体的轮廓线。具体问题还需具体分析，下面结合具体的例题分析相贯线的组成和特殊点位置，以准确控制相贯线的走向，介绍相贯线投影的求解方法。随着现代建筑设计手段的快速发展，很多大型且复杂形体均由专业的设计软件完成（如参数化设计），不具有普遍意义，以下例题均为建筑设计中常见的形体，应用广泛，需掌握。

　　例 4-20　如图 4-37（a）所示，已知两圆柱相贯，求作相贯线的投影。

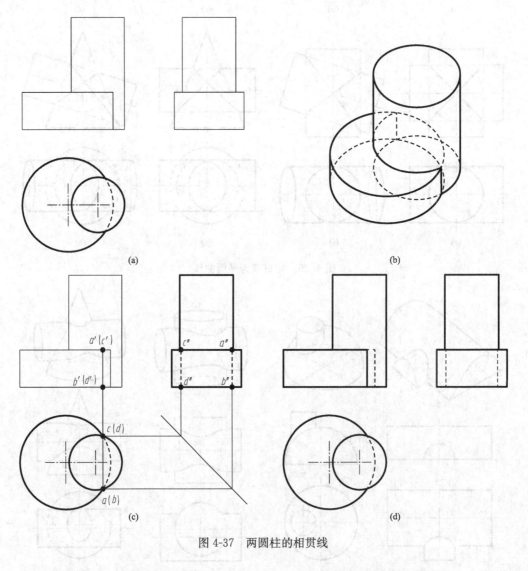

图 4-37　两圆柱的相贯线

　　解：如图 4-37（b）所示。两圆柱相贯，由图可知，两圆柱的轴线相互平行，其相贯线中有直线段，两圆柱底面处于同一平面，高度不同，因此相贯线由前后两条直素线和低圆柱顶面的一段圆弧组成，由于两圆柱的圆弧面水平投影积聚，两圆柱的顶面和底面正面投影积聚，前后素线的正面投影和侧面投影可由水平投影直接求出。

作图步骤：如图 4-37（c）所示。

（1）由两圆柱的水平投影，可知相交处的前后素线 AB 和 CD 的所在位置，分别作出前后素线的正面投影 a′（c′）、b′（d′）和侧面投影 a″、b″、c″、d″。

（2）由水平投影作低圆柱顶面圆弧线的侧面投影 c″a″。

（3）判断可见性，整理图线，结果线加粗，如图 4-37（d）所示。

例 4-21　如图 4-38（a）所示，从下至上，已知圆柱、半圆球、圆柱与圆锥相贯，求作相贯线的投影。

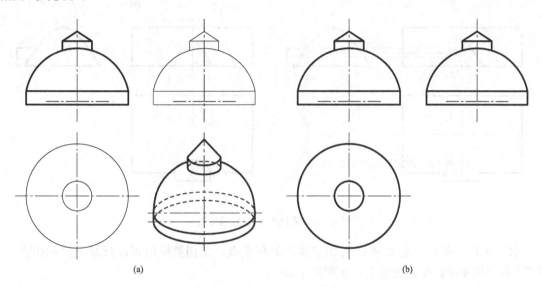

(a)　　　　　　　　　　　　　　　　(b)

图 4-38　圆柱、圆球与圆锥的相贯线

解： 如图 4-38（a）所示。由图可知，从下至上，圆柱、半圆球、圆柱与圆锥相贯，它们的回转轴重合，相贯线为一系列的圆组成。

作图步骤：如图 4-38（b）所示。

（1）由圆柱、半圆球、圆柱与圆锥的水平投影具有积聚性，前后素线的正面投影和侧面投影均具有积聚性，分别作出形体的三面投影即可。

（2）整理图线，结果线加粗，如图 4-38（b）所示。

例 4-22　如图 4-39（a）所示，已知两拱形屋面相交，求作相贯线的投影。

解： 如图 4-39（b）所示。由图可知，大拱形屋面是抛物线柱面，水平投影和正面投影均具有积聚性，素线垂直于侧面投影，小拱形屋面是半圆柱面，水平和侧面投影具有积聚性，素线和轴线垂直于正面投影，相贯线为空间曲线，其正面投影与小拱形屋面的正面投影积聚线重合，其侧面投影与大拱形屋面的积聚线重合，故只需作出相贯线的水平投影即可。

作图步骤：如图 4-39（c）所示，大拱屋面与小拱屋面的相贯线的投影一定为轴对称曲线，故只需作出一半的投影。

（1）求作特殊点，点 A 是最高点，也是小拱屋面最高素线与大拱屋面的交点，点 D 是最右点，也是小拱屋面最右轮廓线与大拱最前素线的交点，两点的投影可直接求得。

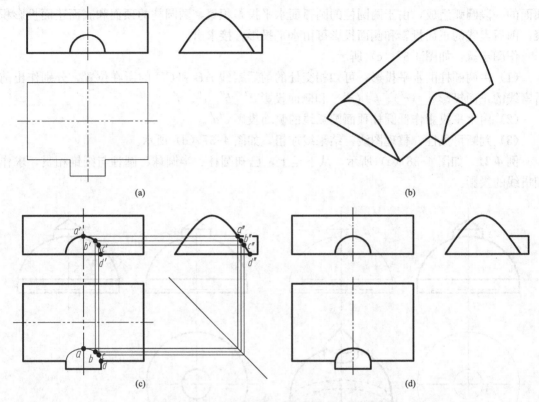

图 4-39　两拱形屋面的相贯线

（2）求作一般点，点 B 和 C 为相贯线上的任意点，在相贯线的正面投影上标识出 $b'c'$，$b''c''$落在大拱屋面的积聚投影上，从而作出 bc。

（3）整理图线，在水平投影中，用光滑的曲线依次连接 a、b、c、d 四点，判断可见性，结果线加粗，如图 4-39（d）所示。

小结与思考

1．关于基本立体的投影。掌握平面立体与曲面立体的投影特性。

2．关于立体的截交线。理解截交线的形成原理，重点掌握两平面立体以及平面立体与曲面立体截交线的画法，对一些简单建筑形体能够绘制多面正投影图。

3．关于立体的相贯线。理解相贯线的形成原理，重点掌握平面立体的相贯线，对曲面立体的相贯线做一般了解。

第5章 组合体视图

学习指导

本章是承上启下的一章，画法几何部分已讲解完，需由之前的三面投影体系的点、线、面、体，过渡到建筑中常见基本形体的视图（三视图或六视图），也是建筑图中的平立面图。本章应掌握复杂形体的识图、读图、绘图，重点学习组合体视图的绘制，由两个视图能够分析出第三个视图，并准确的绘制出来，最后以现代经典建筑为实例，细致分析并讲解组合体视图的关键问题和绘图技巧。

知识要点

组合体视图的识读
组合体视图的画法
实例分析

建筑设计和工程实践中的形体多种多样、形状各异，无论是简单还是复杂的建筑形体，仔细分析后，通常情况下都由一些简单的几何形体（如棱柱、棱锥、圆柱、圆锥、圆球等），按照一定的组合方式组合而成，这种形体称为**组合体**。

5.1 组合体形体分析

识读建筑图是建筑设计师必备的技能，而建筑形体多由组合体的形式出现，因此对组合体进行形体分析显得尤为重要。组合体一般都比较复杂多样，首先需进行形体分析，整体认识组合体的组合特点和构成特征，然后针对这些特征把复杂的组合体分解成若干基本形体。

工程制图中，把组合体（建筑物、构筑物、机件或各种产品）假想分解为若干个简单的基本几何体，并分析这些基本几何体的形状和相对位置关系、组合方式和连接关系，分解之后，再综合考量、重组、构思组合体的方法，称为**形体分析法**。

5.1.1 组合体组合方式

组合体的组合方式一般分为叠加式、切割式和复合式。

一、叠加式

叠加组合方式是由两个或多个基本形体叠加而成，基本形体通过一个面或几个面相连接形成整体。如图5-1所示，形体为叠加式组合体，该组合体是由七个简单的形体相互叠加形成的，整个组合体包含：大八棱柱体Ⅰ，上部是小八棱柱体Ⅱ，左右两侧为长方体Ⅲ、Ⅳ，后侧为七棱柱体Ⅴ，上方为圆柱体Ⅵ以及半圆球Ⅶ。

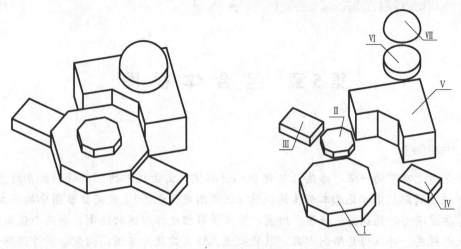

图 5-1　叠加式组合体

二、切割式

切割组合方式是指组合体由几次切割后形成的，即一个完整的基本形体被一些平面或曲面切割，在原来形体上产生一些新的孔、洞、凹槽等。如图 5-2 所示，形体为切割式组合体，该组合体是由一个长方体经过几次切、挖之后形成的，前后各切去两个六棱柱Ⅰ和Ⅱ，左右各切去两个三棱柱Ⅲ和Ⅳ，前后挖去多半个圆柱体Ⅴ，上方中部挖去一个圆柱体Ⅵ，形成圆形通槽。组合体的切割方式有截切、挖洞和开槽等。

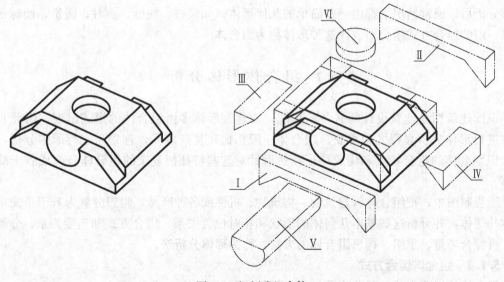

图 5-2　切割式组合体

三、复合式

复合组合方式是指最终的形体既包含了叠加又包含切割两种组合方式，而大部分的建筑形体是由复合的组合方式生成的，这种组合方式仍然可以分解成一些简单形体，按照叠加和切割的组合方式进行分析。如图 5-3 所示，形体为复合式组合体，该组合体是由Ⅰ、Ⅱ、Ⅲ三个形体叠加形成的，其中形体Ⅰ为叠加式组合方式，形体Ⅱ、Ⅲ为切割式组合方式，构成复合式组合体。

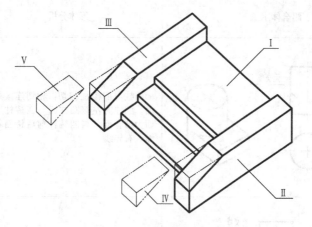

图 5-3　复合式组合体

5.1.2　连接关系及投影表达

　　基本几何体在构成组合体时，无论是叠加式还是切割式，根据基本几何体的相对位置和形状的不同，存在以下几种表面连接关系。下表中简单列举了简单组合体的表面连接关系，复杂形体可根据此表推理得出，见表 5-1。

表 5-1　　　　　　　　　　　　　　　　　组合体连接关系及投影特性

组合方式		组合体示意	形体分析		连接关系投影特性
叠加式	堆叠	A 有界线　B 有界线	A：两个四棱柱上下叠加，中间的水平面为结合面，前后和左右棱面均不共面	B：圆柱与四棱柱上下叠加，中间的水平面为结合面，其余部位均不共面	不共面连接处有界线
		无界线	两个四棱柱上下叠加，中间的水平面为结合面，左右棱面不共面，而前后棱面共面		共面连接处无界线
	相交	相贯线	圆柱与半圆球相交，相交结合处有相贯线		两形体相交，相交处有相贯线

续表

组合方式		组合体示意	形体分析	连接关系投影特性
叠加式	相切	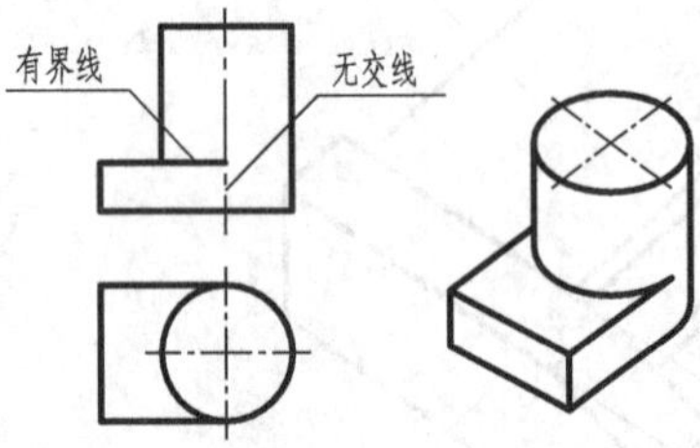 有界线 无交线	圆柱与四棱柱相切,相切连接处共面。圆柱的左侧圆柱面与四棱柱上顶面为结合面,与四棱柱前后棱面不共面,有界线	平面与圆柱面相切,连接处无交线;平面与圆柱面不共面,则有界线
切割式	截切	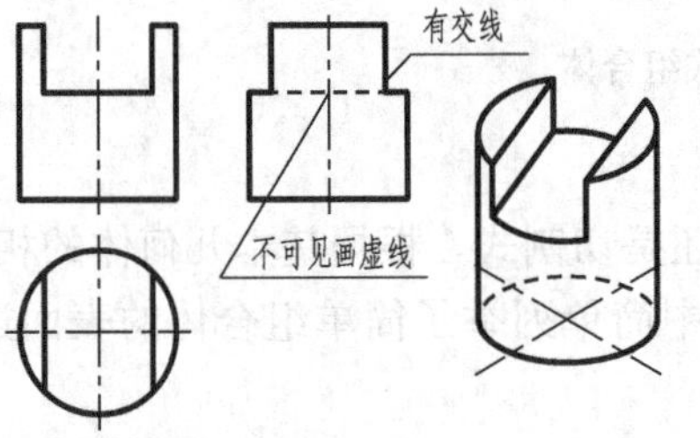 有交线 不可见画虚线	圆柱被三个平面截切,在圆柱的顶部形成矩形凹槽,截切处有交线	平面截切形体,在连接处有交线。如不可见画虚线
	开槽穿洞	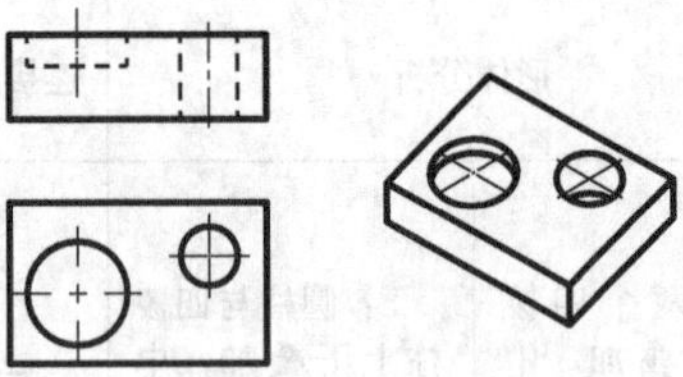	长方体上挖去一个小圆柱体的洞,形成一个圆孔;被一个大圆柱体开槽,形成一个圆形槽孔。无论是贯穿还是未贯穿均有交线	曲面贯穿或未贯穿形体,在连接处有交线。一般不可见画虚线

5.2　组合体视图的识读

画法几何部分讲解的是三面投影体系和投影图,而工程制图中习惯将形体的投影图称为视图。组合体的视图就是组合体的投影图。前面章节介绍的三面投影图,对应的工程制图中,称为三视图,指的是:组合体的正面(V)投影图称为**主视图**,组合体的水平(H)投影图称为**俯视图**,组合体的侧面(W)投影图称为**左视图**,三个视图即为**组合体的三视图**,如图 5-4 所示。

在建筑图中,三视图又有不同的称呼。主视图一般被称为正立面图,俯视图称为平面图,左视图称为侧立面图。

三视图的度量与三面投影图是一致的,即主视图与俯视图反映了形体的长度,主视图和左视图反映了形体的高度,俯视图和左视图反映了形体的宽度。位置关系与三面投影图也是一致的,即主视图反映上下、左右关系,俯视图反映前后、左右关系,左视图反映上下、前后关系,如图 5-5 所示。

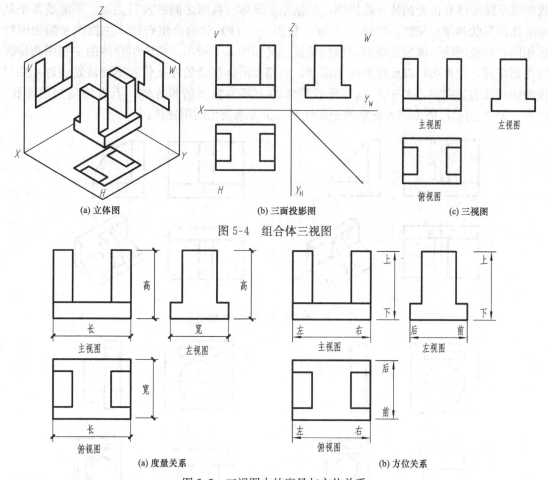

图 5-4　组合体三视图

图 5-5　三视图中的度量与方位关系

5.2.1　组合体读图基本方法

组合体读图与画图是相辅相成的，画图是将脑海中想象的或构思的形体根据投影法画出三视图，读图则是已经画好的三视图的投影规律和制图规范，综合分析三视图的完整信息，通过空间想象力，想象一个形体的三面投影符合已给的三视图，从而确定空间形体的形状。画图和读图是互逆的过程，都是为了训练二维图纸与三维空间转换的能力，也是训练综合分析问题的能力，故需给予足够的重视，并能够熟练应用。

一、形体分析法

形体分析法是从直观观察入手，是组合体读图最基本的方法。首先从直观印象中分析组合体的形状特征，一般从最能反映组合体的主视图入手，分析由几个基本形体组成；然后把复杂的组合体划分成几部分，分析这些基本几何体的组合方式和连接关系；根据投影规律，逐个找出基本几何体的三视图，分析确定基本几何体的形状和相对位置；最后综合以上，整合并想象出空间组合体的完整形状和空间位置。

读图过程中的一些小技巧：

（1）从具有特征性投影图入手。所谓特征性投影图是指能够清晰反映组合体形状和位置特征的投影图。首先应分析出组合体是由哪几个基本形体组合而成，其次结合各个视图，找到能够反映形体和位置的特征投影图，根据基本形体三视图之间的投影关系，弄清楚各个基本形体的形状和相对位置。如图 5-6（a）和图 5-6（b）为两个组合体，主视图和俯视图投影相同，左视图能够清楚反映形体形状特征。又如图 5-7 所示，两个组合体的主视图和俯视图投影相同，主视图可以反映形体的形状，但基本形体组合的相互位置不能清楚表达，在左视图中可以表达完整，图 5-7（a）所示形体的上部为突出的长方体，下方为贯穿的圆孔；图 5-7（b）所示形体上部为贯穿的矩形孔洞，下方为突出的圆柱体。

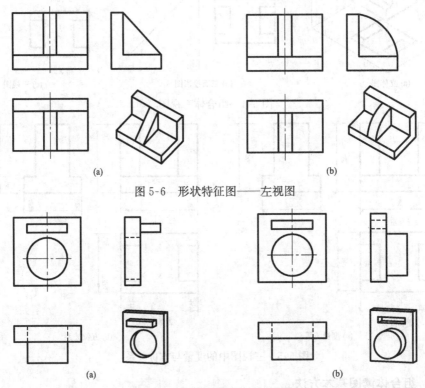

图 5-6　形状特征图——左视图

图 5-7　位置特征图——左视图

（2）从形体表面连接关系入手。组合体视图中，把组合体分解成几个基本形体，基本形体之间表面连接关系的变化直接引起投影中图线的变化。如图 5-8 所示，两图中俯视图和主视图完全相同，只有左视图线的线型不同，如图 5-8（a）所示，左视图中形体表面连接的交线为虚线，说明表面交线不可见，是原有长方体中间挖掉一个三棱柱；如图 5-8（b）所示，左视图中形体表面连接的交线为实线，说明交线可见，是原有长方体左右挖掉两个三棱柱。

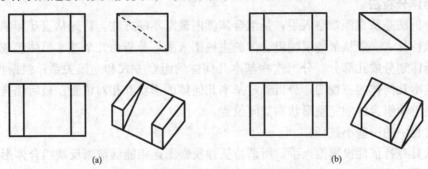

图 5-8　连接关系变化与三视图线的改变

二、线面分析法

按照形体分析法想象出空间中的组合体，但某些复杂部位处，不能轻易确定形状特征时，这时需应用线面分析法，对此部位的线、面的投影规律进行分析，运用前几章所学知识，如投影面平行面投影的实形性和积聚性，投影面垂直面的积聚性，以及一般位置平面投影的相仿性；投影面平行线的投影仍相互平行，投影面垂直线的实长性和积聚性，对这些部位的线和面作具体分析，以确定表面交线的形状和连接关系，从空间上想象出组合体的正确形状。线面分析法是形体分析法的补充，用来分析复杂或怪异组合体的某些特殊或难以确定形状的部位。

（1）直线的含义。

1）表面交线的投影，如图 5-9 所示，圆柱顶面与正方体交线为水平线，其三视图中的投影均为直线；圆柱的柱面与正方体交线为铅垂线，投影为直线。

2）平面或曲面积聚性的投影，如图 5-9 所示，圆柱的柱面、正方体的侧面以及棱台的侧面均垂直于 H 面，它们的水平投影均具有积聚性，分别积聚为圆和直线；圆柱、正方体的上下底面和棱台的上下底面均垂直于 V 面，其正面投影积聚为水平直线，棱台中除斜坡面，其余平面均具有积聚性。

3）曲面轮廓线的投影，如图 5-9 所示，圆柱面的轮廓素线正面投影均为直线。

（2）线框的含义。

1）平面的投影，如图 5-9 所示，正方体左右侧面为侧平面，其俯视图和主视图中均积聚为直线，左视图中反映实形，又如棱台的斜坡面为正垂面，主视图中积聚成直线，俯视图中具有类似形。

2）曲面的投影，如图 5-9 所示，圆柱面的正面投影为矩形。

3）孔洞的投影，如图 5-9 所示，棱台上方圆洞的正面投影为圆形，反映实形，水平和侧面投影均为矩形，且不可见。

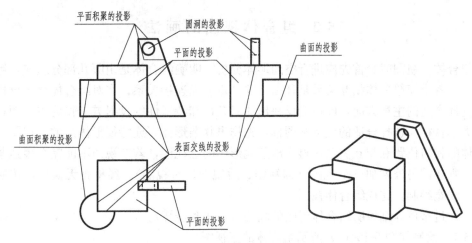

图 5-9　三视图中直线与线框的含义

5.2.2　组合体读图基本步骤

组合体视图的识读，有些形体比较简单，在日常生活或工程实例中比较常见，如台阶、楼梯、坡屋顶、桥梁、螺栓等，能够比较容易想象出空间形体的形状，但对于一些不常见或比较复杂怪异的形状，需要严谨认真按照以上方法进行分析形体特征性，并且要多练习才能提高读图水平。以下是为初学者提供的读图基本步骤：

（1）直观想象、找特征视图。将已给三视图组合起来粗略识图，根据投影规律，对形体的形状先有一个直观的认识，并在头脑中想象空间形体的形状。在初步认识的过程中，找到三视图中的特征视图，通过特征视图（形状特征和位置特征）更深入地分析组合体形状。

（2）形体分析。在粗略识图之后，要对组合体进行形体分析，根据视图的投影规律对形体假想拆分，拆分为两个或多个基本形体，分析基本形体之间的组合方式、相对位置以及表面连接关系。拆分的过程中应用上面所讲的叠加、切割和复合式依次考虑，并应先易后难，首先考虑规则简单的形体，之后再分析不规则稍复杂形体。

（3）综合分析。通过直观想象，粗略识图以及形体分析，对基本形体的形状、相对位置等都有了一定认识之后，进行综合分析，也就是反向的形体分析，是形体分析的逆过程，将拆分的几个基本形体进行假想组合，利用空间想象力，想象出形体的完整形状。

（4）线面分析。已经对组合体进行了形体分析和综合分析，组合体的大致形状已了然于心，但一些复杂怪异的形体，可能某些部位还不确定，比较含糊不清，形体想象的不够清晰，这时需要进行线面分析，详细分析该部位的线和线框，根据前几章所讲解的不同直线和平面关系的投影规律，对照三视图分析空间上的线面特征。

（5）校对、检验。以上步骤完成后，头脑中已经形成了组合体的具体形状，但此空间形状是否与已给三视图完全吻合，需要进行校对和检验。将头脑中的形体与所给视图进行细致认真的比对，检验识图的正确性，如果发现有漏线、互相矛盾、某些部位对不上的地方，需要重新修正形体，直至与视图丝毫不差，完全吻合才可以。

以上步骤是组合体视图识读的整个步骤，对于提高初学者的空间想象力具有重要价值，需勤加练习，熟能生巧。

5.3　组合体视图的画法

画组合体三视图时，首先应进行空间形体分析，明确组合体是由哪几部分组成，组合方式有哪些，各个简单形体相互关系是什么，并分析表面连接关系；在对组合体整体分析的基础上，选择合适的主视方向，即最能反映形体复杂性和特征性的投射方向作为主视图；根据形体的大小特征，选择合适的比例和图幅，先作出复杂形体（或特征形体）的三视图，根据各个形体的相对位置和相互关系，再作出其他形体的三视图，若三视图不能完全表达某些复杂形体，则还需另外增加三个视图（仰视图、后视图、右视图）；经检查无误后，按照规定的线型、线宽绘制，完成组合体视图。

下面通过举例详细说明组合体视图的画法（方法和步骤）。

例 5-1　绘制如图 5-10（a）所示组合体的三视图。

解： 绘制组合体三视图基本上按照以下几个步骤进行：

（1）形体分析。如图 5-10 所示，空间形体为切割式组合体，运用形体分析，空间形体可以看成是由一个长方体经过三次切割后所形成，切割过程如图 5-10（b）所示，在长方体的上方切掉一个带凹槽的小长方体Ⅰ，左右两侧分别截去两个三棱柱楔体Ⅱ、Ⅲ。

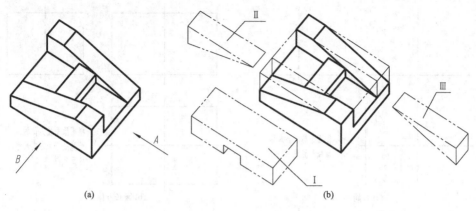

图 5-10　［例 5-1］组合体形体分析

（2）选择主视图。主视图是三视图中比较重要的一个视图，决定了组合的摆放位置、方向等。选择主视图需要遵循以下原则：

1）主视图应考虑组合体的正常安放状态和位置，应是组合体稳定状态下的位置。如图 5-10（b）所示，安放位置为底座在下，被切割部分在上，整体组合体呈稳定状态。

2）主视图应能最大程度地反映组合体的形状特征和位置特征。如图 5-10（a）所示，比较 A 和 B 两个投射方向的视图，A 视图能够反映底板、切割体 I 的形态，但不能反映出切割体 II、III 作为楔体的形状特征；而 B 视图能够清楚地反映出底板和切割体 II、III 的形状特征，故选择 B 方向作为主视图的投射方向。

3）尽可能减少虚线的出现，同时最大程度地减少其他视图中虚线的出现，尤其是代表形状特征的图线，尽量避免用虚线表达。

（3）视图数量的选择。视图数量的多少，取决于组合体的复杂程度，一般情况下，除主视图外，再增加俯视图和左视图就能清楚表达形体的形状，但一些复杂形体，有可能需要绘制更多的视图才能完整表达形体。基本原则是，在物体形状能够表达清楚的前提下，视图的数量越少越好。本例题中，B 方向的主视图选定之后，再需绘制俯视图和左视图即可。

（4）图面布局。根据组合体的复杂程度、尺寸大小、形状特征及图幅的大小，选择合适的比例绘制三视图。然后根据各视图的轮廓尺寸、对称轴线或定位基线等，在图纸上合理的布置视图，布图应均衡美观，如图 5-11（a）所示。

（5）绘制底稿线。根据组合体识读的相关知识，结合空间形体的组合方式和形体分析，以轮廓线和对称轴线为基准线，用细实线画三视图，如图 5-11（b）～（f）所示。画图时，先画特征形体，后画简单形体；先画外轮廓，后画内部细节；先画可见线，后画不可见线；先画曲线，后画直线。将各个形体配合起来画，前后对应，二维平面与三维空间在头脑中相互转换，同时注意各个形体之间的表面连接关系，需谨慎认真。

（6）检查、整理图线。完成底稿线的绘制之后，需对三视图进行全面的校对，检查基本形体之间的组合方式、位置关系和连接关系，检查空间形体与三视图中每条线的对应关系，图线既不能多画，也不能少画，确认无误后，擦掉多余的图线，用规范规定的线型、线宽加深加粗图线，同时注意不可见图线应为虚线。

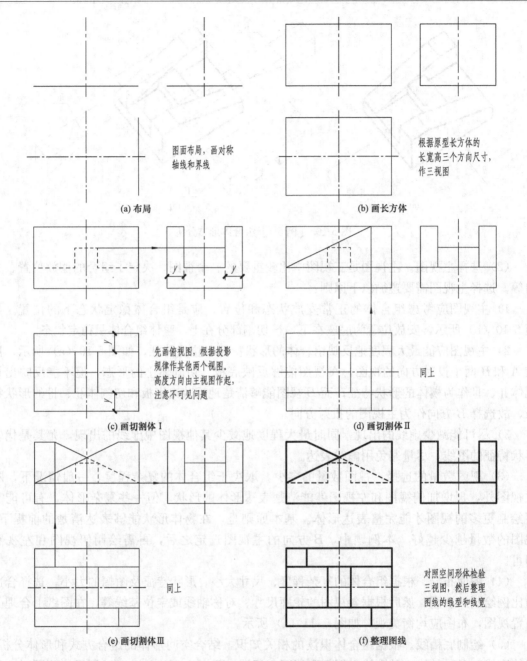

图 5-11　［例 5-1］组合体的作图步骤

例 5-2　绘制如图 5-12（a）所示组合体的三视图。

解：（1）形体分析。如图 5-12（b）所示，这个组合体是建筑中常见的折跑楼梯，空间形体可分解为三个形体：短跑梯段Ⅰ、长跑梯段Ⅱ和栏板Ⅲ。梯段上的踏步尺寸均一致，呈现锯齿状。

（2）选择主视图。如图 5-12（a）所示，从稳定的安放状态考虑，组合体水平放置，A 投射方向，能够清楚地表达长跑梯段Ⅱ的高差变化以及栏板的形状特征；B 投射方向可反映两段梯跑的高差变化，但不能清楚地反映栏板的形状特征。故选择 A 投射方向。

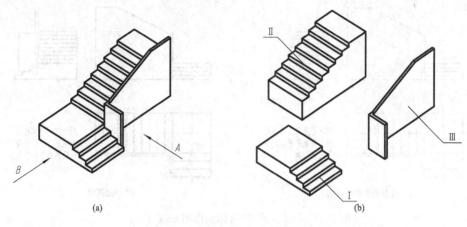

图 5-12　[例 5-2] 组合体形体分析

（3）视图数量的选择。确定主视图方向后，梯段Ⅱ和栏板可由主视图表达，两段梯跑的高差可由左视图表达，然后再增加俯视图表达平面关系，故本例题只需画三个视图就能清楚表达组合体。

（4）图面布局。根据梯跑的总体轮廓尺寸和高度，在图纸上画出界线和对称轴线，如图 5-13（a）所示。

（5）绘制底稿线。用细实线画出三视图，如图 5-13（b）~（f）所示。画图时，三个视图应相互对照着画，不能画完一个再画另一个，相互对照有利于查缺补漏，有利于在头脑中呈现空间形体的完整性，对于不可见图线，在此步骤可有意识的标识出来。

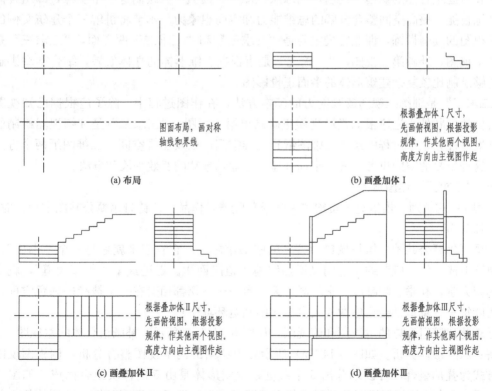

图 5-13　[例 5-2] 组合体的作图步骤（一）

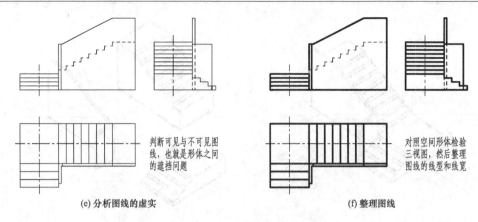

（e）分析图线的虚实　　　　　　　　　　　　（f）整理图线

判断可见与不可见图
线，也就是形体之间
的遮挡问题

对照空间形体检验
三视图，然后整理
图线的线型和线宽

图 5-13　［例 5-2］组合体的作图步骤（二）

（6）检查、整理图线。画完底稿线之后，对三视图进行全面仔细的检查，擦掉多余的图线，用规范规定的线型、线宽加深加粗图线，同时注意不可见图线应为虚线。

5.4　现代经典建筑组合体实例分析

解读现代经典建筑，通过建筑空间建构方式和形式语言的塑造，提取空间形态构成元素，抽象简化建筑形体。本节只关注现代经典建筑的形体方面，图解着眼于明确的形象特征，考虑主要部分，以简单易于理解的体块关系呈现出来，目的是通过经典实例的讲解更充分理解和掌握组合体的识读和绘制，训练从识图——读懂——绘制这三个步骤，即组合体的读画训练技能，提高空间整合分解的思维能力和空间想象力。本节将讲解三个建筑实例的组合体三视图的读画训练，训练方式主要是"二求三"和"三求二"两方面，"二求三"是指已知两个视图，补画第三视图；"三求二"是指根据三维形体的立体效果，结合本章讲解内容，能够绘制比较复杂建筑形体的多面正投影图。

"二求三"是训练三视图读画能力的基本方法，在作图过程中，除了应根据已知视图读懂组合体的形状外，还应根据投影规律正确画出第三视图。"三求二"是训练视图绘制的严谨性和准确性，这个过程中包含二维图纸到三维空间，以及三维空间到二维图纸两个方向的转换，这种反复的空间思考过程，是训练建筑专业基本功的有效手段和方法。

一、"二求三"读画训练

实例 1：建筑师：埃里克·贡纳尔·阿斯普隆德，作品：斯德哥尔摩公共图书馆，时间：1920—1928 年。

斯德哥尔摩公共图书馆是瑞典最著名的图书馆之一。它看起来就像是一个"书山"，屋顶和道路形成一体，既节约了空间又增加绿地和道路面积。走进这个"传媒大道"，就像走进了知识天堂，礼堂、咖啡厅、学习区、天文台……一切都相交在一个捷径的绿色空间，每一片树叶每一片草地都会让你融入大自然式的阅览环境中！

已知此建筑组合体的主视图和俯视图，如图 5-14（a）所示，补画组合体的左视图。

解：（1）形体分析。如图 5-14（a）所示，由所给的两个视图整合分析，俯视图反映了组合方式为叠加组合，可以划分出 5 个线框，说明形体是由 5 的体块组合而成，如图 5-14（b）所示，5 个体块的俯视图分别对应其主视图的位置，联系主视图可知，U 形体块Ⅰ是一个长方体被挖去了中心部分，中间是比较高的圆柱体Ⅱ，剩下三个体块Ⅲ、Ⅳ、Ⅴ，分别连接 U 形体和圆柱体。

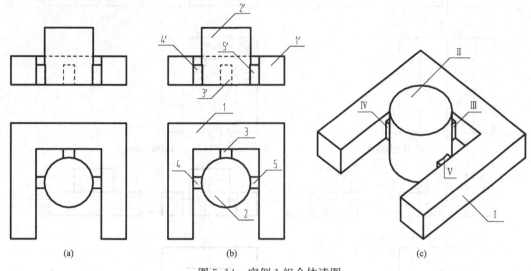

图 5-14　实例 1 组合体读图

（2）线面分析。通过投影特性分析可知，除主体 U 形体和中心圆柱体外，其他三个体块均为曲面体，因为其中仅一个面与圆柱体相连接，连接面为圆弧面。

（3）连接关系分析。从主视图和俯视图联合分析可知，体块Ⅲ、Ⅳ、Ⅴ，除与 U 形体和圆柱体相连接的部分共面外，其他部分相邻表面连接关系是不共面的。

（4）位置整合分析。经过以上分析，可以在头脑中建立起这样的空间形体，U 形体包围在最外侧，中心部分为圆柱体，圆柱体与 U 形体的三个方向均由三个曲面体连接，构成整个形体，此形体是左右对称结构，综合想象后的形体，如图 5-14（c）所示。

（5）绘制视图。如图 5-15（a）～（e）表示了画图的具体步骤。首先根据已知的总体轮廓尺寸、高度以及形体的叠加关系，先画出主体部分，也就是 U 形体，并画对称轴线，再分别画出叠加体Ⅱ、Ⅲ、Ⅳ、Ⅴ，在补画完每一部分之后，应检查相互之间的连接关系是否正确。用细实线画出三视图，一边画一边分析形体的对应关系和图线所在位置，并清晰明确的表达出直线的虚实线型。

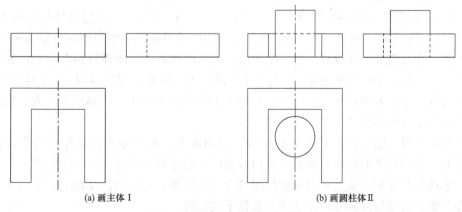

(a) 画主体Ⅰ　　　　　　　　　　　(b) 画圆柱体Ⅱ

图 5-15　实例 1 组合体画法（一）

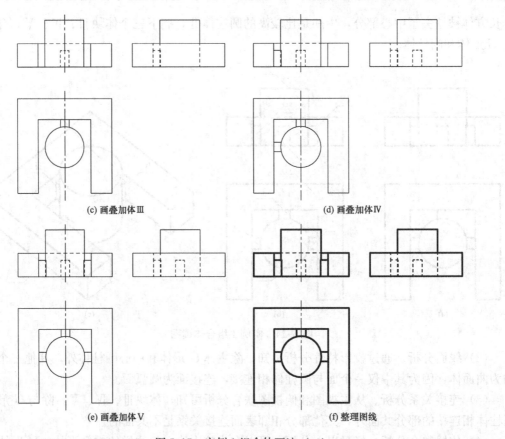

(c) 画叠加体Ⅲ　　　　　　　　　　　　　(d) 画叠加体Ⅳ

(e) 画叠加体Ⅴ　　　　　　　　　　　　　(f) 整理图线

图 5-15　实例 1 组合体画法（二）

（6）检查、整理图线。如图 5-15（f）所示，画完底稿线之后，对三视图进行全面仔细的检查，擦掉多余的图线，检查是否有漏画的图线，以及虚实线型画的不对的地方，检查无误后，用规范规定的线型、线宽加深图线。

实例 2：建筑师：安德烈亚·帕拉第奥，作品：福斯卡里别墅，时间：1549—1563 年。

福斯卡里别墅位于距离地面很高的基座上，它的平面严格对称，中心大厅十字臂的两端各是一个 16×16 英尺的正方形房间，它的前侧较大的房间为 16×24 英尺，后侧较小的房间为 12×16 英尺，房间运用严谨的比例关系，这组简单的比例是 2∶1∶2∶1∶2。

已知此建筑组合体的主视图和俯视图，如图 5-16（a）所示，补画组合体的左视图。

解：（1）形体分析。如图 5-16（a）所示，由所给的主视图和俯视图对应信息进行分析，此组合方式为叠加组合，可以划分出 7 个线框，说明形体是由 7 的体块组合而成，如图 5-16（b）所示，7 个体块的俯视图分别对应其主视图的位置，联系主视图可知，7 个体块分别为：主体部分长方体Ⅰ，坡屋顶Ⅱ、坡屋顶上方的两个老虎窗Ⅲ和Ⅳ，主体前方是直立的五棱柱Ⅴ，左右两侧是两个具有高差的形体Ⅵ和Ⅶ。

（2）线面分析。通过投影特性分析可知，坡屋顶上的两个老虎窗Ⅲ和Ⅳ为不规则多面体，前方两个具有高差的形体Ⅵ和Ⅶ为折角多面体，是建筑中常见的室外转角坡道。

（3）连接关系分析。从主视图和俯视图联合分析可知，室外台阶体块Ⅵ、Ⅶ与主体部分Ⅰ的侧面共面，其他部分相邻表面连接关系是不共面的。

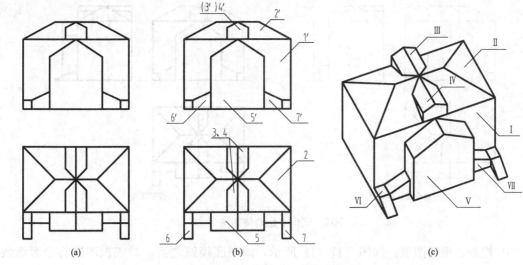

图 5-16 实例 2 组合体读图

（4）位置整合分析。经过以上分析，可以在头脑中建立起这样的空间形体，此建筑为西方古典建筑形式，四坡屋顶上方有两个对称的老虎窗，前方设置具有古典意义的山花体块，左右两侧为连接室内外地面高差部分，如图 5-16（c）所示。

（5）绘制视图。如图 5-17（a）～（e）表示了画图的具体步骤。首先根据已知的总体轮廓尺寸、高度以及形体的叠加关系，先画出主体部分，也就是长方体，并画出对称轴线，再分别画出叠加体 Ⅱ、Ⅲ、Ⅳ、Ⅴ、Ⅵ、Ⅶ，应注意的问题同上个例题，此处不再赘述。

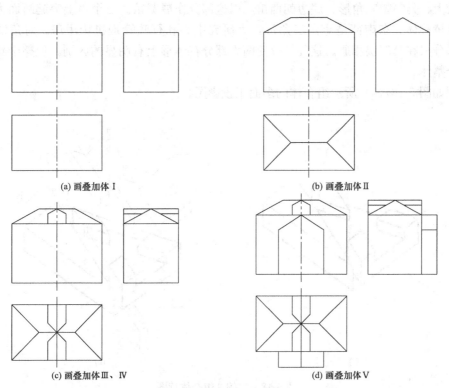

(a) 画叠加体 Ⅰ   (b) 画叠加体 Ⅱ

(c) 画叠加体 Ⅲ、Ⅳ   (d) 画叠加体 Ⅴ

图 5-17 实例 2 组合体画法（一）

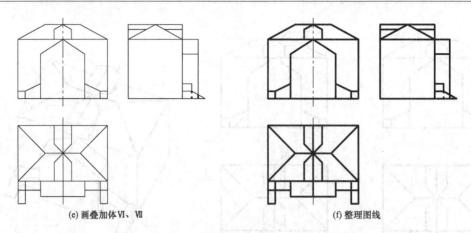

(e) 画叠加体Ⅵ、Ⅶ　　　　　　　　　　　　　(f) 整理图线

图 5-17　实例 2 组合体画法（二）

　　（6）检查、整理图线。如图 5-17（f）所示，画完底稿线之后，对三视图进行全面细致的检查，检查无误后，加深图线，注意区分可见与可不见部分的线型线宽。

二、"三求二"读画训练

　　实例 3：建筑师：贝聿铭，作品：美国国家东馆，时间：1549—1563 年。

　　美国国家美术馆（即西馆）的扩建部分，它包括展出艺术品的展览馆、视觉艺术研究中心和行政管理机构用房。东馆位于一块 3.64 公顷的梯形地段上，周围都是重要的纪念性建筑，东望国会大厦，南临林荫广场，北面斜靠宾夕法尼亚大道，西隔 100 余米正对西馆东翼。附近多是古典风格的重要公共建筑。贝聿铭用一条对角线把梯形分成两个三角形。西北部面积较大，是等腰三角形，底边朝西馆，以这部分作展览馆。三个角上突起断面为平行四边形的四棱柱体。东南部是直角三角形，为研究中心和行政管理机构用房。对角线上筑实墙，两部分只在第四层相通。这种划分使两大部分在体形上有明显的区别，但整个建筑又不失为一个整体。

　　绘制如图 5-18（a）所示组合体的多面正投影图。

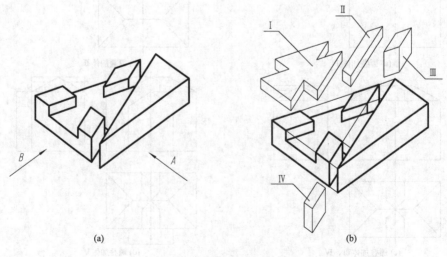

(a)　　　　　　　　　　　　　　　(b)

图 5-18　实例 3 组合体读图

解: (1) 形体分析。如图 5-18 (a) 所示,通过识读立体图,可以看出空间形体为切割式组合体,运用形体分析,空间形体可以看成是由一个四棱柱经过四次切割后所形成,切割过程如 5-18 (b) 所示,在长方体的上方切掉一个九棱柱Ⅰ以及一个四棱柱Ⅱ,左右两侧分别截去两个四棱柱Ⅲ和Ⅳ。

(2) 选择主视图。如图 5-18 (a) 所示,从稳定的安放状态考虑,组合体水平放置,A 投射方向,与 V 面平行,能够得到形体的长宽高等实际尺寸,但绘制的主视图内部虚线比较多;由于此原型不是长方体,而是具有斜面的四棱柱,尽管 B 能够清楚表达上方凸起的几个形体高差变化,但是表达完整性不够好,故选择 A 投射方向为主视图。

(3) 视图数量的选择。确定主视图方向后,由于形体的各个侧面比较复杂,如果仅画出左视图,不能清晰明确的表达出形体特征,故右视图和背立面图也应画出,又由于仰视图虚线较多,与俯视图表达内容一致,可不画仰视图,本例中一共需绘制五个视图才能表达清楚形体。

(4) 绘制底稿线。用细实线画出五个视图,如图 5-19 (a)~(e) 所示为绘图步骤。首先根据已知的总体轮廓尺寸、高度,先画出主体部分,也就是四棱柱,再分别画出切割体Ⅰ、Ⅱ、Ⅲ、Ⅳ,应注意的问题同上,此处不再赘述。需要注意的是,画视图的过程应视图与视图对应画,视图与立体图对应画,两者同时结合思考才能绘制出准确的图形。

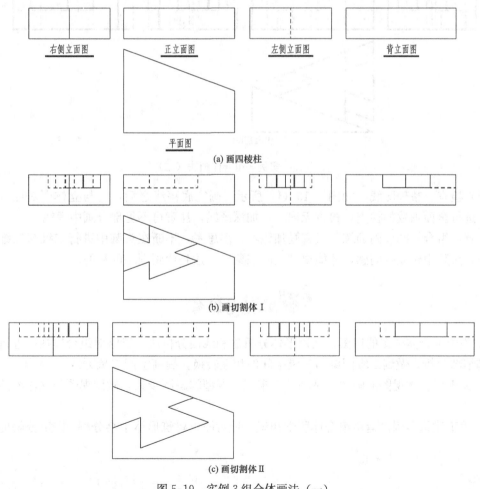

图 5-19　实例 3 组合体画法 (一)

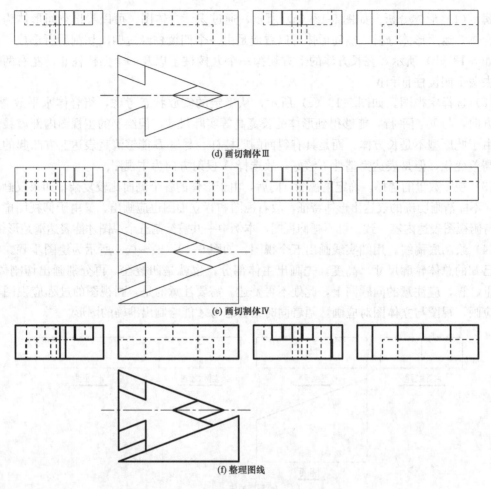

图 5-19　实例 3 组合体画法（二）

（5）检查、整理图线。如图 5-19（f）所示，画完底稿线之后，应与立体图对照，对五个视图进行全面细致的检查，检查无误后，加深图线，注意可不见部分画中虚线。

注意：组合体的读画训练，只有勤加练习、多思考，不断在头脑中进行二维与三维的相互转换，头脑中建立空间感，才能提高空间想象力，达到读画训练的目的。

★ 小结与思考

1．关于组合体视图的识读。运用形体分析法和线面分析法，能够对组合体视图进行整体认知和细部分析，做到二维图纸与三维空间的相互转换，提高空间想象力。

2．关于组合体视图的画法。掌握"二求三"题型的解题步骤，做到视图与立体图的无缝转换。

3．关于建筑实例。运用组合体所学知识，针对简单建筑形体学会分解-重组-分解的绘图过程。

第6章 形体的剖切表达

建筑制图不仅仅需要学习基本的投影原理和相关知识，作为行业的入门课，还应学习国家标准和相关规范，例如形体多样的表达方法、标注、材料图例表达等，这些统一的规定是不同岗位中设计技术人员，从事同一行业的工程交流语言。当建筑形体的形状和结构比较复杂时，尤其是内部功能布局、结构或构造较复杂时，仅仅用三视图难以全面清楚地表达形体，本章将讲解解决此类问题的办法——形体的剖切表达。为此，建筑制图标准中规定了一系列形体的表达方法，以供制图时根据形体的具体情况选用，并且几种方法常同时使用。本章将介绍形体的基本表达法、剖面图和断面图，其中剖面图的画法是本章重点，并以现代经典建筑形体为实例，详细分析并讲解如何绘制形体剖面图。

知识要点

剖面图的画法
断面图的画法
实例分析

6.1 形体的基本表达法

一、多面正投影图

对于形状简单的形体，一般用三个视图就可以表达清楚，这也是前几章介绍的三面投影体系、三面投影图、三视图的内容，但建筑形体一般比较复杂，形态变化比较大，如果仅仅作三面投影，很难表达清楚，需要作多个方向的投影才能完整表达其形状和建构方式等。

如图 6-1 所示，带烟囱的坡屋顶房屋，可从 A、B、C、D、E、F 六个不同方向投射，从而得到六个视图的多面正投影图。也就是除三个视图之外，再增加三个视图。

从前向后投射的 A 方向视图称为正立面图，反映形体的主要特征；从上向下投射的 B 方向视图称为平面图；从左向右投射的 C 方向视图称为左侧立面图。增加的三个视图分别是：从后向前投射的 D 方向视图称为背立面图；从下向上投射的 E 方向视图称为仰视图；从右向左投射的 F 方向的视图称为右侧立面图。

二、镜像投影图

建筑形体中，有一些内部结构，尤其是框架结构的顶棚，如图 6-2（a）所示，包含柱、梁、板等构件，其中板在上面，梁支承板位于板下，柱子支承梁位于梁下，如果从上向下作投影，梁柱均不可见，需用虚线表示，这样给读图和尺寸标注带来不便。故把 H 面当做一面镜子，在镜面中就能得到梁柱的反射图像，且为可见，这种形体在镜面中反射的正投影称为**镜像投影**。用镜像投影作图时，应在图名后加注"镜像"二字，如图 6-2（b）所示。

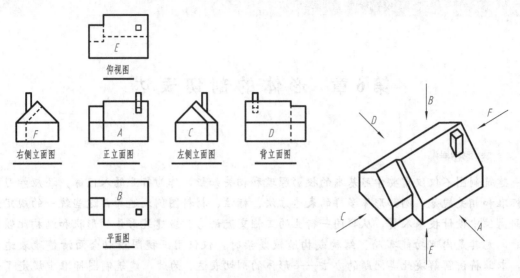

图 6-1 多面正投影图

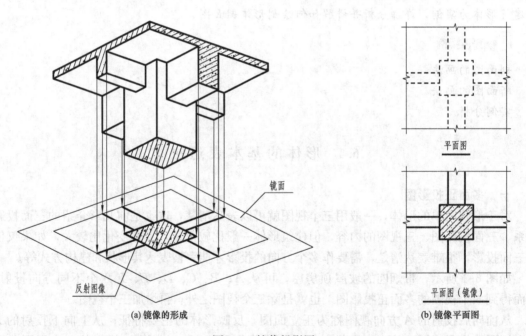

(a) 镜像的形成

(b) 镜像平面图

图 6-2 镜像投影图

镜像投影图在建筑室内设计中应用较多，如吊顶（顶棚）平面图，将室内地面看作一面镜子，可得到吊顶的镜像平面图。

6.2 剖 面 图

当绘制形体视图时，尽管能通过三视图、多面正投影图或镜像投影图等多种表达法绘制形体的外部特征（包含形状、大小、凹凸变化等），但是形体的内部结构（如孔洞、凹槽等）以及被外部结构遮挡的轮廓线需要用虚线表示，如建筑内部的墙体、楼梯、门窗、梁板柱等，必然造成图面上虚线过多，且虚线与实线相互重叠交错，混淆不清，容易造成读图困难，且不利于标注尺寸。为了解决这个问题，在工程上常采用作剖面图的方法，即假想形体被剖切开，使原来看不见的内部结构成为可见，把原来视图中的虚线变为实线。

6.2.1 剖面图的形成

假想用剖切面将形体剖开，将处在观察者和剖切面之间的部分移去，将其余部分向相应的投影面投射，所得图形称为**剖面图**，简称剖面。剖切面平行于 V 面时，作出的剖面图称为正立剖面图；剖切面平行于 W 面时，作出的剖面图称为侧立剖面图。

如图 6-3 所示，假想用 P 平面将形体沿前后对称切开，移去 P 平面与观察者之间的部分（P 平面前面的部分），将剩余部分向 V 面作投影，得到了形体的 V 面剖面图。可以看到，经过剖切之后，形体的内部形状全部显露出来，使形体不可见的部分变成了可见，然后用实线画出内部构造的投影图，同时画出剖切部位的材料图例。

图 6-3（a）是假想用一个通过水槽排水孔轴线，且平行于 V 面的剖切面 P，将水槽剖开，移走剖切面与观察者中间的部分，将剩余的部分向 V 面投射，剖到的内部实体部分（断面）画上通用材料图例，得到水槽的剖面投影图，称为正立剖面图，如图 6-3（b）所示。水槽内部的壁厚、槽深、倾斜角度、排水孔大小等均能表达清楚。

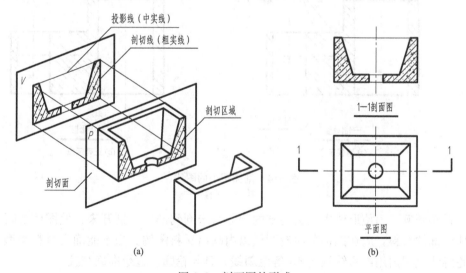

图 6-3 剖面图的形成

6.2.2 剖面图的画法
一、剖面图基本要求

（1）剖切位置。剖切平面的位置应根据形体内部结构特点和表达的需要来确定。如想绘制建筑的平面图，则应使剖切平面平行于 H 面，且符合建筑制图标准的相关规定；如果结构内部孔、洞、槽比较多，则应尽量通过它们的中心线，以便完整地表达内部形状；如想绘制建筑的剖面图，则应使剖切面尽可能地剖切到建筑内部较复杂的部分。总之，在一般情况下，剖切平面应平行于剖面图所在的投影面。

（2）图线要求。相关规范中对剖切形体的图线有如下要求：

1）剖到的断面轮廓线，用粗实线绘制。

2）未剖到而看到的投影线用中实线绘制。

3）未剖到也未看到的投影线，在剖面图上可省略不必要的虚线。如果必须画出虚线才能清楚表示形体，仍应画出虚线，例如在建筑平面图或剖面图有必须要清楚表达的构件。如图 6-4（a）所示，只有画出图中的虚线，才能确定前后平台的位置。

4）画剖面图时，在剖切面后方可见的轮廓线应画出，不能遗漏，也不可多线。如图 6-4（a）所示，不可漏线或多线，如图 6-4（b）为所示为形体的正确剖面图。

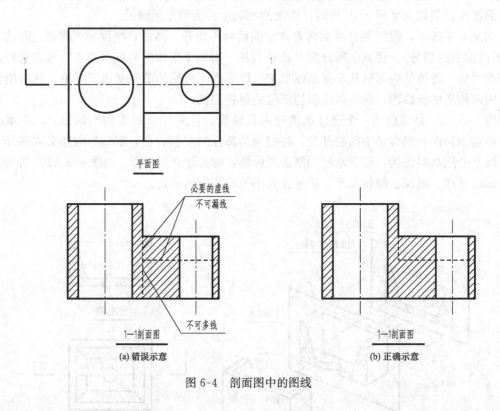

图 6-4　剖面图中的图线

（3）材料图例。为使形体中被剖切到的部分与未剖到部分区别开来，使图面清晰，也为表现形体内部的材料，应在剖切断面轮廓线以内画出材料图例。当不能确定材料类型时，应在断面轮廓线范围内用细实线画出 45°等距斜线，且与轮廓线边缘准确交接。

建筑工程中常采用一些图例来表示建筑材料，见《房屋建筑制图统一标准》（GB/T 50001—2017）中"表 9.2.1 常用建筑材料图例"。

（4）注意事项。由于剖切平面剖切形体是假想的，只在画剖面图时，才假想将形体切去一部分。在画其他视图时，应仍按照完整的形体画出。如图 6-5 所示，画剖面图后，应不影响平面图的完整性。

二、剖面图标注

为清楚表达剖面图与其他视图的关系，便于了解剖切位置和投射方向，一般在剖面图以及相应的视图上加以标注，注明剖切符号、编号和图名。

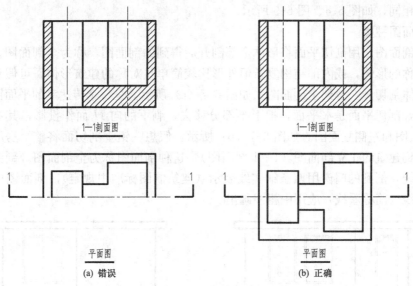

图 6-5　剖面图中平面应完整

（1）剖切符号。剖切符号是由剖切位置线和投射方向线组成，均用粗实线表示。如图 6-6 所示，剖切位置线的长度是 6～10mm，投射方向线垂直于剖切位置线，长度比剖切位置线短，为 4～6mm。绘制时，剖切符号不应与其他图线相接触。

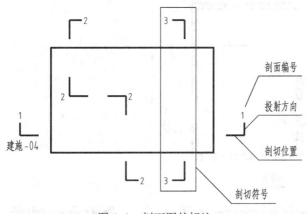

图 6-6　剖面图的标注

剖切符号的编号宜采用阿拉伯数字，按顺序由左至右、由上至下连续编排，并注写在投射方向线的端部，如剖切位置线需要转折（阶梯剖），如图中的 2—2 剖，则在转折处一般不再加注编号，但是，如果剖切位置线在转折处与其他图线发生混淆，不易辨认，则应在转角外侧加注与该剖切符号相同的编号，如图 6-6 所示。

（2）图纸编号。如图 6-6 所示，如果剖面图与被剖切图样（建筑平面图）不在同一张图纸上，则可在剖切位置线投射方向的另一侧注明其剖面图所在图纸的编号，如图 6-6 所示中 1—1 剖切位置线下侧注写"建施-04"，即表示 1—1 剖面图在"建施"第 4 张图纸上。"建施"表示建筑施工图，在工程图纸中，还有"结施""电施""暖施"等。

（3）图名。剖面图下方应注写图名，图名应与剖切符号的编号一致，也用阿拉伯数字表示，如 1—1 剖面图、2—2 剖面图……在编号下方还应画上粗实线，粗实线的长度与图名编号所占长度相同，如图 6-4、图 6-5 所示。

三、剖面图种类

（1）全剖面图。用剖切平面将形体全部剖开后得到的剖面图，称为全剖面图。全剖面图适用于不对称的形体，或内部结构复杂但外形比较简单且对称的建筑形体，可假想一个剖切面将整个形体剖切开，得到全剖面图。如图 6-7（a）所示，是一个传达室的平面图（平面图也是剖面图，剖切平面是水平面，把上半部分移去，剩下的向 H 面作投影，其本质是剖面图）、正立面图和左侧立面图。如图 6-7（b）所示，假想一铅垂剖切面将整个房屋从上向下剖切开，得到建筑的正立剖面图（1—1 剖面图），这种剖面图称为全剖面图。剖到的断面轮廓线画粗实线，剖到的门窗用四条细实线表示（建筑制图标准中规定），剖面图中未剖到且看到的投影线（简称看线）应用中粗线画出。

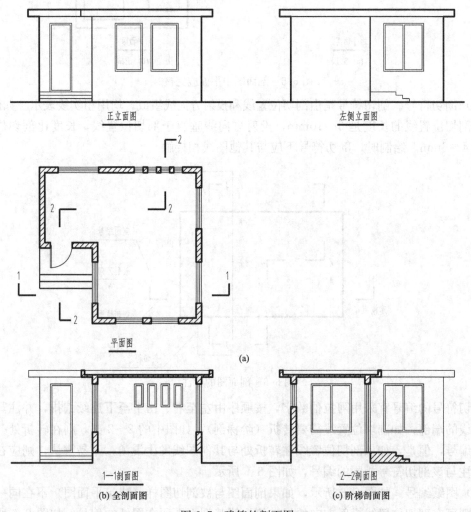

正立面图　　左侧立面图

平面图

(a)

1—1剖面图　　2—2剖面图

(b) 全剖面图　　(c) 阶梯剖面图

图 6-7　建筑的剖面图

（2）阶梯剖面图。如果一个剖切平面不能将建筑形体内部的复杂构造一次性剖开，若每个复杂部位都需要一个剖切平面剖切，那么将增加很多剖面图，且与复杂部位相同方向的简单形体也被剖切到，造成剖面图表达重复或无意义。所以，可用两个（或两个以上）相互平行的剖切平面，将形体沿需要表达的地方剖开，得到的剖面图，称为阶梯剖面图。特别指出，国标规定阶梯剖面图中转折处不应画出两剖切平面的转折线，因为这条线是由假想的两个剖切平面转折造成的，实际不存在，并不是形体自有的，这条线的位置也是不确定的。

如图 6-7（a）所示，如果只用一个平行于 W 面的剖切平面，不能同时剖切到后墙的窗和前墙的门，这时可将剖切平面转折一次，使一个平面剖开后墙的窗，一个平面剖开前墙的门，同时剖到窗和门，得到 2—2 剖面图，如图 6-7（c）所示。注意阶梯剖面图中剖切符号的画法，在剖切的图样中画出转折线（建筑图中只在首层平面图标注），且各转折短线应对齐，不得穿越图线。

（3）半剖面图。当形体前后或左右对称时，可画出由半个外形视图和半个剖面图所组成的图形，可以同时表达形体的外形和内部构造，这种剖面称为半剖面图。如图 6-8 所示物体，平面前后左右均对称，半剖面图能够简单清晰地表达物体的外部形状和内部结构，正立面图和侧立面图的左半部分画出物体的外形，右半部分画出对应位置的剖面图，表示物体的内部构造。这样既减免了图形数量，又避免了混淆重叠的虚线，能够清晰表达形体的内外形态。

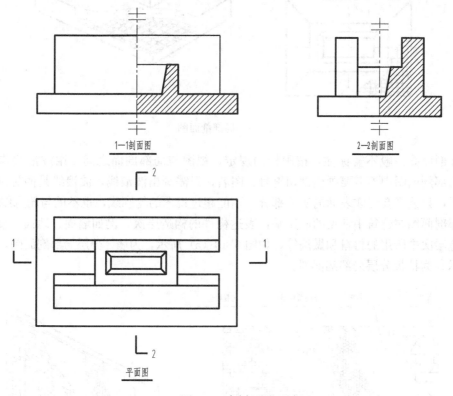

1—1剖面图　　　　　　　　　　2—2剖面图

平面图

图 6-8　半剖面图

画半剖面图应注意以下几点：

1）半剖面图中，剖切部分和视图部分的分界线必须是形体的对称中心线（细单点长画线），并应在图形外侧画出对称符号，对称符号由对称线和两端的两对平行线组成，对称线为细单点长画线，平行线为细实线，长度宜为 6~10mm，间距 2~3mm；对称线垂直平分两对平行线，两端超出平行线宜为 2~3mm，如图 6-8 所示。

2）由于形体对称，形体内部形状已在剖面部分表达清楚，故在视图部分的虚线可省略不画，只画出外形特征线和轮廓线。

3）半剖面图中，视图部分和剖面部分的位置一般是固定的，即当图形左右对称时，左侧画外形，右侧画剖面，如图 6-8 所示；当图形上下对称时，上面画外形，下面画剖面。

4）半剖面图的标注，除标注剖切符号、剖面编号和图名，还需加注对称符号。

（4）局部剖面图。当建筑外形比较复杂，内部构造相对比较简单和统一，需要表达外形和局部结构，可以保留原视图中的大部分，而只将形体的局部剖开，所得到的剖面图称为局部剖面图。如图 6-9 所示，为杯型基础的局部剖面图，基础底部的钢筋配置比较简单，可在视图的一角剖开，画出钢筋的配置情况。

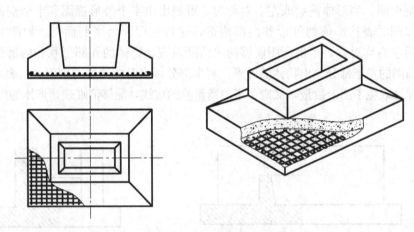

图 6-9   局部剖面图

局部剖面图一般不需标注，按国标的规定，视图与局部剖面之间，用波浪线作为分界线，即局部剖面图中不需要画出剖切符号、图名，只需画出波浪线，波浪线是假想剖开断裂面的投影，只能画在形体表面的实体部分，不能超过视图的轮廓线，也不能与轮廓线重合。

局部剖面图在建筑中常见的应用是，表达构件的构造层次，例如墙面、地面、楼面、屋面等构造层次中所用的材料和做法等，如图 6-10（a）所示，为墙体分层局部剖面图，图 6-10（b）所示，为楼板分层局部剖面图。

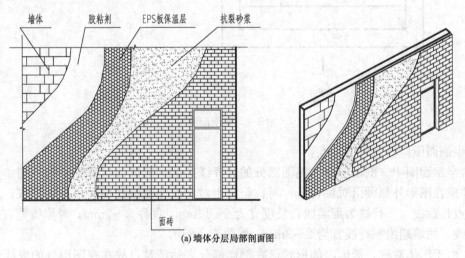

(a)墙体分层局部剖面图

图 6-10   分层局部剖面图（一）

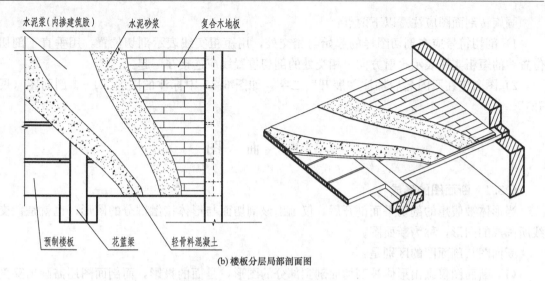

水泥浆(内掺建筑胶)　水泥砂浆　复合木地板

预制楼板　花篮梁　轻骨料混凝土

(b)楼板分层局部剖面图

图 6-10　分层局部剖面图（二）

（5）旋转剖面图。当形体有明显的回转轴线时，可用两个相交的平面将形体剖开，并将倾斜于投影面的剖切平面连同断面一起绕剖切面的交线（投影面垂直线）旋转至与投影面平行后再进行投射，其他构造形状一般仍按原来的位置投射，得到的剖面称为旋转剖面图，如图 6-11 所示。

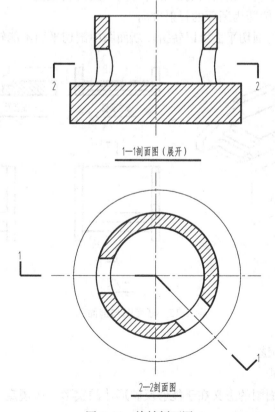

1—1剖面图（展开）

2—2剖面图

图 6-11　旋转剖面图

画旋转剖面图应注意以下两点：

1）剖切符号应在剖切图样的起始与相交处，用短粗实线表示剖切位置，用垂直于剖切位置线的短粗实线表示投射方向，相交处的剖切位置线应连接在一起。

2）图名应在原图名后加注"展开"二字，如图 6-11 中标注的图名"1—1 剖面图（展开）"。

6.3 断 面 图

6.3.1 断面图的形成

当形体被假想的剖切平面剖开后，仅画出该剖切面与形体接触部分的图形，也就是截交线所围成的图形，称为断面图。

断面图与剖面图的区别是：

（1）断面图仅画出形体被剖切面剖到部分的图形，是面的投影，而剖面图还需画出除剖切面之外其他未剖切形体的投影，是体的投影，如图 6-12 所示，为室外台阶，假想剖切面剖形体后，只表示台阶被剖切到的部分，如 1—1，则为台阶的断面图，而剖面图还需把台阶后面的挡墙向投影面作投影，得到 1—1 剖面图。

（2）断面图是剖面图的一部分，主要用于表示形体某一部位或构件截面的形状，把断面图与视图组合起来表示某些形体时，可使绘图简化。

（3）两者剖切符号不同，断面图的剖切符号只画出剖切位置线，不画投射方向线，编号（阿拉伯数字）所在的一侧即为断面的投射方向。

（4）剖面图中假想的剖切平面可以转折，断面图中剖切平面不能转折。

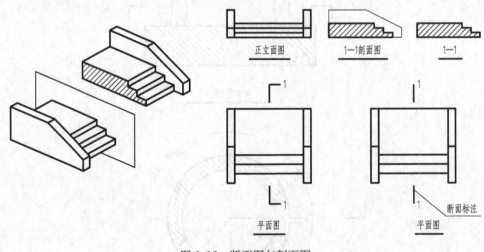

正立面图   1—1剖面图   1—1

平面图   平面图
                断面标注

图 6-12 断面图与剖面图

6.3.2 断面图的画法

一、断面图基本要求

（1）剖切位置。断面图的意义在于能够反映形体的实形，故规定剖切平面一般平行于投影面。

(2) 图线要求。剖切到的断面轮廓线，用粗实线表示。

(3) 材料图例。与剖面图材料图例的要求相同。

二、断面图标注

(1) 剖切符号。断面图的剖切符号由剖切位置线和编号组成，剖切位置线表示剖切平面的位置，用粗实线表示，长度宜为 6～10mm；编号一般用阿拉伯数字表示，注写的位置表示投射方向，例如编号在右侧，表示投射方向向右，如图 6-12 所示。

(2) 图名。在断面图下方正中注写与断面编号一致的 1—1、2—2、3—3 等表示图名，图名下方还应画上粗实线，长度与图名编号长度相同，如图 6-12 所示。

三、断面图种类

根据断面图在图中的不同位置可分为移出断面图与重合断面图。

(1) 移出断面图。画在视图轮廓线外面的断面图，称为移出断面图。如图 6-13 (a) 所示，柱子和梁的断面均在视图以外。

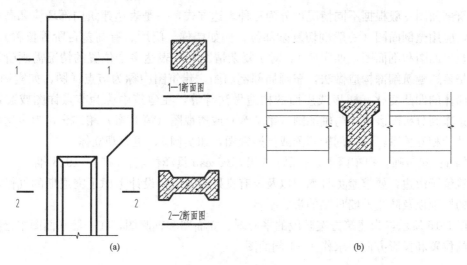

图 6-13　移出断面图

当形体较长且断面形状相同，也可把断面图放在视图中间断开处，如图 6-13 (b) 所示。这种处理方式，适用于断面变化较多的形体。

(2) 重合断面图。将断面图直接画在视图之内，与视图某部分重合的断面图，称为重合断面图。重合断面是将剖切后的断面旋转 90°，使其与所在视图重合后形成的，如图 6-14 (a) 所示。

重合断面图轮廓线在建筑图中一般采用比视图轮廓线更粗的实线画出，以表示与建筑形体轮廓线的区别。重合断面图一般不加任何标注，只需在断面轮廓范围内画出材料符号或通用剖面线。

当断面尺寸较小，不易画出材料图例或通用剖面线，可将断面涂黑，如图 6-14 (a) 所示，为屋顶断面图，表示屋顶结构找坡特点、梁板的相对位置和形状大小以及天沟做法；当重合断面图的轮廓线不画成封闭图形时，只需沿轮廓线边缘画出部分剖面线 (一般为斜 45° 等距线段)，如图 6-14 (b) 所示，为外墙面装饰线做法，表示外墙面凹凸变化，较窄的面为凸面，较宽的面为凹面。

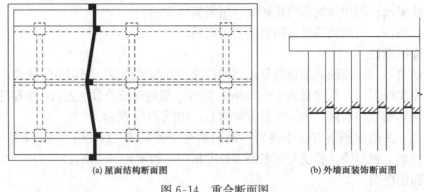

(a) 屋面结构断面图　　　　　　　　　(b) 外墙面装饰断面图

图 6-14　重合断面图

6.4　现代经典建筑形体剖面图实例分析

建筑剖面图一般根据不同情况可分为三种表达方式，一是表达建筑内部环境和高度方向的特征，应用全剖面图（一般剖切复杂部位，例如楼梯、门厅、有高差台阶等位置），是常见的建筑平面图和剖面图，如实例1，对于复杂情况下需表达多个位置的情况需画阶梯剖面图；二是表达建筑细部构造做法，需画局部剖面图，建筑图中称为节点详图，如实例2，例如表达墙体的凹凸变化，楼板或屋面的构造做法等等，在建筑中称为节点详图或装饰构造图；三是作为分析图表现，与轴测图（第7章）或透视图（第8章）相结合，为表达建筑室内与室外的相互关系，可画剖轴测图或剖透视图，如实例3，更直观立体。

实例1：建筑师：柯布西耶。作品：Villa Baizeau 贝泽住宅，时间：1928 年。

建筑位于海边，要求避免日晒，以及要有良好的通风。设计考虑了突尼斯的气候，采用如伞般的屋顶以及防止外墙日晒的带状平台。

如图 6-15 所示，为建筑方案阶段的平面图、立面图和轴测图，在一层平面图中已标注剖切符号的位置和投影方向，求作 1—1 剖面图。

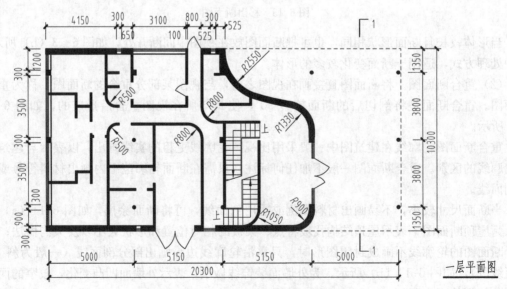

图 6-15　实例 1 平面图、立面图和轴测图（一）

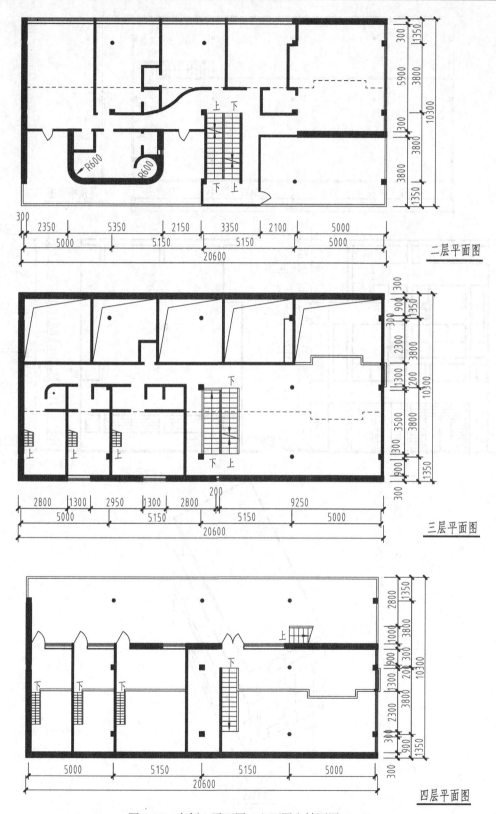

图 6-15　实例 1 平面图、立面图和轴测图（二）

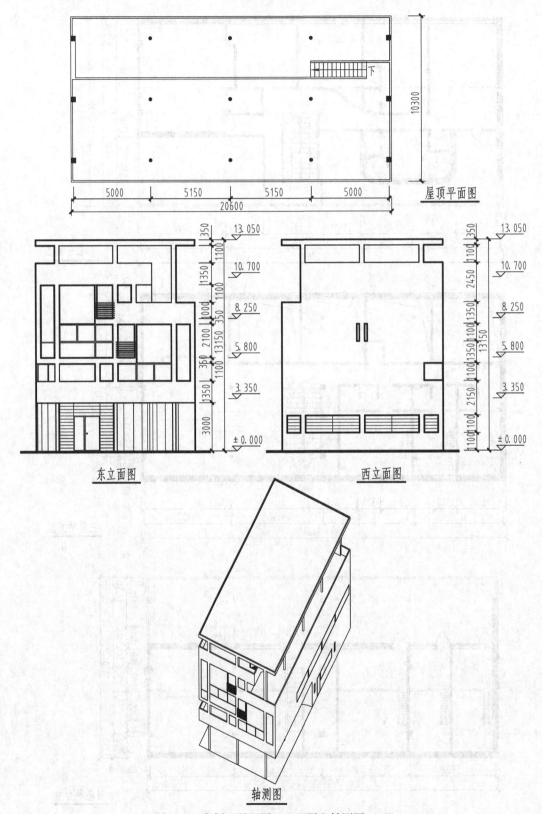

屋顶平面图

东立面图

西立面图

轴测图

图 6-15 实例 1 平面图、立面图和轴测图（三）

解：（1）识图分析。如图 6-15 所示，根据已知的平面图读懂平面功能布局，再结合立面图和轴测图竖直方向的层数、层高和门窗位置，与各层平面图一一对应，对整个建筑建立二维与三维空间的相互转换关系，进而细致分析剖切到的部位，以及投影到的构件。

（2）画轴线。如图 6-16（a）所示，绘制竖直方向承重墙的轴线，同时绘制水平方向的楼地面及屋面高度定位线，用细点画线表示。

（3）画墙体、楼面、屋面厚度以及门窗洞口等定位线。如图 6-16（b）所示，结合平面剖切墙体的具体位置，以及立面门窗高度等，绘制以上定位线。

（4）加深墙体、楼面以及屋面的剖切线。如图 6-16（c）所示，同时核查剖切位置是否正确。

（5）画柱子的投影线，如图 6-16（d）所示。

（6）画墙体、门窗、栏板等可见投影线，如图 6-16（e）所示。

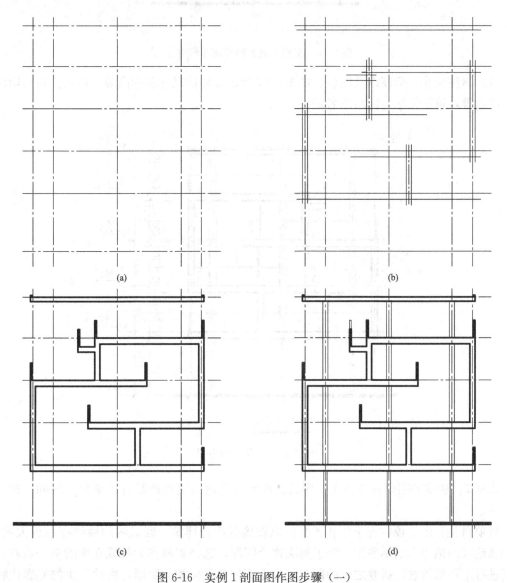

图 6-16　实例 1 剖面图作图步骤（一）

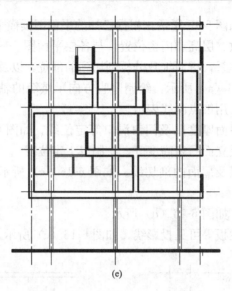

(e)

图 6-16　实例 1 剖面图作图步骤（二）

（7）标注尺寸、标高以及图名。如图 6-17 所示，标清尺寸和标高等，再次校对剖切位置和投影线等，审核完毕，注写图名。

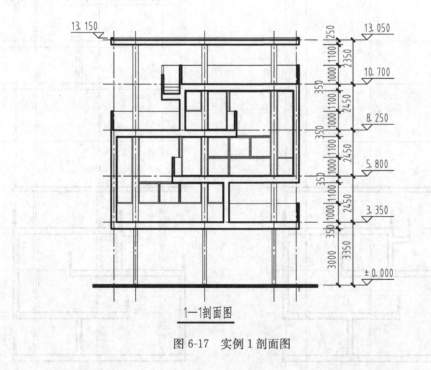

1—1剖面图

图 6-17　实例 1 剖面图

实例 2：建筑师隈研吾事务所。作品：普罗旺斯地区艾克斯某音乐学院。时间：2010—2011 年。

该项目是音乐学校、音乐厅和各类其他设施的综合建筑。区域内的地势存在很大差异，其相邻地区的地势也颇不平坦，为了解决这个问题，选择铝材作为构成立面的单一材料，并对其进行了局部折叠。折叠之后的薄铝板为立面带来了微妙的阴影，由此产生的光影代替铝材成为立面的主要元素，折叠的铝板还有助于阻挡窗户开口处的阳光，并控制开口处的视野。音乐厅也同样运用折叠元素形成了非对称的内部构造，与著名作曲家 Darius Milhaud 多彩而自由的音乐产生共鸣。

　　如图 6-18 所示，为建筑效果图，可以看到铝材折叠的外墙，更像是跳动的音符。而室内设计手法与外部形态一致，如图 6-19 所示，为音乐厅的内部空间，内部同样出现了折叠效果的墙面。这种墙面的构造不是常规做法，需根据设计方案深化图纸，细化具体节点处的图样，画出墙体的节点详图。如图 6-20 所示为音乐厅外墙的构造详图，需用规定图例绘出承重柱、隔墙、保温层等，还需标注出具体每一部分的做法。

图 6-18　建筑效果图

图 6-19　音乐厅室内图

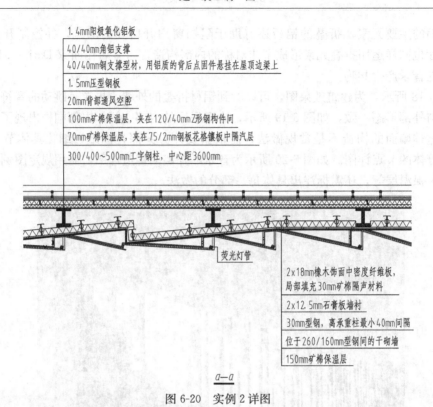

1.4mm阳极氧化铝板
40/40mm角铝支撑
40/40mm钢支撑型材，用铝质的背后点固件悬挂在屋顶边梁上
1.5mm压型钢板
20mm背部通风空腔
100mm矿棉保温层，夹在120/40mm Z形钢构件间
70mm矿棉保温层，夹在75/2mm钢板花格镶板中隔汽层
300/400~500mm工字钢柱，中心距3600mm

荧光灯管

2×18mm橡木饰面中密度纤维板，局部填充30mm矿棉隔声材料
2×12.5mm石膏板墙衬
30mm型钢，离承重柱最小40mm间隔
位于260/160型钢间的干砌墙
150mm矿棉保温层

$a—a$

图 6-20　实例 2 详图

实例 3：实例 1 建筑的剖透视图。

如图 6-21 所示，为实例 1 建筑的剖透视图。剖面图仅仅只能表现形体被剖切后，剖切位置的情况，也就是只能表现一个面，或者说仅仅能表现二维的情况，而剖透视图具有三维立体效果，相比剖面图更容易理解，并能展现室内空间的情况，信息量大，更立体更直观；如果仅仅画成透视图，无论是室内透视还是室外透视，都会或多或少受到建筑构件的遮挡，只能表现室内或室外局部空间。而剖透视可以表现水平和竖向，开间和进深等多个方向的空间关系，让读图者能够更充分地理解设计者想表达的想法，一般剖透视图多用于建筑设计的分析图或效果图。

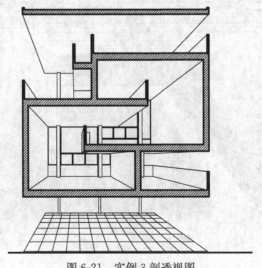

图 6-21　实例 3 剖透视图

小结与思考

1. 关于剖面图。理解剖面图的生成过程，根据规范规定的图例、线型和线宽等，能够准确绘制形体的剖面图。

2. 关于剖面图的分类。根据剖面图剖切方式的不同分为 5 类，重点掌握全剖面图与阶梯剖面图的画法，注意建筑剖面图中剖切符号的标注位置。

3. 关于断面图。理解剖面图与断面图的区别，掌握构件断面图的画法。

4. 关于建筑实例。运用剖面图所学知识，能够绘制简单建筑形体的剖面图，注意剖切线与看线的区别。

第7章 轴 测 投 影

多面正投影图是工程中常用的投影图，它具有很多优点，但不能直观地表现形体的立体感。而轴测投影图可表达形体的立体效果，对于没有投影知识储备的情况下，可以非常容易地读懂空间形体。由于轴测投影具有立体感强的特点，在建筑设计中，轴测投影经常被用来绘制：建筑单体表现图（主要表达建筑整体的形体特征）、分析图（功能流线分析、室内场景分析、构造细部图解分析等）以及建筑组群或小区规划的鸟瞰图，可以看到，随着轴测投影的广泛应用，尤其与其他制图表达法相结合（例剖轴测图），表现形式更是多种多样，极大地丰富了建筑表现手法。本章将介绍轴测投影的形成、分类，重点介绍建筑专业常用的几种轴测投影的特点、画法，并结合现代经典建筑具体实例详细分析讲解。

知识要点

正等轴测图的画法
水平面斜等轴测图的画法
实例分析

工程中常用正投影法绘制形体的多面正投影图，如图 7-1（a）所示，可以完整真实地表达形体的形状和大小，并且能够在图中度量出长宽高以及细部尺寸，作图简便，根据这样的图样就可以建造出此形体，因而在工程中得到广泛的应用。但它缺乏立体感，原因是任何一个单独的投影只能表达两个方向的变化和尺寸，是二维的，要读懂多面正投影图，必须具备投影知识和读图能力，能够结合三个投影并利用空间想象力，在头脑中想象出一个形体与此三面投影相吻合。如图 7-1（b）所示，轴测投影是单面投影图，可以在一个投影中同时反映

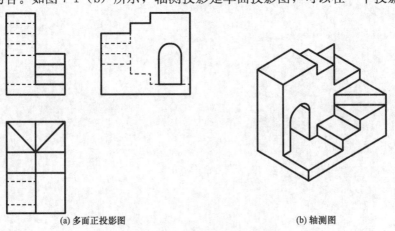

(a) 多面正投影图   (b) 轴测图

图 7-1 多面正投影图与轴测图

三个方向（长宽高）的变化，具有立体感，可以直观地表达形体的整体形态。但轴测投影一般不能准确地反映形体表面的实形，度量性差，所以通常用作辅助图样来表达形体的立体构成、形状特征等。如图 7-1 所示为多面正投影图与轴测投影的区别。

7.1 概　　述

7.1.1 轴测投影的形成

将形体的长、宽、高，连同确定空间位置的直角坐标体系，用平行投影法投射在单一投影面上，所得到的具有立体感的投影称为轴测投影。

用正投影法形成的轴测投影称为正轴测投影，也称为**正轴测图**，如图 7-2 (a) 所示。用斜投影法形成的轴测投影称为斜轴测投影，也称为**斜轴测图**，如图 7-2 (b) 所示。

轴测图的本质是：单面平行投影。

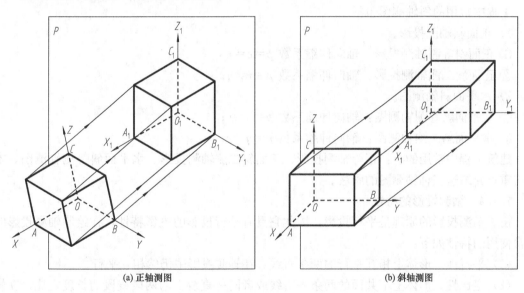

(a) 正轴测图　　　　　　　　　　　　(b) 斜轴测图

图 7-2　轴测图的形成

7.1.2 轴测投影的要素

(1) 轴测轴。如图 7-2 所示，平面 P 称为轴测投影面，原形体中的直角坐标系 OX、OY、OZ 在轴测投影面上的投影 O_1X_1、O_1Y_1、O_1Z_1 称为轴测轴。

(2) 轴间角。两个轴测轴之间的夹角称为轴间角。即 $\angle X_1O_1Y_1$、$\angle X_1O_1Z_1$、$\angle Y_1O_1Z_1$。

(3) 轴向伸缩系数。轴测轴上的单位长度与相应空间形体直角坐标轴上的单位长度之比，称为轴向伸缩系数。

O_1X_1、O_1Y_1、O_1Z_1 轴上的轴向伸缩系数分别用 p、q、r 表示。

$p=O_1A_1/OA$，称为 X_1 轴向的伸缩系数；

$q=O_1B_1/OB$，称为 Y_1 轴向的伸缩系数；

$r=O_1C_1/OC$，称为 Z_1 轴向的伸缩系数。

轴间角和轴向伸缩系数是绘制轴测图的重要指标，不同类型的轴测图具有不同的轴间角和轴向伸缩系数。

7.1.3 轴测投影的分类

轴测投影按照投射方向与轴测投影面的相对位置可分为两大类：正轴测图和斜轴测图。

（1）正轴测图。如图 7-2（a）所示，保持投影面不变，投射方向垂直于投影面，将立方体倾斜一定角度，使立方的三个坐标轴均倾斜于投影面，在 P 投影面上得到的投影能同时反映 X、Y、Z 三个方向的长度，这种平行正投影法得到的投影称为正轴测投影。

工程中常用的正轴测图包括：

1）正等测轴测投影（简称正等测）：轴向伸缩系数 $p=q=r$；

2）正二测轴测投影（简称正二测）：两个轴向伸缩系数相等 $p=q\neq r$ 或 $p\neq q=r$ 或 $p=r\neq q$。

3）正三测轴测投影（简称正三测）：三个轴向伸缩系数都不相等 $p\neq q\neq r$。

（2）斜轴测图。如图 7-2（b）所示，保持投影面与立方体位置不变，投射方向倾斜于投影面，在 P 投影面上得到的投影也能反映 X、Y、Z 三个方向的长度，这种平行斜投影法得到的投影称为斜轴测投影。

工程中常用的斜轴测图包括：

1）正面斜轴测投影。

① 正面斜等测轴测投影：轴向伸缩系数 $p=q=r$；

② 正面斜二测轴测投影：轴向伸缩系数 $p=r\neq q$；

2）水平面斜轴测图。

① 水平面斜等测轴测图：轴向伸缩系数 $p=q=r$；

② 水平面斜二测轴测图：轴向伸缩系数 $p=q\neq r$；

建筑工程中常用的有：正等轴测投影、正面斜二测轴测投影、水平面斜等测轴测图，本章将重点介绍这三种轴测图的画法。

7.1.4 轴测投影的特性

由于轴测投影的原理是平行投影，因此它具有平行投影的投影特性，在绘制轴测投影时经常使用的特性如下：

（1）平行性。形体上相互平行的两条直线，在轴测投影中仍然相互平行。

（2）定比性。形体上不共面的两条平行线或者同一直线上的两段线段的长度之比，在轴测投影中比值不变。

（3）沿轴测轴方向可度量性。形体上与原坐标轴平行的线段，此线段的轴测投影仍然平行于对应的轴测轴；此线段的轴向伸缩系数与对应的轴测轴的轴向伸缩系数相同。因此画轴测图时，平行于原坐标轴的直线，若求作轴测投影中的长度，只需用原坐标轴中的长度乘以对应的轴向伸缩系数即可，即轴测图中沿轴测轴方向是可以度量长度的，相反，不沿轴测轴方向的线段，不可以利用轴向伸缩系数计算轴测长度，这也是"轴测"的含义。

7.2 正 轴 测 投 影

正轴测投影是用正投影法绘制的轴测图。投射方向不变，垂直于投影面，只是形体歪了一下，即形体的直角坐标体系均倾斜于投影面，倾斜程度不同，其轴测轴的轴间角和轴向伸缩系数也不相同，根据三个轴向伸缩系数是否相等，正轴测投影可分为以下三类，其中正等轴测图在工程中最常用，故本节进行重点讲解。

7.2.1 正轴测投影的分类

（1）正等轴测图，如图 7-3 所示。

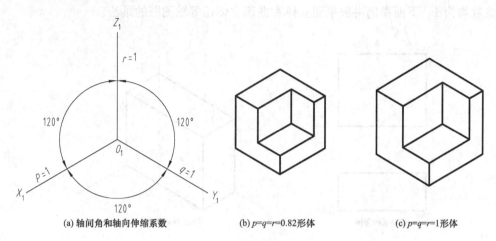

(a) 轴间角和轴向伸缩系数 (b) $p=q=r≈0.82$形体 (c) $p=q=r=1$形体

图 7-3 正等轴测图的特点

轴间角：$\angle X_1 O_1 Y_1 = \angle X_1 O_1 Z_1 = \angle Y_1 O_1 Z_1 = 120°$；

轴向伸缩系数：由数学方程最终解得 $p=q=r≈0.82$，为作图方便简化为 1，也就是 $p=q=r=1$，也就是作图时沿轴测轴的方向可以按直角坐标系中的实长进行量取。尽管此时画出来的轴测图比真实轴测图放大了约 1.22 倍，但由于是整体比例放大，且轴测图作为辅助图样，因此不影响对形体形态的认识和理解，如图 7-3（b）、（c）所示。

（2）正二测轴测图，如图 7-4 所示。

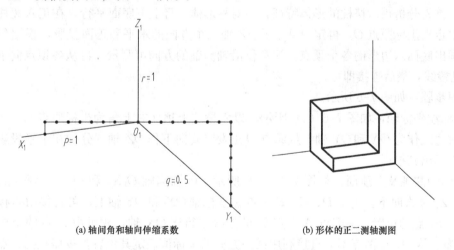

(a) 轴间角和轴向伸缩系数 (b) 形体的正二测轴测图

图 7-4 正二测轴测图的特点

轴间角：$\angle X_1 O_1 Z_1 = 97°10'$，$\angle X_1 O_1 Y_1 = \angle Y_1 O_1 Z_1 = 131°25'$，由于此角度在作图时比较烦琐，故一般情况下用比值代替角度，即 X_1 方向的比值为 $1/8$，Y_1 方向的比值为 $7/8$。

轴向伸缩系数：$p=r≈0.94$，近似为 1，$q=0.47$ 近似为 0.5，即习惯上取 $p=r=2q=1$。也就是沿轴测轴 X_1 和 Z_1 用比值代替方向且按原直角坐标系中的实长量取，Y_1 方向按原直角坐标系中实长的一半量取。

7.2.2 正等轴测图

如图 7-5 所示，为长方体的投影图以及其正等轴测图。由上可知，轴间角为 120°，轴向伸缩系数均为 1。下面举例讲解平面立体和曲面立体正等轴测图的画法。

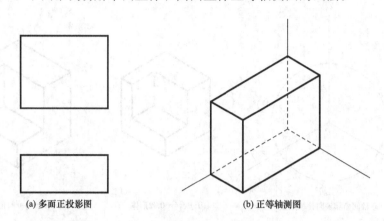

(a) 多面正投影图　　　　　　　(b) 正等轴测图

图 7-5　长方体的正等轴测图

一、平面立体正等轴测图

绘制形体的正等轴测图常采用的方法有坐标法、切割法和叠加法等，其中坐标法是最基本的画法。

（1）坐标法。根据形体上各点的坐标值画出轴测图中各顶点，然后再连线（轮廓线）形成立体图形。

例 7-1　如图 7-6（a）所示，已知正六棱柱的投影图，求作正等轴测图。

解：首先分析正六棱柱的形体特征，为对称形体，且上下底面平行，在正六棱柱的多面投影图中定出坐标原点 O，再定出 X、Y、Z 轴三个方向的水平和正面投影，根据各个点的坐标值画出底面六边形的各个顶点，注意仅沿轴测轴的方向可测量，再从各顶点向下画高为 h 的可见棱线，最后连接即可。

作图步骤：如图 7-6 所示。

1）标注坐标轴，如图 7-6（a）所示，以六棱柱上顶面右上角为坐标原点 O，上顶面最后和最右边线作为 OX 和 OY 轴，从原点 O 出发竖直向下作 OZ 轴，分别在水平投影和正面投影图中标出其投影。

2）画轴测轴及上顶面，如图 7-6（b）所示，画轴测轴 O_1X_1 和 O_1Y_1，两轴的夹角为 120°，O_1Z_1 竖直向下。由于 D、E、F 三点在坐标轴 OX 和 OY 轴上，可直接由坐标值定出 D_1、E_1、F_1 点的位置，又因点 A 与点 D 的连线平行于 OX 轴，故可由 A 点的坐标值定出 A_1 的位置。因 B、C 两点不能直接利用某一方向的坐标值确定其位置，故需根据顶点 C 的坐标值（x_C，y_{DC}）定出轴测投影 C_1，以及对称点 B_1。

3）定高度，如图 7-6（c）所示，从六边形顶点 A_1、B_1、C_1、F_1 向下画平行于 O_1Z_1 轴且高度为 h 的直线，得到下底面的各点，并依次连接各点。

4）结果线加粗，一般仅画出可见线。

（2）切割法。有些形体是由一个简单形体经过几次切割形成的，作图时可先画出未切割前简单形体的轴测投影，然后再依次切割，最终画出实际形体的轴测图。

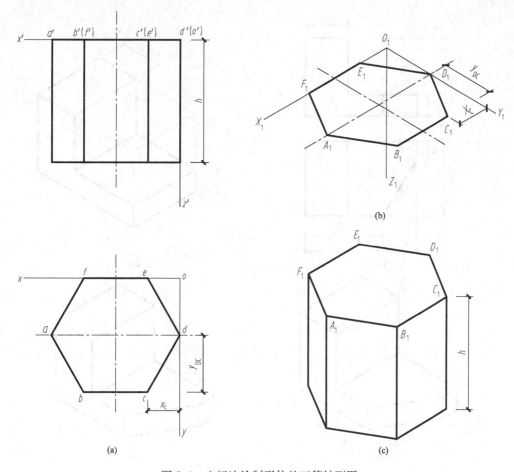

图 7-6 坐标法绘制形体的正等轴测图

例 7-2 如图 7-7（a）所示，求作形体的正等轴测图。

解： 先分析形体特点，此形体可看作是由长方体经过两次切割形成，第一次切掉左侧长方体，第二次用铅垂面切掉左前的角。画轴测图时，可先画出没截切之前的长方体，再进行两次挖切。

作图步骤：如图 7-7 所示。

1）画长方体，如图 7-7（a）所示，根据 l_1、b_1、h_1 的尺寸可画出长方体的正等轴测图。

2）第一次切割，根据轴向尺寸 h_2 和 l_3 切去左上方的长方体。

3）第二次切割，沿轴量取尺寸 b_2 和 l_2，切掉左前方的角。

4）擦去多余的作图线，加深可见部分的轮廓线，如图 7-7（d）所示。

（3）叠加法。此方法是切割法的反向操作，有些形体可以看作是由几个简单形体叠加而成的，作图时一般先画体量较大的形体，然后在此基础上叠加其他较小的形体，最终画出实际形体。

例 7-3 如图 7-8（a）所示，求作形体的正等轴测图。

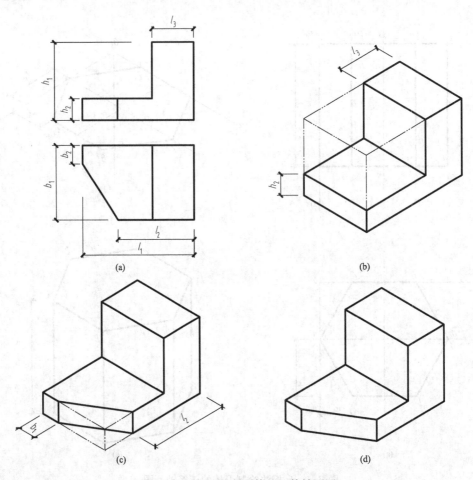

图 7-7　切割法绘制形体的正等轴测图

解：该形体可看成在图 7-7 左上叠加了一个长方体，绘制时可先按图 7-7 的绘制过程先绘制图 7-8（b）所示的形体，然后根据叠加的长方体尺寸加绘形成新的形体。

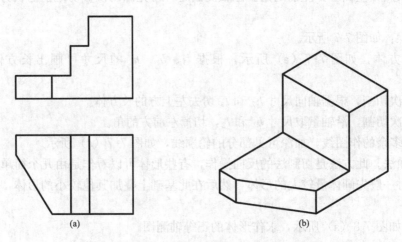

图 7-8　叠加法绘制形体的正等轴测图（一）

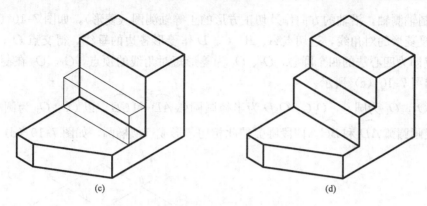

图 7-8　叠加法绘制形体的正等轴测图（二）

作图步骤：

1）按照图 7-7 的绘制过程先绘制图 7-8（b）所示的形体。

2）以左上表面为基准，绘制叠加的长方体，如图 7-8（c）所示。

3）擦去多余的作图线，加深可见部分的轮廓线，如图 7-8（d）所示。

二、曲面立体正等轴测图

曲面立体的正等轴测图，首先应先会画曲线的正等轴测图，那么曲线在正等轴测投影中仍为曲线，圆的轴测投影一般为椭圆，求曲线的轴测投影最基本的方法是坐标法，即求出曲线上一系列点的轴测投影，再光滑连接即可，下面将介绍几种常用的画法。

（1）平行于坐标面的圆的正等轴测图画法。如图 7-9 所示，平行于三个坐标面的圆的正等轴测投影都是椭圆，在实际作图中，一般采用简化画法，用四段彼此相切的圆弧来代替椭圆，称作四心法。

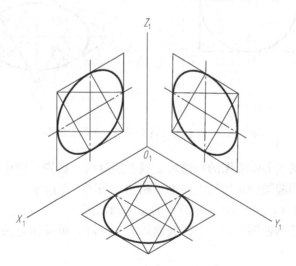

图 7-9　平行于坐标面圆的正等轴测图

图 7-10 所示，用四心圆法求作水平圆的正等轴测图。

1）图 7-10（a）为水平圆的多面投影图，标注坐标轴，沿轴方向作圆的外切正方形，切点为 A、B、C、D。

2）绘制轴测轴，沿轴的方向作外切正方形的正等轴测图（菱形），如图 7-10（b）所示。

3）连接菱形的对角线，过切点 A、B、C、D 作菱形各边的垂线，得交点 O_1、O_2、O_3、O_4，此四点即为四心法的四个圆心，O_2、O_4 为菱形短对角线的顶点，O_1、O_3 在菱形的长对角线上，如图 7-10（c）所示。

4）以 O_2、O_4 为圆心，O_2C、O_2D 为半径画圆弧 $\overparen{AD}$ 和 $\overparen{CD}$。以 O_1、O_3 为圆心，O_1A、O_3B 为半径画圆弧 $\overparen{AD}$ 和 $\overparen{BC}$，四段圆弧彼此相切，形成近似椭圆，如图 7-10（d）所示。

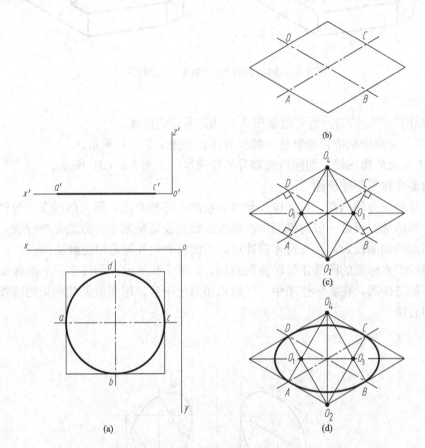

图 7-10　四心圆法画水平圆的正等轴测图

正平圆和侧平圆的正等轴测图的画法可参照上述画法，区别是圆中心线平行的坐标轴不同，因此菱形的方向和椭圆的长短轴方向也不相同，如图 7-9 所示。

例 7-4　如图 7-11（a）所示，求作圆台的正等轴测图。

解：作圆台的正等测轴测图时，上下底面均为水平圆，可按四心法绘制，侧面轮廓线是上下椭圆的公切线。

作图步骤：如图 7-11 所示。

1）先画轴测轴，用四心法画出上顶面的椭圆。

2）再画出下底面的椭圆，上下椭圆中心点的高度差为 h，画出上下椭圆的公切线。

3）擦去不可见的部分，加深可见部分的轮廓线。

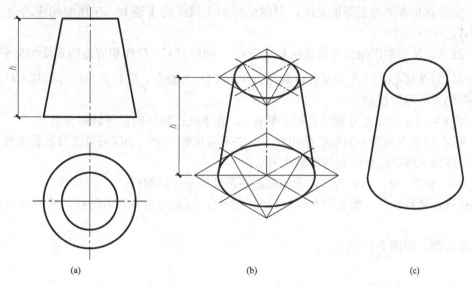

(a)　　　　　　　　　　(b)　　　　　　　　　　(c)

图 7-11　圆台的正等轴测图

（2）四分之一圆角的正等轴测图画法。

平行于坐标面的圆角，即四分之一圆角，其正等轴测投影是应用四心法绘制椭圆的一段圆弧。

例 7-5　如图 7-12（a）所示，求作形体的正等轴测图。

解：该形体可看作一长方体的左前和右前被切割成圆角，可先绘制完整的长方体，然后再绘制切掉的圆角。

作图步骤：如图 7-12 所示。

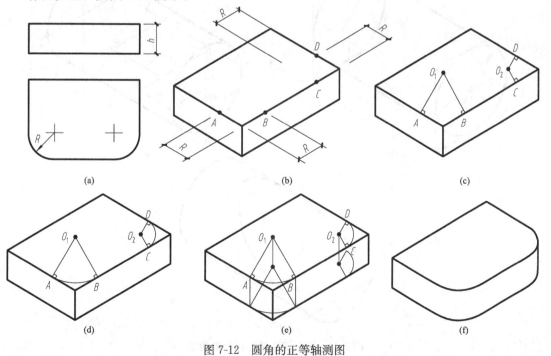

(a)　　　　　　　　　　(b)　　　　　　　　　　(c)

(d)　　　　　　　　　　(e)　　　　　　　　　　(f)

图 7-12　圆角的正等轴测图

1）先绘制长方体的正等轴测图，根据坐标轴上圆弧的半径 R，在顶面相应的边上标识出切点 A、B、C、D。

2）过 A、B 分别作相应边的垂线相交于 O_1，同样过 C、D 作相应边的垂线相交于 O_2。

3）以 O_1 为圆心，O_1A 为半径作圆弧 $\overparen{AB}$，以 O_2 为圆心，O_1C 为半径作圆弧 $\overparen{CD}$，得到顶面圆弧的正等轴测投影。

4）将 O_1、O_2 和切点分别竖直向下平移 h，作下底面圆弧的正等轴测投影。

5）作右侧上下两段小圆弧的公切线，擦去不可见的部分，加深可见部分的轮廓线。

（3）曲面立体被截切的正等轴测图画法。

例 7-6 如图 7-13（a）所示，求作被截切圆柱的正等轴测图。

解：该形体可看作一圆柱的左侧被切掉一个角，可先绘制完整的圆柱，然后再绘制切掉的端角。

作图步骤：如图 7-13 所示。

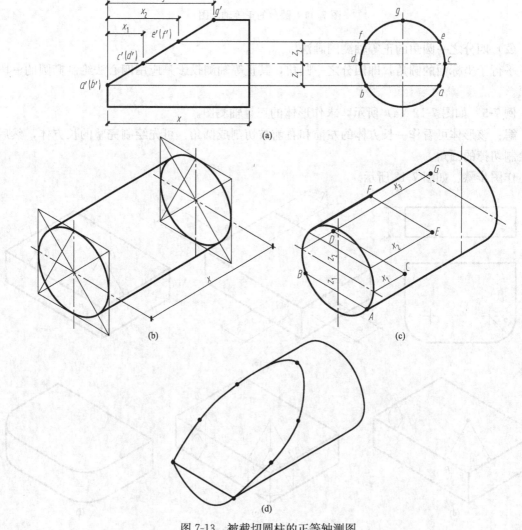

图 7-13 被截切圆柱的正等轴测图

1）先绘制圆柱的正等轴测图，圆柱的两底面均为侧平圆，用四心法可分别画出上下底圆的正等轴测投影，为两椭圆，并画出两条公切线，得到完整的圆柱正等轴测图。

2）正投影图中标识出截交线上的点 A、B、C、D、E、F、G。

3）根据坐标轴方向的坐标值，在轴测投影中分别确定七个点的位置。

4）用光滑的曲线连接各点，用直线连接 AB，擦去不可见的部分，加深可见部分的轮廓线。

三、简单组合体的正等轴测图

例 7-7　如图 7-14（a）所示，求作台阶的正等轴测图。

解：分析台阶的形体构成，由两侧的栏板和中间的踏步构成，由于两侧栏板被切掉一个角，故可利用切割法画栏板的正等轴测投影，踏步部分可先在右侧栏板内侧面画出交线，然后再过各个踏步顶点画轴测轴 O_1X_1 的平行线。

作图步骤：如图 7-14 所示。

（1）先绘制未切前的栏板，踏步的右断面交线。

（2）画两侧栏板前端被切掉的角，画 O_1X_1 的平行线，即是踏步。

（3）擦去不可见的部分，加深可见部分的轮廓线，整理成结果图，如图 7-14（d）所示。

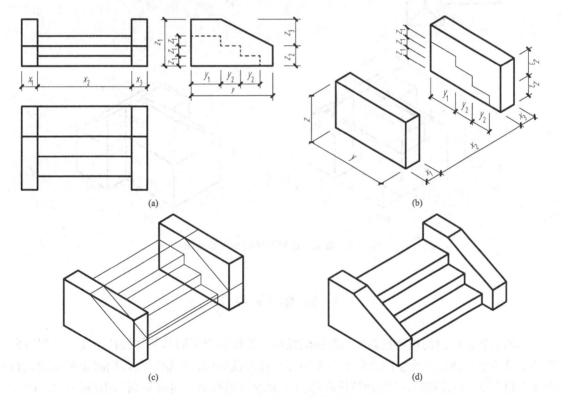

图 7-14　台阶的正等轴测图

例 7-8　如图 7-15（a）所示，求作坡屋顶建筑形体的正等轴测图。

解：该形体是建筑形体中常见的四坡屋顶建筑，整个形体分为两部分，下半部分可看成一长方体的左前和左后部分被切掉，上半部分是各屋檐等高的四坡屋顶同坡屋面，屋面的正脊线沿轴方向可测量，但屋面的斜脊线、天沟线等为一般位置交线，故需按照坐标法绘制。

作图步骤：如图 7-15 所示。

（1）先按照长方体的长、宽、高三个方向的尺寸画出长方体的轴测图，再根据切割法画出被切掉前后两部分的实际形状，如图 7-15（b）所示。

（2）画四坡屋顶，根据屋面各个交点的坐标值，作出它们的轴测投影，分别画出正脊线、斜脊线、天沟线的轴测投影。

（3）擦去不可见的部分，加深可见部分的轮廓线，整理成结果图，如图 7-15（d）所示。

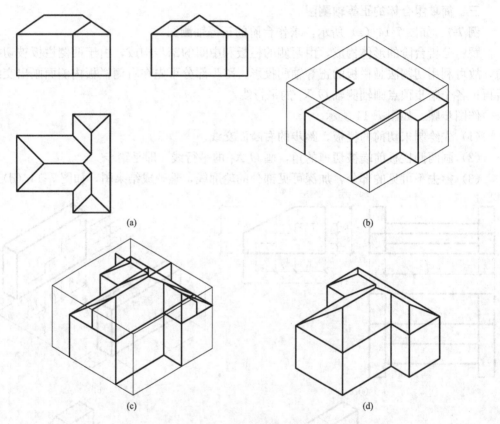

图 7-15 坡屋顶建筑形体的正等轴测图

7.3 斜 轴 测 投 影

用斜投影法绘制的轴测投影称为**斜轴测投影**，即轴测投影面和形体保持不变，投射方向倾斜，这说明形体的一个空间直角坐标面平行于轴测投影面。根据以上，把斜轴测投影进行分类，以 V 面为轴测投影面的轴测投影称为正面斜轴测投影，也称正面斜轴测图；以 H 面为轴测投影面的轴测投影称为水平斜轴测投影，也称水平斜轴测图。根据轴向伸缩系数不同，常有斜等测和斜二测。

7.3.1 正面斜轴测图

正面斜轴测投影分为：正面斜等测图和正面斜二测图，其中正面斜二测图在工程应用较多。形体上凡是平行于 V 面的表面，其正面斜轴测投影均反映实形。

（1）正面斜等测图。

轴间角：$\angle X_1 O_1 Z_1 = 90°$，$O_1 Y_1$ 轴通常与水平方向成 45°，投射方向可根据实际情况选择；

轴向伸缩系数：$p = q = r = 1$。

（2）正面斜二测图，如图 7-16 所示。

轴间角：$\angle X_1 O_1 Z_1 = 90°$，$O_1 Y_1$ 轴通常与水平方向成 45° 角，投射方向可根据实际情况选择。

轴向伸缩系数：$p = r = 1$，$q = 0.5$。

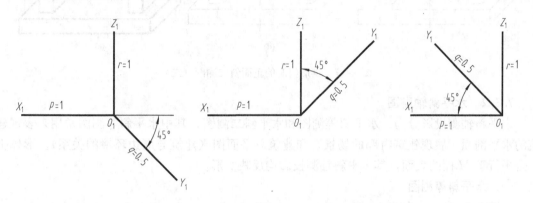

图 7-16　正面斜二测的轴间角和轴向伸缩系数

例 7-9　如图 7-17（a）所示，求作拱形门洞的正面斜二测图。

解： 拱形门洞由三部分组成，包括地台、门身和顶板，画轴测投影时可用叠加法绘制，但需注意沿轴测轴 $O_1 Y_1$ 方向的轴向变化率为 0.5，同时应注意此方向上三部分的相对位置关系。

作图步骤：如图 7-17 所示。

（1）先按照地台的长、宽、高三个方向的尺寸画斜轴测图，$O_1 Y_1$ 方向取原坐标尺寸的 1/2。

（2）根据坐标法，定出拱门前墙在地台上的位置，依次画出前墙面的控制点。

（3）根据前墙与后墙 $O_1 Y_1$ 方向的距离，定出后墙拱门的底部端点以及上部半圆拱的圆心位置。

（4）注意擦去不可见的部分，加深可见部分的轮廓线，如图 7-17（e）所示。

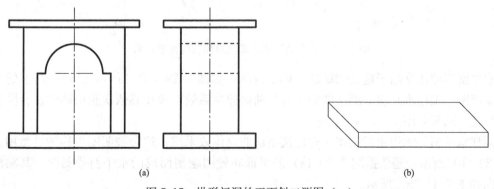

(a)　　　　　　　　　　　　　　　　(b)

图 7-17　拱形门洞的正面斜二测图（一）

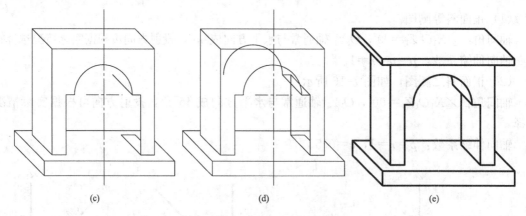

图 7-17　拱形门洞的正面斜二测图（二）

7.3.2　水平斜轴测图

水平斜轴测投影分为：水平斜等测图和水平斜二测图，其中水平斜等测图常用来表现建筑的水平剖面（展现建筑内部的场景）和建筑总平面图（建筑与周边环境的关系）。形体上凡是平行于 H 面的表面，其水平斜轴测投影均反映实形。

一、水平斜等测图

如图 7-18 所示，其中 $r=1$。

轴间角：$\angle X_1 O_1 Y_1 = 90°$，$O_1 Y_1$ 轴通常与水平方向成 $30°$ 或 $60°$，投射方向可根据实际情况选择。

轴向伸缩系数：$p=q=r=1$。

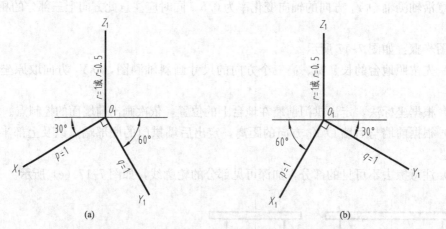

图 7-18　水平斜轴测的轴间角和轴向伸缩系数

水平斜等测图常用于建筑剖面的立体表现图，如图 7-19（a）所示，已知一门卫的平面图和立面图，根据水平斜等测图的轴间角和轴向伸缩系数，按步骤依次画出墙体、台阶和门窗的位置，结果如图 7-19（c）所示。

同样水平斜等测图也常用来表现建筑组群的立体效果图，这种轴测图也称为鸟瞰图。如图 7-20（b）所示，是依据图 7-20（a）的平面布置图绘制而成的水平斜等测图，其轴测轴的方向如图 7-18（a）所示。

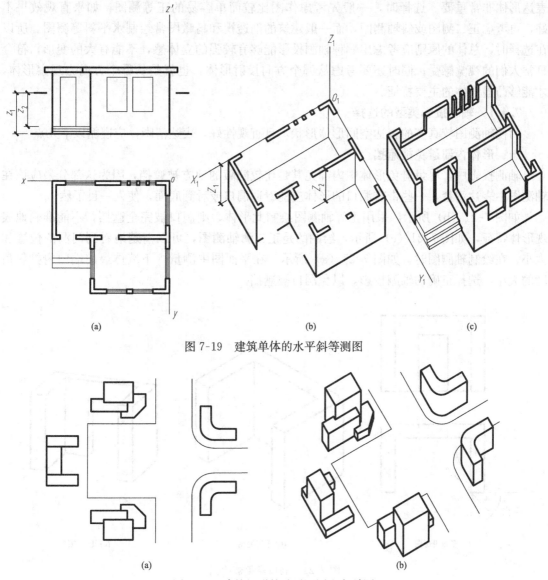

图 7-19　建筑单体的水平斜等测图

图 7-20　建筑组群的总平面图和鸟瞰图

二、水平斜二测图

如图 7-18 所示，其中 $r=0.5$。

轴间角：$\angle X_1 O_1 Y_1 = 90°$，$O_1 Y_1$ 轴通常与水平方向成 30°或 60°，投射方向可根据实际情况选择；

轴向伸缩系数：$p=q=1$，$r=0.5$。

与水平斜等测图的轴间角相同，只是轴向伸缩系数 $r=0.5$，绘制时应注意。

7.4　轴测投影的选择

轴测投影的选择直接影响到轴测图表现形体的立体效果，选择哪种轴测图能更好地清晰表达形体非常重要。选择时，一般先考虑作图比较简单容易的正等测图，如果直观效果不好，再考虑正二测图或斜轴测图，而一般建筑的剖透视和鸟瞰图常绘制水平斜等测图。所以在选择时，总体的原则应考虑用哪种轴测投影能够有较强的立体感，不能有大的变形，符合日常人们的视觉感受；同时还要考虑从哪个方向投射形体，也就是从哪个方向去观察形体，才能够凸显形体的主要特征。

7.4.1　轴测投影类型的选择

为使轴测图较真实的表达空间形体形状，且直观性好，表达清晰，应遵循以下几点：

一、形体内部避免被遮挡

轴测投影中，尽量避免形体中内部尤其是比较隐蔽的地方被遮挡，因为这部分最应该在轴测图中表达清楚，一些带有洞口的形体应能看通洞口或看到底面，使人一目了然。

如图 7-21（b）所示，采用正等轴测图绘制此形体，则洞口被完全遮挡，不能准确地表现形体特征，如图 7-21（c）所示，绘制的是正二测轴测图，可以清楚地看到门洞的位置和大小，在绘制轴测图时，如图 7-21（a）所示，在平面图中测量一下墙体最前端向内投射角度的大小，选择正确的轴测投影，以免洞口被遮挡。

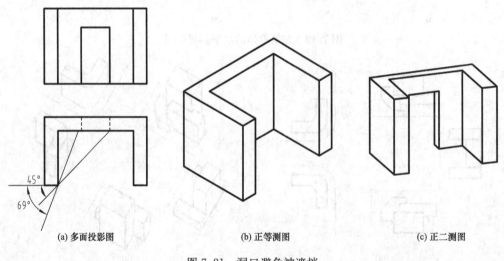

(a) 多面投影图　　　　　　　　　　(b) 正等测图　　　　　　　　　　(c) 正二测图

图 7-21　洞口避免被遮挡

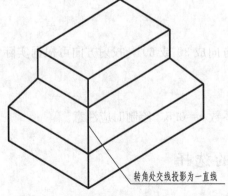

转角处交线投影为一直线

图 7-22　避免转角处交线投影成一直线

二、避免转角交线投影成一直线

如图 7-22 所示，形体转角处的交线，是与正投影面成 45°倾斜的两个侧垂面交线，两个平面与正等测的投射方向平行，在正等测图中必然投影成一直线，故此时应选择正二测图。

三、避免轴测投影呈左右对称图形

如图 7-23（b）所示形体，绘制正等测图时呈左右对称，没有立体感，这时应选用正二测图。此注意事项只针对平面立体，曲面立体不适用。

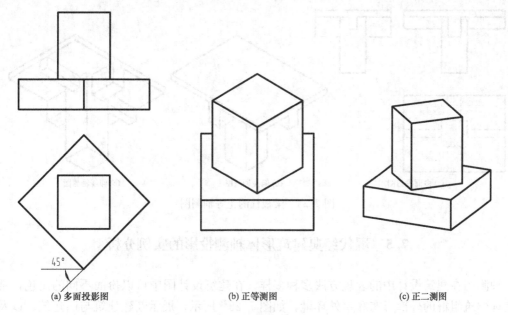

(a) 多面投影图　　　　　(b) 正等测图　　　　　(c) 正二测图

图 7-23　避免轴测投影成左右对称图形

四、圆或曲线的轴测投影

（1）立体中水平圆或侧平圆宜用正等测投影。

（2）立体中正平圆宜用正面斜二测投影，也就是平行于 V 面的圆或曲线，一般用正面斜二测投影，因为其正面能够反映实形，画法简便。

7.4.2　投射方向的选择

在决定了轴测投影的类型后，还需根据形体的形状选择一个适当的投影方向，使想表达的部分最为明显。

一、选择清晰表达外部特征的投射方向

工程中的形体多种多样，画轴测图时，应选择最能够表达形体特征性的投射方向，有些形体上小下大，应从上方斜向下投射，作俯视轴测图；有些形体上大下小，应从下方斜向上投射，作仰视轴测图。

如图 7-24（a）所示，为建筑中常见的框架梁板柱体系的三面投影图，如图 7-24（b）所示是从左、前、上方向右、后、下方投射得到的正等轴测图，图 7-24（c）则是从右、前、下方向左、后、上方投射得到的正等轴测图。可以看出，图 7-24（c）更能清楚地反映柱、梁和楼板的搭接关系和形状特征。

二、选择清晰表达内部特征的投射方向

有些形体，内部结构比较复杂，尤其是建筑的室内，想要表现出复杂的室内空间，无论选择哪种轴测投影，都不能完整、清晰表达出来，此时需要与剖面结合，画剖轴测图，如图 7-19 所示。

轴测投影中，常用轴测投影的轴间角和轴向伸缩系数应熟记，一般情况下轴测轴不用画出，最终只表现出立体的形体效果即可。绘制轴测图时可根据形体的形状特征和结构特点，选择不同的作图方法，如常用的坐标法和切割法，同时遵循轴测投影选择的几点考虑，综合分析并画出立体图。轴测图中应用粗实线表示形体的可见轮廓线，不可见轮廓线一般不用画出，如有必要表现内部结构，可用中虚线表示。

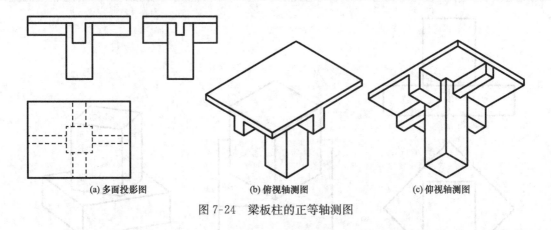

(a) 多面投影图   (b) 俯视轴测图   (c) 仰视轴测图

图 7-24　梁板柱的正等轴测图

7.5　现代经典建筑形体轴测投影的实例分析

　　轴测图在建筑设计中的表现方法多种多样，在建筑设计图中可以扮演不同的角色，常用来表现建筑组群的外部形态和室外环境，如图 7-25❶ 所示，展示新建建筑与旧建筑、以及整个街巷的关系；如图 7-26❷ 所示，作为建筑方案中的分析图，清晰地展现了建筑体块的生成过程；如图 7-27 所示，与平面化的流线分析相比，此图应用轴测投影的形式绘制流线分

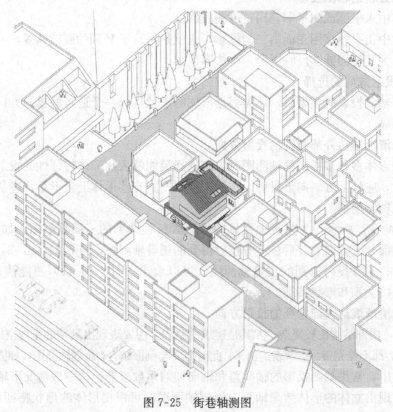

图 7-25　街巷轴测图

---

❶　图 7-25、图 7-28 和图 7-29，图片来源 https://www.archdaily.com。
❷　图 7-26 和图 7-27 为作者整理。

析图，表达更立体、直观。如图 7-28 和图 7-29 所示，与剖面图相结合，重点表现建筑的室内空间中人们的行为与家具布置等。无论哪种表达方式，都为建筑图的表达添砖加瓦，起到了补充丰富设计师想法立意的作用。

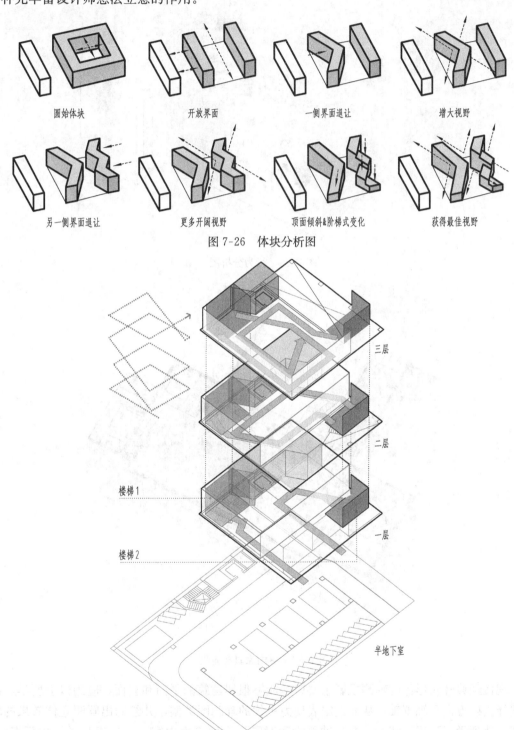

图 7-26　体块分析图

图 7-27　流线分析图

142　　　　　　　　　　　　　　　建　筑　制　图

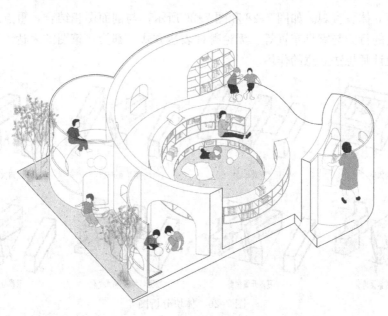

图 7-28　行为分析图

图 7-29　室内家具布置图

　　现代经典建筑形体的轴测投影主要讲解能够根据建筑的平面和立面，应用以上所学，准确选择投射方向和轴测轴，从而选定表现力更优的轴测图类型，并绘制出鲜明立体效果的轴测图，达到学以致用。那么，在画轴测投影时需注意两方面内容；一是相互平行的两直线，其投影仍保持平行；二是空间平行于某坐标轴的线段，其投影长度则等于该坐标轴的轴向伸缩系数与线段长度的乘积。

实例 1：建筑师：贝聿铭。作品：德国历史博物馆，时间：2003 年。

此建筑为军械库的扩建工程，使用了大量天然石料及玻璃材料，使得新扩建的 2800m² 展览面积的建筑自身即具有"展厅"特色，包括 4 个展区，通过宽敞的楼梯、桥与走廊彼此相连，外部有一个向上的玻璃旋转塔楼，内院上方有一个圆顶。耸立而封闭的幽雅形态，体量虚实对比，将巴洛克式古典建筑风格同现代建筑风格相结合，从而表现出历史与未来的结合。

如图 7-30（a）所示，为抽象简化后建筑形体的平面和各个立面，求作其正等轴测图。

解：先分析形体特点，此形体可以看作是由三部分组合而成，分别为左中右三部分，只需分别画出三部分的正等轴测投影即可，这里需注意的难点是两段圆弧的正等轴测图，应用四心法绘制。

作图步骤：如图 7-30 所示。

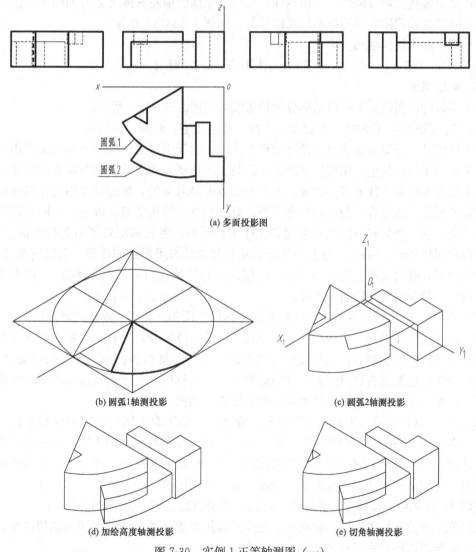

图 7-30　实例 1 正等轴测图（一）

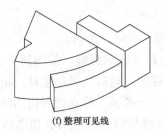 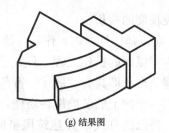

(f) 整理可见线 (g) 结果图

图 7-30 实例 1 正等轴测图（二）

（1）画坐标轴和轴测轴。

在平面和立面图中标注坐标轴 ox、oy 和 oz，并画出轴测轴；

（2）画圆弧 1 的轴测投影。

应用前述四心法的作图步骤，绘制圆弧 1 的正等轴测图，如图 7-30（b）所示。

（3）画左右体块和圆弧 2 轴测投影。

圆弧 2 的轴测投影与圆弧 1 方法相同，再根据立面图中左右体块 Z 方向的坐标值，画出左右体块的正等轴测图，并擦掉不可见的部分，如图 7-30（c）所示。

（4）画中间体块的轴测投影。

如图 7-30（d）、（e）所示，绘制中间体块的正等轴测图。

（5）画结果图。

擦去多余的作图线，加深可见部分的轮廓线，如图 7-30（g）所示。

实例 2： 建筑师：罗伯特·文丘里。作品：母亲住宅，时间：1962 年。

母亲住宅是文丘里为他的母亲设计的私人住宅，位于美国宾夕法尼亚费城粟子山上。这幢看来简单而平凡的住宅，无论从平面布局还是立面构图，均有着复杂与深奥的内涵，是后现代主义的经典作品。住宅采用坡顶，主立面总体上是对称的，细部处理则是不对称的。这幢房子除了餐厅、起居合一的厅和厨房以外，有一间母亲使用的双人卧室、一间文丘里使用的单人卧室，在二楼另有一间文丘里用的工作室。此外，各处都配备了极为简约的卫生间。文丘里在介绍作品时，写道："这是一座承认建筑复杂性与矛盾性的建筑，它既复杂又简单，既开敞又封闭，既大又小，某些构件在这一层次上是好的在另一层次上不好"。体现了文丘里的理论——建筑的复杂性与矛盾性。

如图 7-31（a）所示，为抽象简化后建筑形体的平面和立面图，求作其轴测图。

解： 此建筑形体由两部分构成，一是双破屋顶的主体部分，并且主体部分被切掉两个体块，可用切割法求作轴测图；二是坡屋顶之上还有一个单坡屋顶，与主体之间是叠加关系。可以看到母亲住宅最具有特点的就是看似对称其实不对称的主立面，所以轴测图应重点表现主立面的造型，那么在轴测图选择上应选择正面斜二测图。

如图 7-31（a）所示，为建筑的平面和立面图，分别选取不同的投射方向画正面斜二测图。投射方向为 S_1 和 S_2，如图 7-31（b）、（c）所示，尽管投射方向不同，由于建筑整体上是对称结构，所以两个不同投射方向的轴测图，所得到的效果相同，想表达建筑的特征性一致，故对于对称结构的建筑，选取某一个投射方向绘制即可。

实例 3： 建筑师：埃德温·勒琴斯。作品：霍姆伍德住宅，时间：1901 年。

项目位于英国和特福德郡内伯沃思，建筑师运用双坡屋顶、四坡屋顶的屋顶造型，以及宜人的尺度与周边环境完美融合。

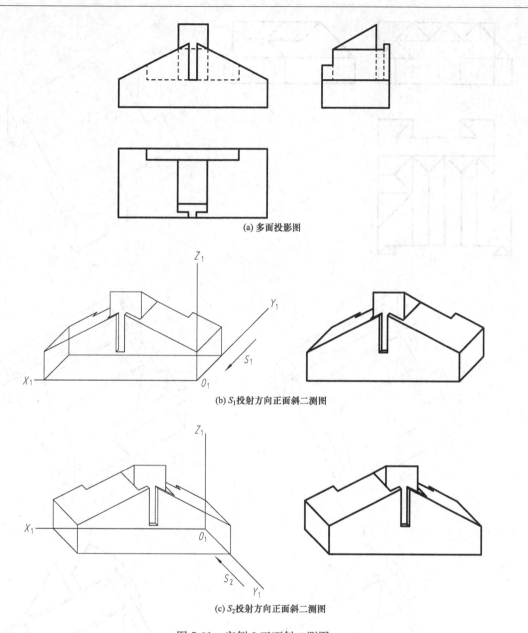

(a) 多面投影图

(b) S_1 投射方向正面斜二测图

(c) S_2 投射方向正面斜二测图

图 7-31　实例 2 正面斜二测图

如图 7-32（a）所示，为抽象简化后建筑形体的平面和各个立面，求作其轴测图。

解： 先分析形体特点，此形体最突出的特点就是坡屋顶的形态，由此应绘制水平面斜等测图。

作图步骤：如图 7-32 所示

（1）画被切割后的长方体，如图 7-32（b）所示。

（2）画主立面三个双坡屋顶的轴测投影，如图 7-32（c）所示。

（3）依次画出其他坡屋顶的轴测投影，如图 7-32（d）、（e）所示。

（4）擦去多余的作图线，加深可见部分的轮廓线，如图 7-32（f）所示。

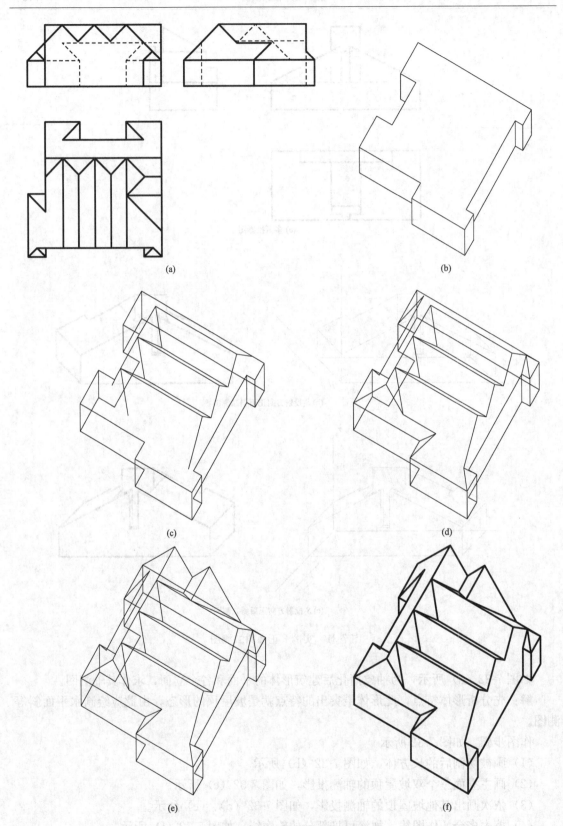

(a)

(b)

(c)

(d)

(e)

(f)

图 7-32　实例 3 水平面斜等测图

小结与思考

1. 关于轴测投影的分类。根据投射方向与投影面相对位置可分为正轴测图与斜轴测图，理解轴测投影的本质是单面平行投影。根据轴间角和轴向伸缩系数的不同，又可进行细分。

2. 关于正轴测图。记忆正等轴测图与正二测轴测图的轴间角和轴向伸缩系数，掌握正等测轴测图的绘制方法，包括平面立体与曲面立体的画法。

3. 关于斜轴测图。建筑组群或小区鸟瞰图经常运用水平斜等测图绘制，记忆水平斜等轴测图的轴间角和轴向伸缩系数，并掌握画法，能够利用此方法绘制建筑组群的立体效果图。

4. 关于建筑实例。轴测图作为建筑设计方案的辅助图样，应理解轴测投影的原理并掌握绘图方法，能够运用轴测图更直观和细致地表达设计意图和想法。

第 8 章 透 视 投 影

在建筑制图中，除了用正投影图表达形体的三视图关系外，还可以通过轴测投影和透视投影反映形体的立体效果。相较轴测图，透视图表达出的形象更接近于人眼观察或相机拍照的经验，形体的表现效果更加形象、逼真。在建筑设计的方案表达中，常通过透视图来表现建筑外部的空间形象和其周边环境；在室内设计的方案中，透视图可以表现出室内空间的结构与布置。随着计算机绘图的发展，用尺规绘制透视图的方法看似过时，但学好透视投影是计算机绘图和徒手绘图的基础，是推敲设计构思、研究和比较建筑物空间造型与立面处理的重要手段。本章旨在通过对透视原理和绘图方法的讲解，使学生掌握根据正投影图绘制形体透视投影的方法与技巧。

本章中的例题讲解，先进行空间分析，再进行透视画法分析，进而得出投影特性为逻辑关系，帮助学生理解透视原理和绘图方法。

透视的基本原理
平行投影与中心投影的区别和应用
视线迹点法
建筑透视的种类与画法

8.1 基 本 知 识

8.1.1 透视与透视学

透视既是一种视觉现象，也是一门关于造型的科学，是对形体进行空间关系表达的一种方法或技术。人们在生活中观察场景和物体，会随着视点的移动产生"步移景移、近大远小"的体验，这种视觉现象，是由人和物体在场景中的位置变化而决定。透视学是在平面上再现立体空间的方法与科学。在广义上，透视学是指进行各种空间表现的方法；在狭义上，透视学特指 15 世纪以后逐步确立的描绘物体、再现空间的线性透视以及其他透视方法的总和。

建筑制图中的透视是用中心投影法将建筑及与建筑有关联的其他形体投射至某个投影面后，形成可以反映出形体的立体形象的投影。

8.1.2 透视投影的形成

作形体的透视投影，是用中心投影法自投影中心过形体引投影线至某个投影面，投影线与该投影面的交点所组成的图形即为形体的透视投影，可以把这一投影过程（图 8-1）理解为，从人的眼睛向形体投射视线至画面，形体的透视投影就是这些视线与画面交点的总和。在制图中，用该方法绘制的透视投影图，通称为透视图，简称透视，透视图具有视觉上立体感强、表达效果接近人眼观察物体实际的特点，但不易用比例或尺寸进行度量。

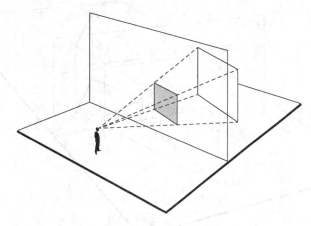

图 8-1　透视投影的过程

8.1.3　基本术语与符号

透视所得的形象与人眼观察形体所得的形象具有相同的特征，其成像过程也很相似。因此，可以利用人眼观察形体的过程对构成透视体系的各种要素进行区分（图 8-2），这些要素可以分为以下三组：

（1）两个主要平面及其交线。

画面——P，透视所在的投影面。

基面——G，放置画面和形体的水平面。

基线——$p\text{-}p/g\text{-}g$，画面与基面的交线。$p\text{-}p$ 可以理解为从正上方观察基面和画面时，画面在基面上的正投影；$g\text{-}g$ 可以理解为从正前方观察画面和基面时，基面在画面上的正投影。

（2）视点及和视点有关的其他要素。

视点——E，投影中心，可以理解为人观察场景时眼睛的位置。

站点——e，视点在基面上的正投影，可以理解为人观察场景时站立的位置。

心点——V_c，心点是视点在画面上的正投影，是和画面有垂直关系的视线在画面上的垂足。

视距——视点到心点的距离，也就是视点到画面的垂直距离。

视高——视点到基面的垂直距离。

灭点——F，是直线无限远点的消失点。

视平线——$h\text{-}h$，过心点所作的水平线，平行于基线。

视线——视点与形体上各点的连线，是自投影中心（视点）向形体投影的投影线。

迹点——用下标符号 g 加以表示（如 a_g），视线在基面上的投影在画面上的交点，是视点的正投影（站点）与形体上各点的连线穿过画面基线时留有的痕迹。

（3）基透视和透视。

基透视——用下标符号 0 加以表示（如 A_0），是形体在基面上的投影在画面上的透视。

透视——用下标符号 p 加以表示（如 A_p），形体在画面上的中心投影。

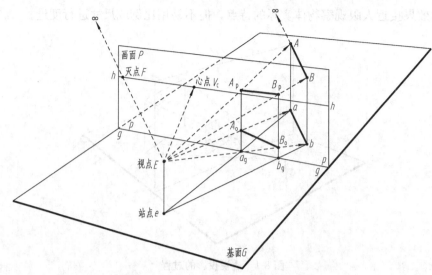

图 8-2　透视投影过程中的基本术语与符号

　　透视投影的过程是形体在以视点为投影中心、围绕画面和基面形成的，透视投影就是在"两个主要平面及其交线"及"视点及和视点有关的其他要素"的共同作用下产生的，其作用的结果即得到"基透视和透视"。

8.2　点、直线、平面与形体的透视

8.2.1　点的透视

　　根据点和画面、基面的位置关系，可以将点的透视情况分为点在画面上、点在基面上和空间上的点。

一、点在画面上（图 8-3）

　　如图所示，点 A 的透视 A_p 与点 A 本身重合，点 A 的基透视 A_0 与点 A 在基面上的投影 a 重合，点 A_p 在画面上的位置可以直接反映点 A 距离基面的实际高度。

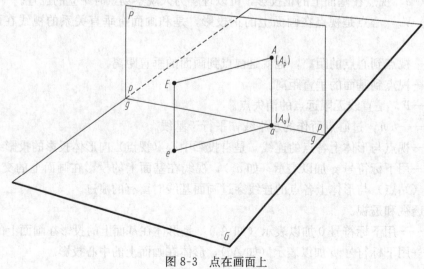

图 8-3　点在画面上

二、点在基面上

如图 8-4 所示，点 A 的透视 A_p 与点 A 的基透视 A_0 同时重合于 EA 与画面的交点上，点 A 的透视 A_p 不反映点 A 距离基面的实际高度。

求在基面上的点的透视，应先作站点与点 a（点 A 在基面上，所以其在基面上的正投影 a 与点 A 重合）的连线，与基线相交于迹点 a_g；再作点 A 在画面上的正投影 n 与心点 V_c 的连线；利用 a_g 向直线 nV_c 方向作垂线并交于点 $A_p(A_0)$，A_p 即是点 A 的透视，A_0 即是点 A 的基透视。因此，点在基面上时，点的透视和基透视重合为一点。

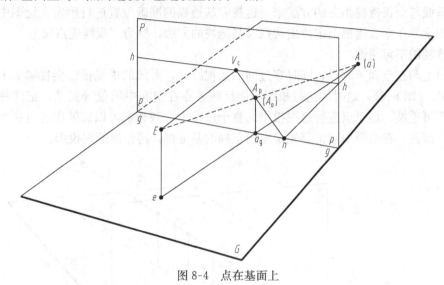

图 8-4　点在基面上

三、空间上的点

如图 8-5 所示，点 A 的透视 A_p 是 EA 与画面的交点，点 A 的基透视 A_0 是 E_a 与画面的交点，点 A 的透视 A_p 与其基透视 A_0 的连线在画面上且垂直于基线，A_p 与 A_0 延长到基线的垂足是点 A 在基面上的投影 a 和站点 e 的连线与基线的交点，是 ae 在画面基线上的迹点 a_g，点 A 的透视 A_p 不反映点 A 距离基面的实际高度。

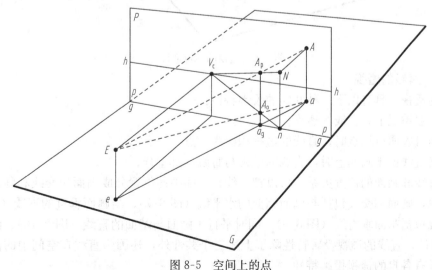

图 8-5　空间上的点

　　求在空间上的点的透视，应首先作出该点在画面 P 和基面 G 上的正投影。图 8-5 中，"N" 是点 A 在画面上的正投影，"a" 是点 A 在基面上的正投影，"n" 是点 a 在画面上的正投影，因此，Nn 的距离反映了点 A 至基面的距离，NA 和 na 反映了点 A 至画面的距离。站点 e 与点 a 的连线同基线相交于 a_g（形成迹点），过迹点 a_g 作在画面上的垂线，可与连线 $V_c n$、$V_c N$ 分别相交，所得交点 A_p 是点 A 的透视、A_0 是点 A 的基透视。此时，V_c 与点 N/n 的连线被称为"全长透视"（全长透视是点 A 及其在空间中无限远点的连线在画面上的透视），点 A 的透视必在全长透视 $V_c N$ 上、点 A 的基透视也必在全长透视 $V_c n$ 上，可以利用在迹点上作垂线与全长透视相交的方法来对透视和基透视的准确位置进行确定。绘图中利用迹点及其所作垂线在全长透视上定位出透视及基透视的方法，称为"视线迹点法"。

　　四、透视的不可逆性

　　在画面上和在空间上的点，同时穿过同一条视线时，形成的透视投影会在画面上重合为同一个点 A_p（图 8-6），这时的透视投影不能反映各点在空间中的位置关系，把这种现象称为透视的不可逆性。在对点进行透视投影的整个过程中，基透视可以反映出各点在空间中的位置关系，因此，在绘图中通常要先确定出正确的基透视，再作出透视投影。

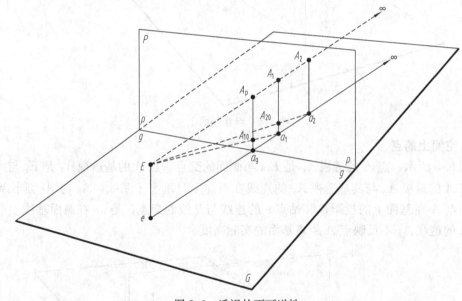

图 8-6　透视的不可逆性

　　8.2.2　直线的透视

　　直线的透视，具有以下三种共同的投影特性：

　　（1）一般情况下，直线的透视仍是直线。

　　（2）当直线通过视点时，直线的透视积聚为一点。

　　（3）当直线位于画面上时，直线的透视与直线本身重合。

　　根据直线和画面的位置关系，可以把直线在空间中的位置分成画面相交线和画面平行线两类，其中，画面相交线包括与画面相交的水平线（图 8-7）、与画面垂直的直线（图 8-8）；画面平行线包括基面垂直线（图 8-9）、同时平行于画面与基面的直线（图 8-10）、画面平行线（图 8-11）。直线的透视投影特性除了上述三个共性外，还因为直线在空间中的位置关系不同，另具有各自的透视投影特性。

作直线的透视其实就是作直线上各端点的透视，需要先充分理解直线上各端点的空间关系，再进行绘图。

一、与画面相交的水平线

(1) 空间分析 [图 8-7 (a)]。与画面相交的水平线是与画面呈倾角、平行于基面的直线，是画面相交线的一种。根据中心投影原理可知，直线 AB 在画面上的透视投影 A_pB_p 是由视点 E 和直线段上点 A、B 的连线与画面相交的结果。

直线 AB 在基面上的正投影是直线 ab，直线 AB 和 ab 的延长线在画面上有交点 N 和 n，AB 延长线与画面的交点是点 N，该点到基线的垂直距离等于直线 AB 到基面的高度；ab 的延长线和画面的交点是点 n，该点在画面和基面的交线（基线）上，同时也是点 N 到基线的垂足；点 N 到点 n 的距离反映了直线 AB 到基面的距离。

在点的透视投影部分中，已经学到——点在画面上时，点的透视与点本身重合。因此，在画面上的点 N 和 n 的透视就是它们本身。

将直线 AB 向画面的相反方向延长至无限远，可以得到无限远点 $F\infty$，过视点 E 作一条平行于直线 AB 的视线与画面相交于点 F（根据灭点是直线无限远点的消失点的定义，点 F 就是直线 AB 在画面上的无限远点，该点的透视即是点 F 本身），将点 F 称为直线 AB 的灭点。由于直线 AB 和其正投影 ab 互相平行，且同时平行于基面，故灭点 F 必落在与基线平行的视平线上。

将画面上的灭点 F 和点 N、n 相连，即得到直线 AB 和其在基面上的正投影 ab 的"全长透视"。点 A、B 的透视 A_p、B_p 必在其全长透视 FN 上，点 a、b 的透视 a_p、b_p 必在其全长透视 Fn 上。在 FN 和 Fn 两条全长透视上的任意两点间的垂直距离均反映空间中直线 AB 到基面的距离。

作直线 AB 的透视即是作点 A、B 的透视。过视点 E 作点 A、B 的视线 EA 和 EB，与画面相交的点（必在 AB 的全长透视 FN 上）即是点 A、B 的透视 A_p 和 B_p。作直线 AB 的基透视需要分别作出点 a、b 的透视，过视点 E 作点 a、b 的视线 Ea 和 Eb，与画面相交的点（必在 ab 的全长透视 Fn 上）即是点 A、B 的基透视 A_0 和 B_0。

(2) 透视画法 [图 8-7 (b)]。以正投影图为依据进行透视投影的绘制，在绘图时通常将基面及其上各要素的正投影置于画面及其上各要素的正投影的上方 [图 8-7 (b) 左]，确保基面和画面上的相关要素在空间上形成对位关系以方便绘图，透视投影的结果最终形成于画面上。

在基面上的绘制——作直线 ab（直线 AB 在基面上的正投影）到基线 p-p 的延长线，交于点 n_g。过站点 e（视点 E 在基面上的正投影）作平行于直线 ab 的辅助线到基线 p-p 上，交于点 f（灭点 F 在基面上的正投影）。将站点 e 和直线两端点 a、b 分别相连，使连线 ea 与基线相交于 a_g（点 a 在画面上的迹点），连线 eb 与基线相交于 b_g（点 b 在画面上的迹点）。通过上述步骤，得到在基线上四个可以利用的点（f、n_g、a_g、b_g）。

在画面上的绘制——依据点 f、n_g 在空间中的位置，用向画面上作垂线的方法分别得到落在视平线 h-h 上的灭点 F 和落在画面基线 g-g 上的点 n。作点 n 的垂线 Nn，使 Nn 的距离等于直线 AB 到基面的距离。将灭点 F 分别和点 N、n 相连，得到直线 AB 的全长透视 FN 和直线 AB 基透视的全长透视 Fn（简称全长基透视）。过迹点 a_g 和 b_g 向画面上作垂线，分别与两条全长透视相交，得到在 FN 上的点 A_p 和 B_p、在 Fn 上的点 A_0 和 B_0。连接 A_0 和 B_0 得到直线 AB 的基透视，连接 A_p 和 B_p 得到直线 AB 的透视。

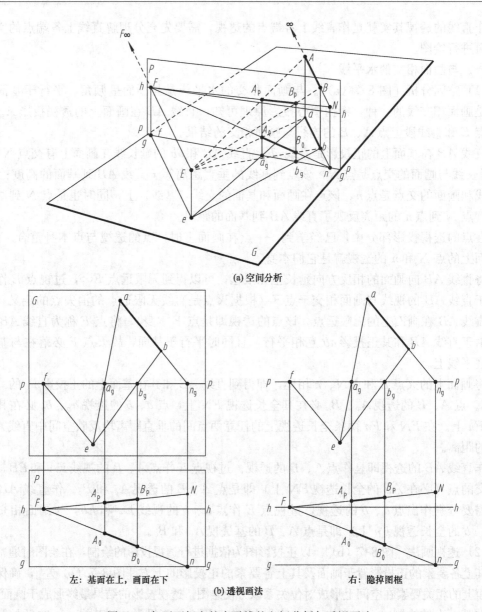

(a) 空间分析

左: 基面在上, 画面在下   右: 隐掉图框

(b) 透视画法

图 8-7 与画面相交的水平线的空间分析与透视画法

注: 熟悉基面和画面的空间关系后, 绘图时通常将图框隐掉, 直接在基面和画面上进行透视投影的绘制 [图 8-7 (b) 右]。

（3）投影特性。与画面相交的水平线的基透视及其透视的灭点必在视平线上, 透视结果的长度必小于透视对象直线的实长, 透视结果具有近大远小的特征。

二、与画面垂直的直线

（1）空间分析 [图 8-8 (a)]。与画面垂直的直线是垂直于画面、平行于基面的直线, 是与画面相交的水平线的特殊情况。根据中心投影原理, 直线 AB 在画面上的透视投影 A_pB_p 是视线 EA、EB 与画面相交的结果。

作直线 AB 和其在基面上的正投影 ab 至画面的延长线, AB 的延长线与画面交于点 N,

该点到基线的垂直距离等于直线 AB 到基面的高度；ab 的延长线和画面交于点 n，点 n 是点 N 落在基线上的垂足；Nn 的距离反映了直线 AB 到基面的距离。

过视点 E 作一条平行于直线 AB 的视线与画面相交，得到直线 AB 的灭点 F。因为直线 AB 是垂直于画面、平行于基面的直线，所以灭点 F 既是视点 E 在画面上的垂足也同时与心点 V_c 重合。

直线 AB 和其在基面上的正投影 ab 的全长透视是灭点 F 与点 N、n 的连线，直线 AB 两端点的透视 A_p 和 B_p 必在其全长透视 FN 上，直线 AB 在基面上的正投影 ab 的两端点的透视 a_p 和 b_p 必在其全长透视 Fn 上。在 FN 和 Fn 两条全长透视上的任意两点间的垂直距离反映了空间中直线 AB 到基面的透视距离。

过视点 E 作点 A、B 的视线 EA 和 EB，与画面相交的点即是点 A、B 的透视 A_p 和 B_p。过视点 E 作点 a、b 的视线 Ea 和 Eb，与画面相交的点即是点 A、B 的基透视 A_0 和 B_0。

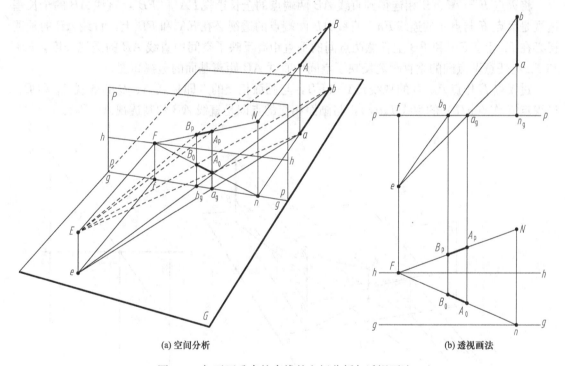

(a) 空间分析   (b) 透视画法

图 8-8 与画面垂直的直线的空间分析与透视画法

（2）透视画法 ［图 8-8（b）］。在基面上的绘制——作直线 ab 到基线 p-p 的延长线，交于点 n_g。过站点 e 作平行于直线 ab 的辅助线到基线 p-p 上得到交点 f。将站点 e 和直线两端点 a、b 分别相连，使 ea 与基线相交于 a_g、eb 与基线相交于 b_g。

在画面上的绘制——依据点 f 和 n_g 在空间中的位置，向画面上作垂线，得到落在视平线 h-h 上的灭点 F 和落在画面基线 g-g 上的点 n。作点 n 的垂线 Nn，使 Nn 的距离等于直线 AB 到基面的距离。将灭点 F 分别和点 N、n 相连，得到直线 AB 的全长透视 FN 和其全长基透视 Fn。过迹点 a_g 和 b_g 向画面上作垂线，使它们分别与两条全长透视相交，得到在 FN 上的点 A_p 和 B_p、在 Fn 上的点 A_0 和 B_0。连接 A_0 和 B_0 得到直线 AB 的基透视，连接 A_p 和 B_p 得到直线 AB 的透视。

（3）投影特性。与画面垂直的直线，是与画面相交的水平线的特例，在该种特殊情况下，其透视及其基透视的灭点与心点为重合关系，绘图时可以直接利用心点做灭点；透视结果的长度必小于透视对象直线的实长，具有透视后近大远小的特征。

三、基面垂直线

（1）空间分析 ［图 8-9（a）］。基面垂直线是平行于画面、垂直于基面的直线。根据中心投影原理，直线 AB 在画面上的透视投影 A_pB_p 是视线 EA、EB 与画面相交的结果。

由于直线 AB 是和画面平行的直线，不能通过作延长线的方式找到直线本身与画面的关系，因此需要利用点 A、B 和它们在基面上积聚为一点的投影 $a(b)$ 作辅助线，分别过点 A、B 和 $a(b)$ 作垂直于画面的直线，得到交点 A'、B' 和 n，点 A' 到 B' 的距离等于直线 AB 的实长，点 B' 到 n 的距离等于直线距离基面的实际高度。

过视点 E 作一条垂直于画面的辅助线，得到灭点 F，灭点 F 与心点 V_c 重合。

将灭点 F 与 A'、B' 相连得到直线 AB 两端点的全长透视 FA' 和 FB'，直线 AB 的全长基透视是灭点 F 与点 n 的连线 Fn。直线 AB 两端点的透视必在 FA' 和 FB' 上，直线 AB 的基透视必在 Fn 上。FA' 和 FB' 上任意两点间的垂直距离反映了空间中直线 AB 的透视长度，FB' 和 Fn 上任意两点间的垂直距离反映了空间中直线 AB 距离基面的透视高度。

过视点 E 作点 A、B 的视线 EA 和 EB，与画面相交的点即是点 A、B 的透视 A_p 和 B_p。过视点 E 作点 $a(b)$ 的视线 $Ea(b)$，与画面相交的点即是直线 AB 的基透视 $A_0(B_0)$。

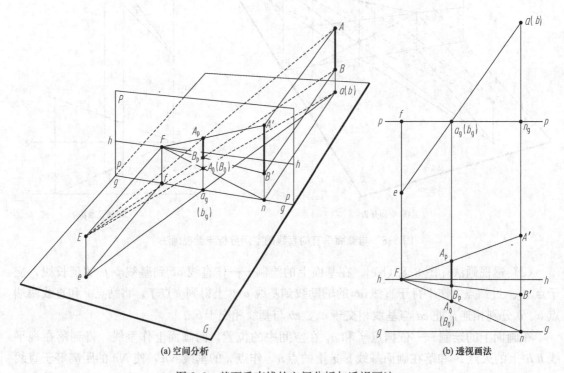

图 8-9 基面垂直线的空间分析与透视画法

（2）透视画法 ［图 8-9（b）］。在基面上的绘制——连接站点 e 和直线 AB 在基面上的正投影 $a(b)$，使连线 $ea(eb)$ 与基线 p-p 交于 $a_g(b_g)$。过站点 e 作垂直于基线 p-p 的直线，得

到交点 f。过点 $a(b)$ 作垂直于基线的直线，得到交点 n_g。

在画面上的绘制——依据点 f 和 n_g 在空间中的位置，向画面上作垂线，得到落在视平线 $h\text{-}h$ 上的灭点 F 和落在画面基线 $g\text{-}g$ 上的点 n。作点 n 的垂线 $A'n$，并在 $A'n$ 上确定点 B'，使 A' 到 B' 的距离等于直线 AB 的实长，B' 到 n 的距离等于直线 AB 距基面的实高，$A'n$ 反映了直线 AB 在空间中的高度关系，是"真高线"。将灭点 F 和点 A'、B'、n 相连，分别得到点 A、B 的全长透视 FA'、FB' 和点 $a(b)$ 的全长透视 Fn。过迹点 $a_g(b_g)$ 向画面上作垂线，与 FA'、FB' 相交得到点 A_p、B_p，与 Fn 相交得到积聚点 $A_0(B_0)$。$A_0(B_0)$ 是直线 AB 的基透视，连接点 A_p 和 B_p 得到直线 AB 的透视。

（3）投影特性。与基面垂直的直线，其透视仍与基面垂直，其基透视积聚为一点，求基面垂直线的透视高度时，需要将直线的"真高"引至画面上，再通过透视作图求出。我们把利用"真高线"求透视高度的方法称为"真高线法"。

四、同时平行于画面与基面的直线

（1）空间分析［图 8-10（a）］。根据中心投影原理可知，同时平行于画面与基面的直线 AB，其在画面上的透视投影 A_pB_p 是视线 EA、EB 与画面相交的结果。

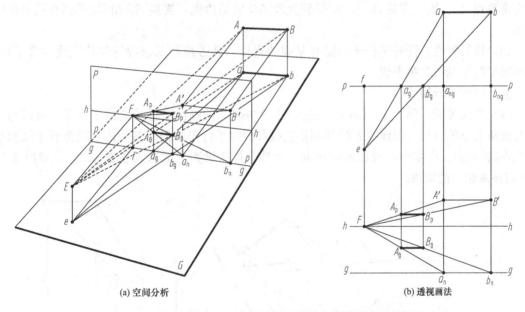

(a) 空间分析   (b) 透视画法

图 8-10 同时平行与画面与基面的直线的空间分析与透视画法

由于直线 AB 是和画面平行的直线，需要利用点 A、B 和它们在基面上的正投影 a、b 作辅助线，以解决直线在画面上的定位问题。过点 A、B 和 a、b 作垂直于画面的辅助直线，分别得到交点 A'、B' 和 a_n、b_n，点 A' 到 B' 的距离等于直线 AB 的实长，点 A' 到 a_n 和点 B' 到 b_n 的距离相等，即直线 AB 距离基面的实际高度。

由于直线 AB 是平行于画面的直线，所以不能通过过视点 E 作平行于直线本身辅助线的方法得到灭点。求平行于画面的直线的灭点，可以作一条垂直于画面的直线，得到心点 V_c，用心点做灭点。

将灭点 F 与点 A'、B' 相连，得到直线 AB 两端点的全长透视 FA' 和 FB'；将灭点 F 与 a_n、b_n 相连，得到直线 AB 两端点的全长基透视 Fa_n 和 Fb_n。点 A 和点 B 的透视必在 FA' 和

FB' 上，它们的基透视必在 Fa_n 和 Fb_n 上。FA' 和 FB' 上的任意两点间的水平距离反映了空间中直线 AB 的透视长度，FA' 至 Fa_n 和 FB' 至 Fb_n 上任意两点间的垂直距离分别反映了空间中直线 AB 两端点距离基面的透视高度。

过视点 E 作点 A、B 的视线 EA 和 EB，与画面相交的点即是点 A、B 的透视 A_p 和 B_p。过视点 E 作点 a、b 的视线 Ea、Eb，与画面相交的点即是点 A、B 的基透视 A_0、B_0。

(2) 透视画法 [图 8-10 (b)]。在基面上的绘制——过站点 e 分别连接直线 AB 两端点在基面上的正投影 a 和 b，使连线 ea、eb 与基线 p-p 相交，得到迹点 a_g、b_g。过站点 e 作垂直于基线的辅助，得到交点 f。分别作点 a 和点 b 与基线垂直的直线，得到交点 a_{ng} 和 b_{ng}。

在画面上的绘制——根据点 a_{ng}、b_{ng} 以及点 f 在空间中的位置，向画面上作垂线，得到落于画面基线 g-g 上的点 a_n、b_n 以及落于视平线 h-h 上的灭点 F。利用点 a_n 或 b_n 作垂线 $A'a_n$ 或 $B'b_n$，使 A' 到 a_n 的距离（或 B' 到 b_n 的距离）等于直线 AB 距基面的真高。将灭点 F 和点 A'、B'、a_n、b_n 相连，分别得到点 A、B 的全长透视 FA'、FB' 和点 a、b 的全长透视 Fa_n、Fb_n。过迹点 a_g、b_g 向画面上作垂线，与 FA'、FB' 相交得到点 A_p、B_p，与 Fa_n、Fb_n 相交得到点 A_0、B_0。连接 A_0 和 B_0 得到直线 AB 的基透视，连接 A_p 和 B_p 得到直线 AB 的透视。

(3) 投影特性。同时平行于画面和基面的直线，其透视和基透视均与该直线本身平行，也同时平行于基线和视平线。

五、画面平行线

(1) 空间分析 [图 8-11 (a)]。在这一小节中研究的画面平行线是指平行于画面而与基面有倾角关系的直线（前面提到的基面垂直线和同时平行于画面及基面的直线都属于画面平行线中的特例）。根据中心投影原理可知，直线 AB 在画面上的透视投影 A_pB_p 是视线 EA、EB 与画面相交的结果。

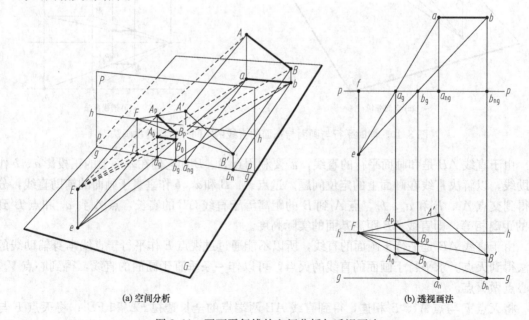

(a) 空间分析   (b) 透视画法

图 8-11　画面平行线的空间分析与透视画法

过点 A、B 和 a、b 作垂直于画面的直线，分别得到交点 A'、B' 和 a_n、b_n，使 A' 到 B' 的距离等于直线 AB 的实长，使点 A' 到 a_n 和点 B' 到 b_n 的距离分别等于直线两端点 A 和 B 至基面的距离。

尽管直线 AB 和基面有倾角关系，但仍是平行于画面的直线，求该直线的灭点，需要过视点 E 作垂直于画面的直线，得到心点 V_c，用心点做灭点。

将灭点 F 与 A'、B' 相连，得到直线 AB 两端点的全长透视 FA' 和 FB'；将灭点 F 与 a_n、b_n 相连，得到直线 AB 两端点的全长基透视 Fa_n 和 Fb_n。点 A 和点 B 的透视必在 FA' 和 FB' 上，其基透视必在 Fa_n 和 Fb_n 上。在 FA' 和 FB' 上的平行于直线 AB 的任意两点的连线，它们的距离反映直线 AB 在空间中的透视长度。

过视点 E 作点 A、B 的视线 EA 和 EB，与画面相交的点即是点 A、B 的透视 A_p 和 B_p。过视点 E 作点 a、b 的视线 Ea 和 Eb，与画面相交的点即是点 A、B 的基透视 A_0、B_0。

（2）透视画法［图 8-11（b）］。在基面上的绘制——过站点 e 分别连接直线 AB 两端点在基面上的投影 a 和 b，使连线 ea、eb 与基线 p-p 相交，得到迹点 a_g、b_g。作站点 e 在基线 p-p 上的垂足 f。分别作点 a 和点 b 与基线垂直的直线，得到交点 a_{ng} 和 b_{ng}。

在画面上的绘制——根据点 a_{ng}、b_{ng} 以及点 f 在空间中的位置，向画面上作垂线，得到落在画面基线 g-g 上的点 a_n、b_n 以及落在视平线 h-h 上的灭点 F。作点 a_n 的垂线 $A'a_n$，使 A' 到 a_n 的距离等于直线 AB 的端点 A 至基面的真高；作点 b_n 的垂线 $B'b_n$，使 B' 到 b_n 的距离等于直线 AB 的端点 B 至基面的真高。将灭点 F 和点 A'、B'、a_n、b_n 相连，分别得到点 A、B 的全长透视 FA'、FB' 和全长基透视 Fa_n、Fb_n。过迹点 a_g、b_g 向画面上作垂线，与全长透视 FA'、FB' 相交得到点 A_p、B_p，与另一条全长透视 Fa_n、Fb_n 相交得到点 A_0、B_0。连接 A_0 和 B_0 得到直线 AB 的基透视，连接 A_p 和 B_p 得到直线 AB 的透视。

（3）投影特性。与画面平行与基面斜交的直线，其透视结果与直线本身平行，透视结果与视平线（及基线）的夹角反映原直线对基面的倾角关系，其基透视与基线平行。

六、直线透视的小结

对直线进行透视投影时，应注意以下问题：

（1）要首先确认好视点及其在基面上的正投影（站点）的位置。

（2）要分析直线在空间中的位置，要利用辅助线找出直线与画面的定位关系。

（3）要根据直线与画面的关系，确定灭点在视平线上的位置。灭点的求取可以通过作与直线本身平行的辅助线并使之与画面相交的方式得到，在不能通过作与直线本身平行的辅助线并使之与画面形成相交关系的情况下，可以直接利用心点作灭点。

（4）要注意所有对直线进行透视投影的求图，都应以直线在画面、基面以及基线上的正投影为基础绘制。

（5）要利用视点和直线“本身”与其“投影”各端点的连线，在基线上确定“迹点”的位置。

（6）要准确理解全长透视和全长基透视的意义，并结合“迹点”，在全长透视和全长基透视上对出直线透视与基透视的位置进行定位，将利用“迹点”绘制透视的方法称为“视线迹点法”。

8.2.3　平面的透视

平面的透视，具有以下投影特性：

（1）多数平面图形是属于由直线围合成的多边形，一般情况下，多边形的透视仍为边数相等的多边形。

（2）只有当平面完全通过视点时，其通过视点部分的透视才积聚为一点或一条直线。

（3）当平面位于画面上时，平面的透视与该平面本身重合。

（4）作平面图形的透视，就是作该平面图形轮廓线的透视。

一、矩形平面的透视

矩形由分别代表长度和宽度的两组轮廓线围合而成，矩形上的边具有两两平行、两两相等的特点。作矩形平面的透视，需要首先确定矩形在长度、宽度两个方向上的灭点，再解决代表矩形长度和宽度轮廓线的透视。

（1）空间分析。如图 8-12（a）所示，矩形平面 ABCD 位于基面上，矩形平面的两个边与画面呈夹角关系，且有一个顶点与画面相交。

因为 ABCD 是在基面上的矩形平面，所以其在基面上的正投影 abcd 与矩形平面本身重合。矩形平面的顶点 C 在画面上，且相交于基线，该顶点的透视 C_p 与点 C 本身重合。过视点 E 作分别平行于 CD 和 CB 的直线，与画面的交点即是矩形在长度和宽度两方向上的灭点 F_x 和 F_y。将灭点 F_x 和灭点 F_y 与 C_p 分别相连，所得的连线是矩形轮廓线 CD 和 CB 的全长透视 F_xC_p 和 F_yC_p。视线 ED 将与 F_xC_p 交于 D_p；视线 EB 将与 F_yC_p 交于 B_p。矩形平面的另外两条轮廓线 AD、AB 与 CD、CB 平行，因此，AB 与 CD 共用同一个灭点 F_x，AD 与 CB 共用同一个灭点 F_y，由此可以推出，轮廓线 AD 与轮廓线 AB 的全长透视必然相交，其交点即是它们在空间上的交点 A 的透视 A_p。分别连接透视 A_p、B_p、C_p、D_p，即得到矩形平面 ABCD 在画面上的透视。

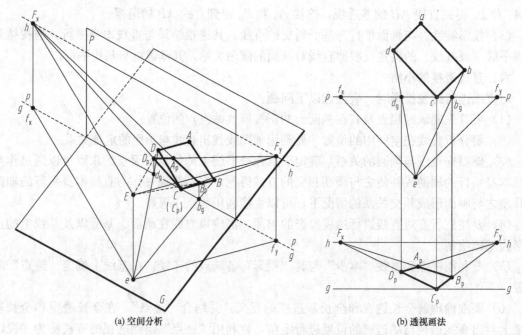

图 8-12 矩形平面的空间分析与透视画法

（2）透视画法［图 8-12（b）］。

在基面上的绘制——如图 8-12（b）所示，过站点 e 分别作平行于 cd 和 cb 的直线，使

它们与基线 p-p 相交后，得到点 f_x 和点 f_y。过站点 e 作点 d 和点 b 的连线，分别与基线 p-p 交于迹点 d_g、b_g。

在画面上的绘制——如图 8-12（b）所示，根据基面上点 c 以及点 f_x、f_y 在空间中的位置，向画面上作垂线，得到落在视平线 h-h 上的灭点 F_x、F_y 以及落在画面基线 g-g 上的点 C 的透视 C_p。将 C_p 和 F_x 相连，得到直线 CD 的全长透视；将 C_p 和 F_y 相连，得到直线 CB 的全长透视。利用迹点 d_g 和 b_g，向画面上作垂线，在全长透视 F_xC_p 上对点 D 的透视 D_p 定位；在全长透视 F_yC_p 上对点 B 的透视 B_p 定位。连接 F_y 和 D_p、F_x 和 B_p，得到矩形平面另外两条轮廓线 AD 和 AB 的全长透视，两条全长透视的交点即是矩形平面中顶点 A 的透视 A_p。将透视 A_p、B_p、C_p、D_p 分别相连，即完成了矩形平面 $ABCD$ 的透视。

（3）投影特性。在该透视中，在中心投影原理的作用下，矩形平面的透视结果改变了原有矩形轮廓线两两平行、两两相等的特点，变成了由 4 条长短不一的直线围合而成的多边形，这个多边形的边可以归纳为以长度和宽度两个方向为同组规律的两组轮廓线（它们分别消失于所对应的同组灭点），最终使透视结果产生了近大远小的变化，这种变化即是平面图形的一般透视特性。

二、矩形立面的透视

我们将垂直于基面的矩形简称为矩形立面。画矩形立面的透视，需要首先确定出矩形平面上两组轮廓线的灭点，再解决代表矩形长（宽）度和高度方向上的轮廓线透视。

（1）空间分析［图 8-13（a）］。如图 8-13（a）所示，矩形立面 $ABCD$ 垂直于基面且落于基面上，矩形立面位于画面后方、与画面呈夹角关系，矩形立面上没有与画面相交的顶点。

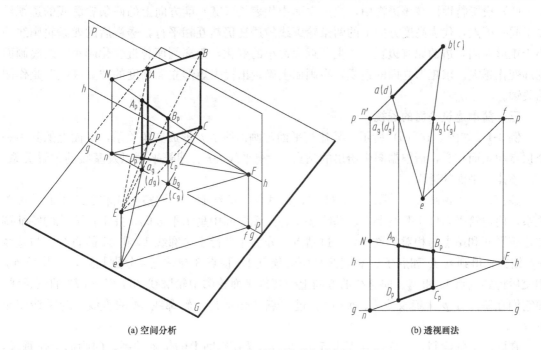

(a) 空间分析　　　　　　　　　(b) 透视画法

图 8-13　矩形立面的空间分析与透视画法

因为 $ABCD$ 是垂直于基面且落于基面上的矩形，所以矩形的顶点 A、B 和 D、C 的正投影在基面上分别积聚，点 A 的正投影 a 与点 D 的正投影 d 重合在基面上，形成积聚点 $a(d)$；

点 B 的正投影 b 与点 C 的正投影 c 重合在基面上，行程积聚点 $b(c)$。矩形 $ABCD$ 位于画面后方，且没有与画面相交的轮廓线，作该矩形的透视时，需先解决矩形立面与画面的联系问题。将轮廓线 AB 和 DC 向画面方向作延长线至画面上，与画面相交后，分别得到两条轮廓线在画面上的投影 N 和 n，Nn 的距离等于矩形立面上顶点 A 至 D 和 B 至 C 的距离。过视点作平行于轮廓线 $AB(DC)$ 的直线，与画面的交点即是矩形立面在长（宽）度方向上的灭点 F。灭点 F 与 N、n 的连线，分别是矩形轮廓线 AB 和 DC 的全长透视 FN 和 Fn。作视线 ED 与 EC，使 Fn 与 ED 交于 D_{p}、与 EC 交于 C_{p}；作视线 EA 和 EB，使 FN 与 EA 交于 A_{p}、与 EB 交于 B_{p}。将 A_{p}、B_{p}、C_{p}、D_{p} 分别连接，所得四边形即是矩形立面 $ABCD$ 在画面上的透视。

（2）透视画法 [图 8-13（b）]。在基面上的绘制——作 $ab(dc)$ 的延长线，与基线 $p\text{-}p$ 交于点 n'。过站点 e 作平行于 $ab(dc)$ 的直线，与基线 $p\text{-}p$ 相交后，得到点 f。过站点 e 作点 $a(d)$ 和点 $b(c)$ 的连线，分别与基线 $p\text{-}p$ 交于迹点 $a_{\mathrm{g}}(d_{\mathrm{g}})$、$b_{\mathrm{g}}(c_{\mathrm{g}})$。

在画面上的绘制——根据点 n' 以及点 f 在空间中的位置，向画面上作垂线，得到落在视平线 $h\text{-}h$ 上的灭点 F 以及落在画面基线 $g\text{-}g$ 上的点 n。依据矩形轮廓线 AD 和 BC 的长度，在点 n 的垂直线上确定点 N，使 Nn 成为矩形立面在画面上的"真高线"。连接 FN，得到矩形轮廓线 AB 的全长透视；连接 Fn，得到矩形轮廓线 DC 的全长透视。利用迹点 $a_{\mathrm{g}}(d_{\mathrm{g}})$，向画面上作垂线，在全长透视 FN 和 Fn 上分别"切割"出点 A_{p} 和 D_{p}；利用迹点 $b_{\mathrm{g}}(c_{\mathrm{g}})$，向画面上作垂线，在全长透视 FN 和 Fn 上分别"切割"出点 B_{p} 和 C_{p}。连接透视点 A_{p}、B_{p}、C_{p}、D_{p}，即完成了对矩形立面 $ABCD$ 的透视绘制。

（3）投影特性。在该透视中，矩形立面中代表长（宽）度方向上的两条轮廓线的透视消失于同一灭点，代表高度方向上的两条轮廓线的透视仍然互相平行，透视后的四条轮廓线均小于矩形立面各边的原有边长，产生了近大远小的变化，距离画面越近变化越小，距离画面越远变化越大。求矩形立面的透视，在画面上确定出代表矩形立面高度的"真高线"是作图的关键。

三、简单建筑平面的透视

例 8-1　如图 8-14（a）所示，某建筑平面与画面线 $p\text{-}p$ 形成夹角关系，平面上的其中一个顶点和画面相交，请根据图中给出的站点 e、视平线 $h\text{-}h$、建筑平面以及基线的位置关系，画出该建筑平面的透视。

解：（1）透视画法一 [图 8-14（b）]。在基面上的绘制——调整基线和建筑平面的位置关系，使建筑平面位于基线上方、基线 $p\text{-}p$ 在绘图空间中呈水平方向，并根据形体的特征调整建筑平面和站点的相对位置关系。过站点 e 分别作平行于轮廓线 14 和 34 的直线，与基线 $p\text{-}p$ 相交，得到点 f_{x} 和点 f_{y}。将建筑平面的顶点 1、顶点 3 与站点 e 分别相连，与基线 $p\text{-}p$ 相交后得到迹点 1_{g} 和 3_{g}。向基线的方向上作建筑平面轮廓中轮廓线 78、65 和 76 的延长线，使它们在基线 $p\text{-}p$ 上有交点 a、b 和 c。过顶点 2 作平行于轮廓线 14 的直线，与基线交至点 d。

在画面上的绘制——依据点 4 和点 a、b、c、d 在空间上的位置关系，向画面上作垂线，得到落在画面基线上 $g\text{-}g$ 的点 4_{p} 和 a'、b'、c'、d'。过 f_{x} 和 f_{y} 向画面上作垂线，使建筑平面在长度和宽度两个方向上的灭点 F_{x} 和 F_{y} 落于视平线 $h\text{-}h$ 上。将 4_{p} 与 F_{x} 相连，得到轮廓线 14 的全长透视；将 4_{p} 与 F_{y} 相连，得到轮廓线 34 的全长透视。作点 1_{g} 和 3_{g} 的垂线，使

它们与全长透视 4_pF_x、4_pF_y 相交，确定出顶点 1、3 的透视 1_p、3_p。由于 $7a$ 和 $6b$ 是平行于轮廓线 34 的直线、$7c$ 和 $2d$ 是平行于轮廓线 14 的直线，所以我们将点 a'、b'、c'、d' 依所属轮廓线的位置关系与它们对应的灭点相连，分别得到全长透视 $a'F_y$、$b'F_y$ 和 $c'F_x$、$d'F_x$，画面上全部的全长透视彼此相交后，即可得到建筑平面图中所有顶点的透视，分别连接 1_p、2_p、3_p、4_p、5_p、6_p、7_p、8_p，即为该建筑平面的透视。

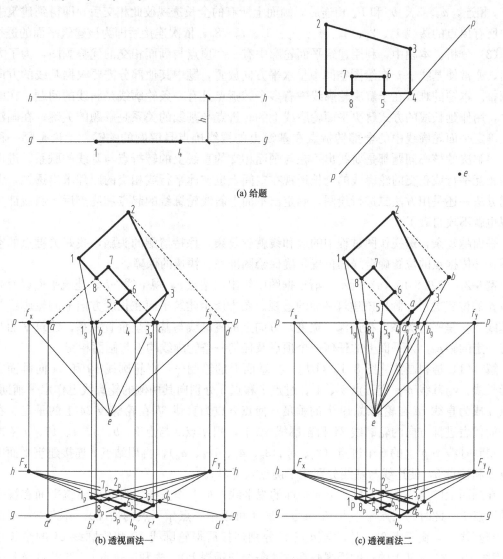

图 8-14 ［例 8-1］某建筑平面图的透视

（2）透视画法二［图 8-14（c）］。在基面上的绘制——调整基线和建筑平面的位置关系，使建筑平面位于基线上方、基线 p-p 在绘图空间中呈水平方向，并根据形体的特征调整建筑平面和站点的相对位置关系。利用站点 e 作平行于轮廓线 14 和 34 的直线，分别与基线 p-p 相交后得到点 f_x 和点 f_y。作平行于轮廓线 14 的直线 $6a$ 和 $2b$，使点 a 落于轮廓线 43 上，使点 b 落于轮廓线 43 的延长线上。将点 1、8、5、a、3、b 依次和站点 e 连接，得到基线 p-p 上的交点 1_g、8_g、5_g、a_g、3_g、b_g。

在画面上的绘制——过 f_x 和 f_y 向画面上做垂线，得到建筑平面在长度和宽度两个方向上的灭点 F_x 和 F_y。过点 4 作垂线，得到落于基线 $g\text{-}g$ 上的透视 4_p，并使 4_p 与 F_x 和 F_y 分别相连后得到建筑平面在长度和宽度两个方向上的全长透视。利用迹点 1_g、8_g、5_g、a_g、3_g、b_g 作垂线，使它们与轮廓线 41 和轮廓线 $4b$ 的全长透视相交，分别确定出建筑平面中点 1、8、5、a、3、b 的透视 1_p、8_p、5_p、a_p、3_p、b_p。根据平行投影的平行性原理，将 1_p、8_p、5_p 和 Fy 相连，a_p、3_p、b_p 和 F_x 相连后，画面上所有的全长透视彼此相交后，即得到建筑平面图中所有顶点的透视 1_p、2_p、3_p、4_p、5_p、6_p、7_p、8_p，依次连接后即为该建筑平面的透视。

（3）分析。本题中，利用建筑平面轮廓中有一个顶点与画面相交的优势画图，为了方便绘图，通常使基线 $p\text{-}p$ 在绘图空间中呈水平方向放置，题中其他部分需要根据基线的方向进行调整。本题的难点在于解决轮廓线中有多个转折点且有一条轮廓线是斜线的问题。在画法一中，用作延长线的方式解决平面轮廓线上的转折点与基线的关系是解题的关键；在画法二中，确定平面轮廓线中的全部转折点在基线上的视线迹点是解题的关键。无论是哪一种画法，要解决的核心问题都是要找出不在与画面相交的直线上的转折点与基线的联系，进而再利用相互平行或正交的轮廓线的全长透视在空间上也彼此平行或相交的原理求出透视，无论采用方法一还是用方法二进行绘图，确定出平面上斜线轮廓线的起点和终点后，斜线部分的透视也就不攻自破了。

平面越复杂，透视作图过程中的点和线就越复杂，保持清醒的头脑，找好关键点的空间关系，并依据点的位置确定线的位置是确保绘图准确、快速的保障。

例 8-2 如图 8-15（a）所示，请根据图中给出的站点 e、视平线 $h\text{-}h$、建筑平面以及画面线 $p\text{-}p$ 的位置关系，画出该建筑平面的透视。图中所示建筑平面在长度方向上的轮廓线与画面基线 $p\text{-}p$ 呈平行关系，在进深（宽度）方向上的轮廓线与基线呈垂直关系；建筑平面与画面有一定的距离，该平面上的任何一个顶点及任何一条轮廓线均不与画面相交。

解：（1）透视画法 [图 8-15（b）]。在基面上的绘制——将轮廓线 19 和 24 向画面方向作延长线，与基线 $p\text{-}p$ 交于点 $9'$、$4'$。过点 7 和点 6 分别向其两侧的轮廓线上作水平辅助线，使点 a 成为直线 $7a$ 在轮廓线 19 上的垂足、使点 b 成为直线 $6b$ 在轮廓线 24 上的垂足。在建筑平面代表进深方向的轮廓线 24 和轮廓线 19 上，用站点 e 与点 2、b、3、4、10、a 依次相连，得到基线 $p\text{-}p$ 上的 6 个迹点（2_g、b_g、3_g、4_g、10_g、a_g），再用站点 e 连接建筑平面中的顶点 8 和顶点 5，使连线与基线分别交于迹点 8_g 和 5_g。

在画面上的绘制——过站点 e 向画面的视平线 $h\text{-}h$ 上作垂线，得到该建筑平面在视平线上的灭点 F（此时的灭点与心点 V_c 重合，属于可以用心点做灭点的情况）。作点 $9'$、$4'$ 的垂线，与基线 $g\text{-}g$ 交于点 $9'_p$、$4'_p$，与灭点 F 分别连接后得轮廓线 19 和轮廓线 24 的全长透视（轮廓线 19、24 及其上的点的透视必在这两条全长透视上）。先利用迹点 4_g 和 2_g 在全长透视 $F4'_p$ 上确定顶点 2 和顶点 4 的透视 2_p、4_p，再过透视点 2_p、4_p 作水平线与全长透视 $9'_pF$ 交于 1_p、9_p。在迹点 10_g 和 3_g 上向全长透视 $9'_p$、$4'_p$ 上作垂线，确定出透视点 10_p、3_p，连接 10_p 与 3_p，即得到建筑平面中贯穿左右轮廓线的长斜线的透视。通过迹点 a_g、b_g 和 8_g、5_g 定出透视点 a_p、b_p 和 8_p、5_p 的位置，过 a_p、b_p 分别向长斜线的透视上做水平辅助线，相交后得交点 7_p 与 6_p 的透视位置，建筑平面中两条小斜线的透视即可通过连接 7_p 和 8_p、6_p 和 5_p 得到。最后根据题图中建筑平面各轮廓线的相互关系，将图中全部透视点分别连接，加深图线后即完成该透视的绘制。

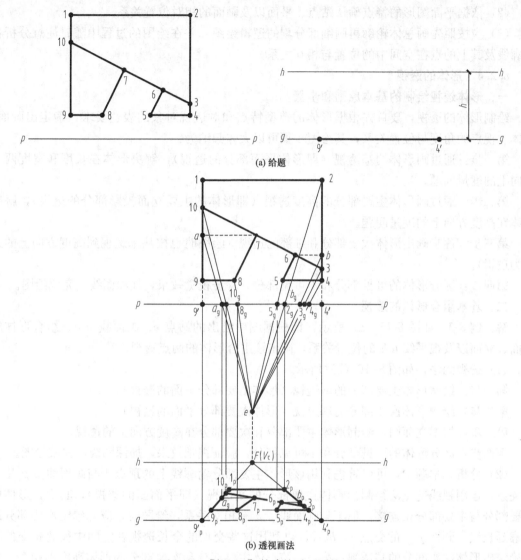

(a) 给题

(b) 透视画法

图 8-15 ［例 8-2］某建筑平面图的透视

（2）分析。本题中，建筑平面与画面有一定的距离，建筑平面中没有轮廓线或顶点与画面相交，是在绘图时需要注意的地方，根据中心投影的基本原理可知：在透视的过程中，只有当点、线或面与画面重合时（即点、线、面在画面上时），透视的结果才反映透视对象的原位置、原长和原形。当出现画面与透视对象存在空间距离的情况时，绘图时一定要先利用平行投影的原理找出透视对象在画面上对应的投影关系后，再进行绘图，这是在透视投影中确定透视对象与画面准确空间关系的关键，也是确定全长透视的关键。另外，在进行复杂形态的透视绘制时，要先对复杂形态各部分的空间关系和位置关系进行分析，绘图时灵活运用点和线的位置关系，并合理利用辅助线求图，尽可能使绘图步骤简洁、清晰，从而得到准确的透视结果。

四、平面透视的小结

对平面进行透视投影时，应注意的问题有：

（1）要先分析平面的形态特征，掌握围合平面的各部分轮廓线之间的关系。

（2）依据平面图形的特点确认站点、平面以及画面的相对位置关系。

（3）应按照先画总体轮廓再画细部分割的逻辑绘图，并在绘图的过程中随时注意分析各轮廓线及其上的点在空间中的位置与相互关系。

8.2.4　形体的透视

一、形体透视绘制的基本原则和步骤

绘制形体的透视，要首先根据形体的造型特点和对透视对象的表达要求，确定出画面、形体、视点的角度与位置关系，其绘图步骤可以大体归纳为：

第一步：通过画形体的基透视（即形体平面部分的透视），解决形体在长度和宽度两个方向上的度量问题。

第二步：通过画形体主要部分的高度透视（即形体的主要立面投影部分的透视），解决形体在高度方向上的度量问题。

第三步：逐步画出形体次要部分和细部的透视（绘图时也按从基透视到高度方向上的透视为逻辑）。

第四步：区分形体的可见部分和不可见部分，验证视觉效果，加深图线，完成绘图。

二、基本组合形体的透视

解：例 8-3　如图 8-16（a）所示，请根据图中给出的站点 e、画面线 p-p、组合形体的平面、立面以及视平线 h-h 的位置关系，画出该组合形体的两点透视。

（1）透视画法，如图 8-16（b）所示。

第一步：绘制形体主要部分的基透视（形体主要部分平面的透视）。

第二步：绘制形体次要部分的基透视（形体次要部分平面的透视）。

第三步：根据立面图，绘制形体主要部分和次要部分在高度方向上的透视。

第四步：区分形体的可见部分和不可见部分，验证视觉效果，加深图线，完成绘图。

（2）分析。本题中，可以首先利用该形体主要部分轮廓线上的顶点 4 与画面线 p-p 相交的关系，运用视线迹点法绘制出形体主要部分的基透视（即平面图的透视）；其次，形体的次要部分与主要部分相连接，但不与画面线 p-p 有相交关系，绘图时，应先确定次要部分的轮廓延长线与画面 p-p 的交点 a、b、c，再利用这些交点的全长透视在空间中彼此相交的特点确定出形体次要部分的基透视；第三，该形体主要部分和次要部分的形体高度不相等，绘制形体在高度方向上的透视时，需要注意除了准确运用形体主、次要部分的真高外，还要找出两条真高线在画面基线 g-g 上的正确位置（真高线 h_1 在点 4_p 上，真高线 h_2 在辅助点 a' 上）。

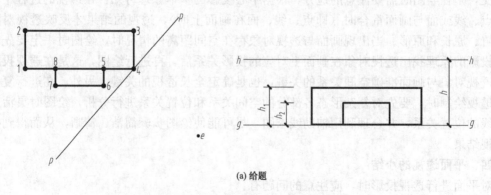

(a) 给题

图 8-16　[例 8-3] 基本形体的透视（一）

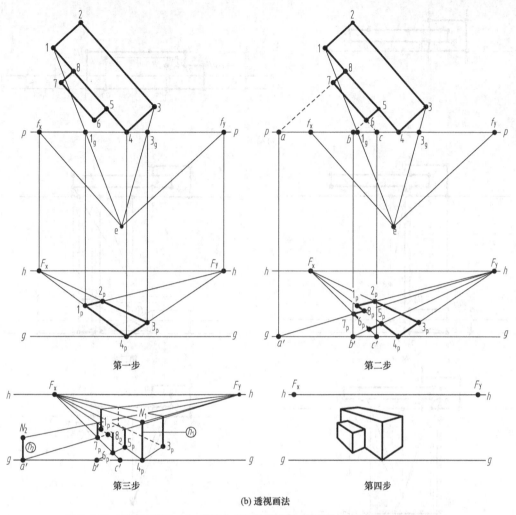

第一步　　　　　　　　　　　第二步

第三步　　　　　　　　　　　第四步

(b) 透视画法

图 8-16　［例 8-3］基本形体的透视（二）

例 8-4　如图 8-17（a）所示，请根据图中给出的站点 e、画面线 p-p、组合形体的平面、立面以及视平线 h-h 的位置关系，画出该组合形体的一点透视。

解：（1）透视画法［图 8-17（b）］。

第一步：绘制形体主要部分的透视（先在画面上确定出形体主要部分正立面上的透视点 4_p、$4N_p$、3_p、$3N_p$，绘制这几个点的全长透视后，再利用平面轮廓中顶点 2 及其迹点 2_g 在所作全长透视上确定形体主要部分在进深方向上的透视）。

第二步：绘制形体次要部分的透视（形体的次要部分由水平和垂直两方向的体块组成，在本步骤中需要先将次要部分中垂直方向体块的透视求出，由于顶点 a 和 7 所在的表面是不与画面相交的，绘图时需要先作它们在画面上的正投影及其全长透视，再利用平面轮廓中顶点 7、b 及其迹点 7_g、b_g 在全长透视上确定该体块在进深方向上的透视）。

第三步：绘制形体主要部分和次要部分连接处的透视（形体的次要部分中水平方向的体块是连接形体主要部分和次要部分中垂直构件的体块，绘制该体块的透视时，也需要先绘制出它在画面上的正投影及其全长透视，再结合迹点 b_g、8_g 和 d_g 绘制出该体块的完整透视）。

第四步：区分形体的可见部分和不可见部分、验证视觉效果并加深图线后，完成绘图。

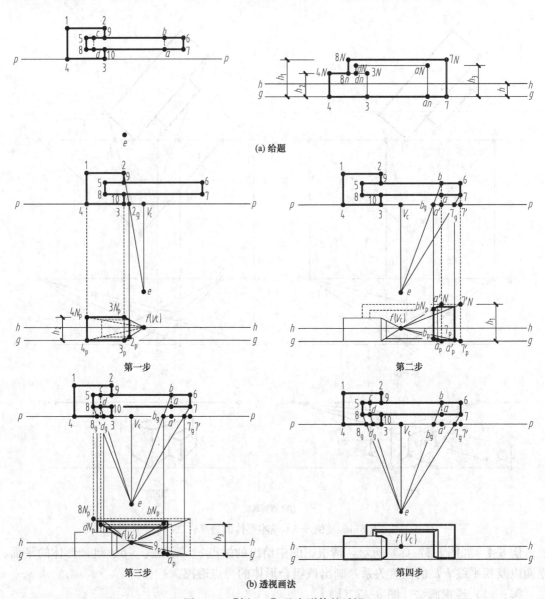

(a) 给题

第一步   第二步

第三步   第四步

(b) 透视画法

图 8-17 ［例 8-4］基本形体的透视

（2）分析。本题中，可以直接利用形体主要部分的立面与画面 *p-p* 重合的关系绘制其透视（先绘制正立面，再结合全长透视及相关迹点绘制其在进深方向上的透视）；绘制形体次要部分的透视时，要先解决次要部分后退于画面的位置关系，再结合"真高"绘制其透视；绘制连接主要部分和次要部分的形体时，要结合其与主、次要形体的关系进行绘制；绘图时应始终注意对形体与正面相互位置关系的把握。

8.3 建 筑 透 视 图

建筑透视图是指表现建筑及其三维空间形象的透视图，是应用于建筑及其三维空间形象的室内外场景的透视表达，其透视结果比较接近于人眼观察的经验或相机拍摄效果，这类对建筑形体及其室内外场景的透视通称为"建筑透视图"。

8.3.1　建筑透视图的种类

根据建筑物的造型特点和设计者对建筑透视形象的表现要求，建筑透视图有很多不同的类型和画法，可以将建筑透视图进行如下分类：

从建筑透视图的类型上看，可以依据建筑透视图中灭点的数量进行分类，分为一点透视（一个灭点）、两点透视（两个灭点）和三点透视（通常情况下有三个灭点）。其中，一点透视和两点透视是建筑室内外透视图的常用类型，三点透视是建筑室内外透视图的特殊透视类型。如果根据建筑、画面与基面三者的相对位置关系进行分类，可以将建筑透视图分为平行透视（建筑的主向轮廓线与画面平行）、成角透视（建筑的主向轮廓线与画面相交）和斜透视（画面与基面呈倾斜关系），平行透视、成角透视、斜透视与一点透视、两点透视、三点透视在透视结果和透视形成过程上是彼此对应。

从建筑透视图的画法上看，可以将建筑透视图分为建筑师法、量点法、距点法和网格法，每种透视画法都有自己的方便之处和绘图特点，绘制的时候需要灵活运用。

一、一点透视

当画面垂直于基面，视点（站点）位于画面与建筑前方，建筑有一个主要立面与画面平行时（即代表建筑在长度和高度方向上的轮廓线与画面平行时），该立面的两组轮廓线在透视图中没有灭点，只有垂直于画面、代表建筑进深方向上的第三组轮廓线有一个灭点，且该灭点与心点重合。如图 8-18 所示，上述情况形成时，所得的透视即为"一点透视"（平行透视）。

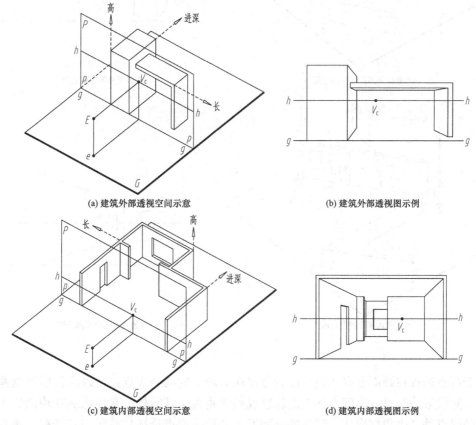

(a) 建筑外部透视空间示意　　　　　　　　(b) 建筑外部透视图示例

(c) 建筑内部透视空间示意　　　　　　　　(d) 建筑内部透视图示例

图 8-18　一点透视

一点透视只有一个灭点，且在透视投影过程中建筑的主立面不发生变形，所以一点透视的作图相对简便。一点透视适合应用于需要重点表达建筑主立面或建筑的主立面比较复杂的方案中［图 8-18（a）、图 8-18（b）］；由于一点透视可以表现出室内空间中的五个界面（天花板、地面、左右两侧墙面以及进深方向上的墙面），因此，在建筑内部的透视表现上，一点透视的应用也非常广泛，擅于表现在纵深方向上有较多层次关系的室内空间形象［图 8-18（c）、图 8-18（d）］。

二、两点透视

当画面垂直于基面，视点（站点）位于画面与建筑前方，建筑有两个相邻的立面倾斜于画面时（即代表建筑在长度和宽度方向上的轮廓线与画面形成夹角关系时），这两组轮廓线在透视图中分别有两个不同方向（代表长度和代表宽度方向）上的灭点（F_x、F_y），与另外一个建筑立面上垂直于基面、平行于画面、代表建筑高度方向上的第三组轮廓线没有灭点。如图 8-19 所示，上述情况形成时，所得的透视即为"两点透视"（成角透视）。

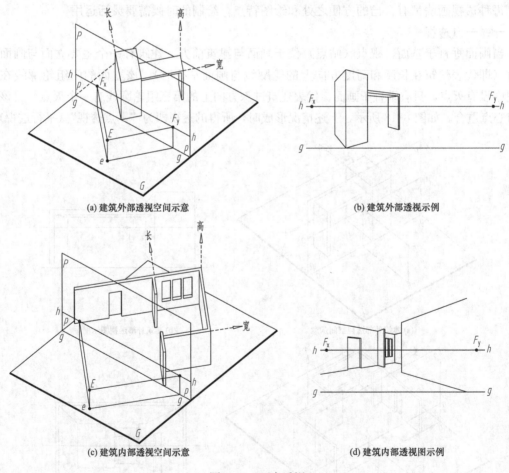

(a) 建筑外部透视空间示意　　　　　　　　(b) 建筑外部透视示例

(c) 建筑内部透视空间示意　　　　　　　　(d) 建筑内部透视图示例

图 8-19　两点透视

由于两点透视在画面上有代表长度和宽度两方向上的两个灭点，可以在投影过程和投影结果中，除代表建筑垂直高度方向上的轮廓线始终垂直于基线外，其他轮廓线均消失于所属方向上的灭点并产生角度变化，建筑的立面发生变形。两点透视相较于一点透视，透视的结果更接近于人眼观察或相机成像的实际，可以较完整地表现出建筑至少两个立面的形体特征，但由于需要在绘图中考虑两个灭点，两点透视图的绘图也相较一点透视复杂。两点透视适合应用于需要全面表达外部造型和空间特点的建筑［图 8-19（a）、（b）］；在室内空间中，两点透视可以表现出室内空间的四个界面（天花板、地面以及两侧墙面），因此，在建筑内部空间的透视表现上，两点透视常用来重点表现室内一角的空间形象［图 8-19（c）、（d）］。

三、三点透视

如图 8-20 所示，当画面倾斜于基面，视点（站点）位于画面与建筑物前方，建筑物的三个主要立面都与画面形成倾斜关系（即代表建筑物长、宽、高方向上的三组主向轮廓线都分别有一个灭点），且建筑物在长度和宽度方向上的灭点在视平线上时，得到的透视称为"三点透视"（斜透视）。

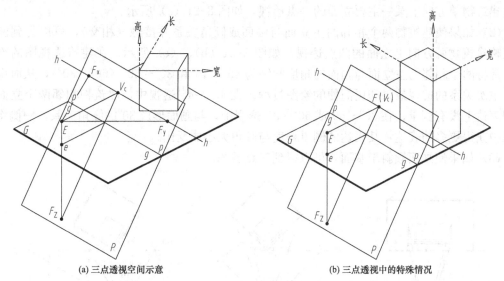

(a) 三点透视空间示意　　　　(b) 三点透视中的特殊情况

图 8-20　三点透视

三点透视是画面与基面形成倾斜关系时产生的透视，在投影过程中，建筑物代表长度、宽度和高度方向上的表面均发生变形，各组方向上的轮廓线均消失于所属方向上的灭点并产生角度上的变化。相较于一点透视和两点透视，三点透视的绘制更加复杂。当视点高于建筑物时，三点透视可以表现出"鸟瞰"的效果，相反则可以表现出"仰视"的效果。在建筑外部的表现方面，三点透视擅于表现建筑外部空间的整体鸟瞰和高耸建筑的形象；在建筑内部的透视表现方面，三点透视对高大室内厅堂的表现尤为擅长。

另外，当画面倾斜于基面，视点位于画面和建筑物前方，建筑物有一个主立面与基线平行时（即建筑物有一组水平的主要轮廓线与基线和视平线平行时），此情况下的透视有在代表建筑物进深和高度两个方向上的灭点，此情况下虽然只有两个灭点，但其具有三点透视的典型特征（画面倾斜于基面），因此将此类透视视作三点透视的特殊情况。

8.3.2　建筑透视中的透视参数

根据前面对透视投影过程的了解，可以总结出：透视结果是由视点、画面和建筑物的位置关系决定的，也即是由视点、视距与建筑物这三个透视要素决定的。因此，透视三要素的相互位置关系的选择是否合理，直接决定了设计方案的表达效果。

把透视三要素的相互关系简称为透视参数，在绘图前，一定要先确定透视三要素的关系，即先对透视参数进行合理选择并进行参数配置，才能根据设计者的意图，更好地表现出建筑与环境的造型特点和空间特点。

一、画面和建筑物的位置关系

透视三要素中，建筑物与画面的相互位置关系的选择是否合理，不但可以影响建筑物的形态是否表现完整、合理，而且直接决定了建筑透视图的类型，甚至可以影响整个透视图的绘制过程。

绘图前，应首先根据建筑物的形态特征和设计者对透视表现的意图选择画面与建筑物的相对位置，主要包括建筑物主向轮廓线与画面的角度关系、建筑物主体部分是否与画面接触（相交）、画面是否垂直于基面等方面的问题。

（1）如果使建筑物的某个主向轮廓线平行于画面且与画面接触（相交），可以得到重点表达建筑物单方向上某一主要立面的一点透视，如图 8-21 （a） 所示。

（2）如果使建筑物两个相邻的主立面与画面成倾角关系并接触（相交），可以得到能同时反映建筑物两方向上立面的两点透视，如图 8-21 （b）、（c）所示。在建筑透视图的绘制中，常将两个相邻的主立面与画面的角度归纳为 45°～45°和 30°～60°（60°～30°），从而得到更有主次关系的透视效果和更简便的绘图过程。在 45°～45°透视中，建筑物相邻两个立面在透视表达上没有侧重；在 30°～60°或 60°～30°透视中，与画面形成 30°的倾角关系，一侧将在透视中获得更多的表达，其表达的侧重程度与倾角大小成反比。

（3）如果使画面倾斜于基面，可以得到三点透视。

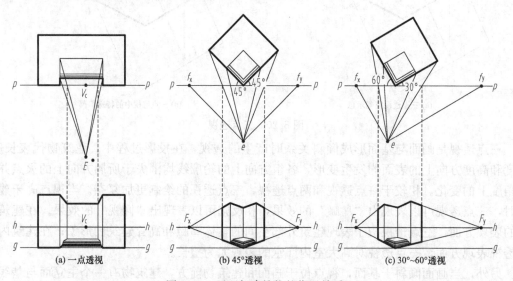

(a) 一点透视　　　　　　　　　(b) 45°透视　　　　　　　　　(c) 30°～60°透视

图 8-21　画面与建筑物的位置关系

二、关于视点的问题与解决视点问题的透视参数

由于人眼的生理条件，在生活中用人眼观察到的空间场景是有一定范围的，在正常的人眼视野范围（视域）内，可以清楚地观察到场景内的各种物体以及其他可见细部，这个视野范围是由一个类似椭圆的锥形体构成的（图 8-22），与该锥体长轴相对应的视角约为 120°～148°，与其短轴相对应的视角约为 110°～125°，而在这个视锥体内，人眼实际观察的清晰范围约在 60°以内。在进行透视图的绘制时，视点和被观察对象的相应位置必须处于正常的视野范围内，否则就会出现透视结果与人的视觉印象不一致的情况，即"失真"的现象。

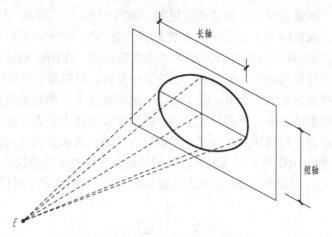

图 8-22　人眼的视野范围空间示意

为了避免"失真"现象的发生，应将视野范围控制在水平视角 60°以内，室外透视的视野范围宜为 37°～54°，室内透视的视野范围宜为 54°～60°。

在实际绘图时，合理的视野范围由视点位置的选择得以保证，而视点的设定基础是站点，因此可以说，站点的位置决定了与视点有关的相关因素，如视野范围、视点到画面的距离以及观察建筑的角度等。在绘图过程中，通常通过站点来确定适宜的站位，进而确定视点及由视点决定的视距、视高（图 8-23）。

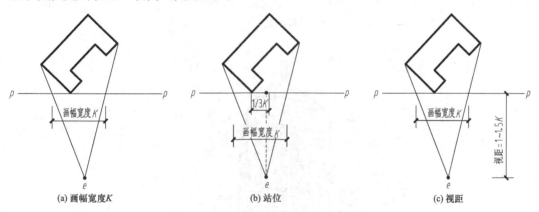

图 8-23　站点及和站点有关要素的确定

（1）画幅宽度。在绘图前，应首先根据绘图需要确定拟画透视图的大小，画面上的拟画透视图在水平方向上的最宽范围即是画幅宽度，用字母"K"表示，如图 8-23（a）所示，过视点向形体最宽范围的顶点作视线，与画面相交后由两迹点构成"画幅宽度 K"，用该 K 值作为选择适宜的站位和视点到画面距离的依据。

（2）站位。这里的站位特指站点在水平方向上的定位，该定位决定了人眼观察被透视形体的角度。确定站位时，将站点放置在画面的正前方，站点的垂足宜落在画面上画幅宽度 K 的中部，即将站点的垂足落在将"画幅宽度 K"三等分后的中间 1/3 范围内〔图 8-23（b）〕，并根据建筑形体的表达需要进行微调。适宜的站位选择，既能表现出建筑形体较丰富的立面，又是建筑形体透视不"失真"的保证。

（3）视距。视距是视点至画面的垂直距离，视距的远近是合理视野范围的保证，为了简便作图，可以根据"画幅宽度 K"值来确定视距，如图 8-23（c）所示，1～1.5 倍的 K 值是绘图时的常用视距。取视距等于 K 值时，视野范围约为 54°；取视距等于 1.5 倍 K 值时，视野范围约为 37°，这样的视距取值符合人眼的正常视野范围，作图也相对简便。绘图时，可以在保证视距取值规律的基础上，根据实际情况灵活掌握，以取得更舒服的透视结果。

（4）视高。与视点有关的要素中，除了结合"画幅宽度 K"确定的站位和视距外，还需要考虑视高对透视结果的影响，视高是确定视平线位置以及灭点位置的必须要素。在建筑透视图的绘制中，视高设定的规律为：表现一般低层、多层建筑和室内空间的透视，通常以人的身高 1.6～1.8m 的范围作为视平线的高度，采用该视平线高度的建筑透视图简称为"人高透视"［图 8-24（a）］；表现中高层建筑或群体建筑的远景，可以将视平线设定在主体建筑物的

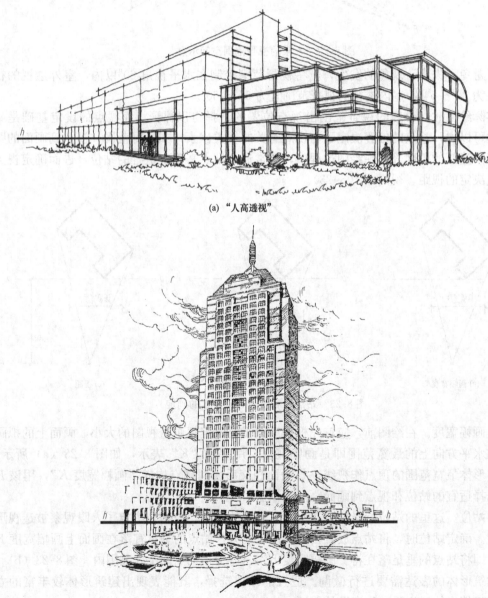

(a)"人高透视"

(b)中高层建筑的视平线

图 8-24 不同视平线高度的比较（一）

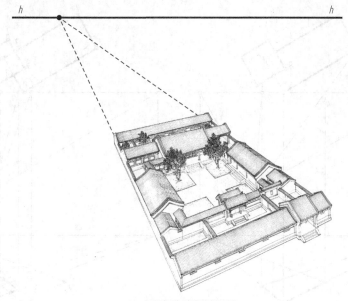

(c) 表现鸟瞰效果的视平线

图 8-24　不同视平线高度的比较（二）

2~3 层之间 ［图 8-24 (b)］，以保证靠近地面部分的形体符合人眼观察的实际；如果提高视平线，使视平线高于建筑，则可对建筑群体进行鸟瞰效果或特殊视角效果的表现 ［图 8-24 (c)］。

8.3.3　建筑透视图的画法

一、建筑师法

中心投影法是绘制透视投影运用的基本原理，在前面透视原理知识的学习和例题的练习中，我们利用视点与形体上各点连线穿过画面时留有的痕迹（迹点）进行透视投影的绘制，绘图中始终根据投影对象的平面图、立面图和剖面图进行投影结果的求作，这种方法是求作透视投影的基本方法。把这种利用视线迹点、依据建筑的平立面进行建筑透视绘图的方法简称为"建筑师法"，也就是用"视线迹点法"绘制建筑透视图的方法。

例 8-5　如图 8-25 (a) 所示，已知所给建筑的平面图、立面图以及视高，请根据该建筑的形体特征，选择合理视点后，试用建筑师法画出其两点透视。

解：（1）分析。题中所给建筑由两个不同高度的体块穿插组成，两个体块各有不同方向上的单坡屋顶，在平面和立面形态上均具有转折的特征。选择站位时，应考虑到形体上有转折的特征，宜选用 30°~60° 透视进行表达，使站位偏重在有形体转折的一侧；题中所给视平线高于建筑，透视结果将完整表现出建筑形体的顶部形态。

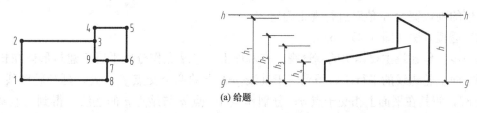

(a) 给题

图 8-25　［例 8-5］建筑师法与两点透视（一）

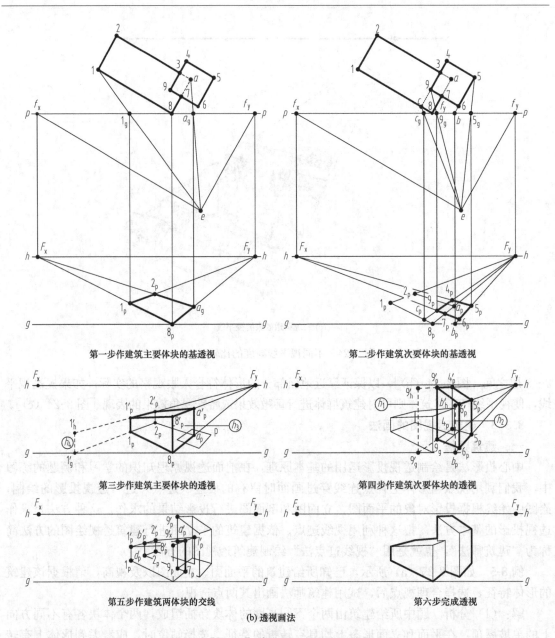

第一步作建筑主要体块的基透视　　　　　第二步作建筑次要体块的基透视

第三步作建筑主要体块的透视　　　　　第四步作建筑次要体块的透视

第五步作建筑两体块的交线　　　　　第六步完成透视

(b) 透视画法

图 8-25　[例 8-5] 建筑师法与两点透视（二）

　　在绘图前需要先确定透视三要素的位置关系，根据上述分析，将建筑平面图旋转 30° 后，过点 8 作画面基线 p-p，使点 8 落于其上；将站点放置在建筑两体块有转折关系的一侧；用约 1.2 倍的画幅宽度 K 值对进行视距确定。

　　(2) 透视画法 [图 8-25 (b)]。

　　第一步：作建筑主要体块的基透视。在基面上，过站点作分别平行于建筑形体在长度和宽度两方向上轮廓线的平行线，得到落于基线 p-p 上的两个交点 f_x、f_y；延长轮廓线 23 和轮廓线 87，使其在平面上相交于点 a；分别作点 1、点 a 与站点 e 的连线，得到与基线 p-p 相交的迹点 1_g 和 a_g。自 f_x 和 f_y，向画面上作垂直于视平线 h-h 的直线，分别得到代表建筑

长度方向上的灭点 F_x 和代表建筑宽度方向上的灭点 F_y；作点 8 到画面上的垂线，使其在基线 g-g 上有垂足，该垂足即为点 8 的透视 8_p；使 8_p 与灭点 F_x、F_y 分别相连，得到轮廓线 18 和 8a 的全长透视；利用迹点 1_g 和 a_g 向画面上作垂线，与全长透视 8_pF_x 和 8_pF_y 分别相交，其交点 1_p、a_p 即为建筑主要体块平面轮廓中顶点 1 和顶点 a 的透视；连接 1_pF_y、a_pF_x，可得到直线 12 和直线 2a 的全长透视，这两条全长透视的交点即为点 2 的透视 2_p；分别连接 8_p、1_p、2_p 和 a_p，以完成建筑主要体块的基透视。

第二步：作建筑次要体块的基透视。在基面上，沿建筑次要体块平面图上的轮廓线 49 向主要体块平面图中轮廓线 18 上作延长线交于点 c，沿轮廓线 56 向基线 p-p 上作延长线至点 b；作点 c、点 5 和点 9 与站点的连线，分别得到与基线相交的迹点 c_g、5_g 和 9_g。利用迹点 c_g 向画面上作垂线至透视线 1_p8_p 上，得到点 c 的透视 c_p，作 c_p 在 F_y 方向上的全长透视；过落在基线 p-p 上的点 b 向画面上作垂线，与基线 g-g 相交得到点 b 的透视点 b_p，作 b_p 在 F_y 方向上的全长透视；利用迹点 5_g 向画面上作垂线与全长透视 b_pF_y 相交，得到透视点 5_p；过 5_p 作其在灭点 F_x 方向上的全长透视，与全长透视 c_pF_y 相交，该交点即为点 4 的透视 4_p；迹点 9_g 向画面上的垂线与全长透视 c_pF_y 相交于 9_p，作 9_p 与 F_x 的连线，并使其延长至 b_p 的全长透视 b_pF_y 上，得到点 6 的透视 6_p；分别连接 9_p、6_p、5_p 和 4_p，完成建筑次要体块的基透视。

第三步：作建筑主要体块的透视。在建筑主要体块的基透视上求建筑体块在高度上的透视，利用"真高线法"完成。由于题中所给建筑是单坡屋面，所以建筑主体部分的墙体有两个高度（h_3、h_4）。求高前，需要先确定主体部分的两段"真高"及其正确的"真高线"位置。沿透视轮廓 $2p1p$ 向基线 g-g 作延长线至点 $1_g'$，在点 $1_g'$ 上竖真高线 h_4，并过该真高线的顶点 $1'h$ 向灭点 F_y 作连线，得到高度 h_4 的全长透视；在透视点 8_p 上竖真高线 h_3，并使其顶点 $8_p'$ 与灭点 F_y 形成全长透视；分析主体部分其他各边墙体的高度后，按其所属位置自基透视轮廓线的转折点向上作垂线，分别与代表两个不同高度的全长透视相交于 $1_p'$、$2_p'$ 和 a_p'；连接 $1_p'$、$2_p'$、a_p' 和 $8_p'$ 后，即得到建筑主要体块的透视。

第四步：作建筑次要体块的透视。建筑次要体块部分的屋顶也是单坡，也同样有两个高度（h_1、h_2）的墙体，其作图的关键依然是确立"真高"及其准确的"真高线"位置。具体原则和做法同主体部分相同，详见图中所绘（需要注意的是，4_p、9_p 和 5_p、6_p 的真高线起点位置均应在基线 g-g 上）。

第五步：作建筑两体块的交线。建筑形体主要体块和次要体块的透视绘制完成后，还要求出两体块交集部分的透视，即两体块交线部分的透视。求建筑两体块的交线前，需要先观察和分析形体的穿插关系，确认具体的交线位置后再进行绘图。本题中，两体块的交线分别为轮廓线 39 和 97，分析站点的位置及可见线与不可见线的关系后，只需求出可见部分的交线 97 即可。具体做法为，在两体块的基透视上找到交线 7_p9_p，向 F_x 方向上作延长线至透视轮廓线 1_p2_p 上，在其交点 d_p 上作垂线至透视轮廓线 $1_p'2_p'$ 上，得到交点 d_p'；过 7_p 作到透视轮廓线 $8_p'a_p'$ 的垂线，得到交点 $7_p'$；连接 d_p' 和 $7_p'$ 后，与 $9_p9_p'$ 相交后，其交点 $9_x'$ 与点 $7_p'$ 的连线即为建筑两体块在屋顶部分的交线透视。

第六步：完成透视。以上所有步骤绘制完成后，还要再分析一遍形体所有部分的可见和不可见关系，按空间关系加粗可见部分的轮廓线，擦掉不可见部分的线条，即完成本题所给建筑的透视。

例 8-6　如图 8-26（a）所示，已知所给建筑的平面图、立面图及视高，请根据该建筑的形体特征，选择合理视点后，试用建筑师法画出其一点透视。

（1）分析。如图 8-26（a）所示，建筑形体具有中轴对称、正立面中部底层架空、正立面向内收分的特征。选择站位时，如果把站位放在立面中轴线上，可较好地表现出形体中轴对称的特征；如果想避免一点透视在表达效果上的呆板，为最终的一点透视效果增加生动感，可以使站位的垂足位于立面中轴线稍有偏离的区域；题中所给视平线位于建筑中下部，将会对建筑架空部分的底部有透视表达。由于建筑正立面具有向内收分的特征，所以本题的绘图难点在于建筑正立面上的三个表面均不平行于画面，绘制的关键在于找到各表面轮廓线的正确透视位置。

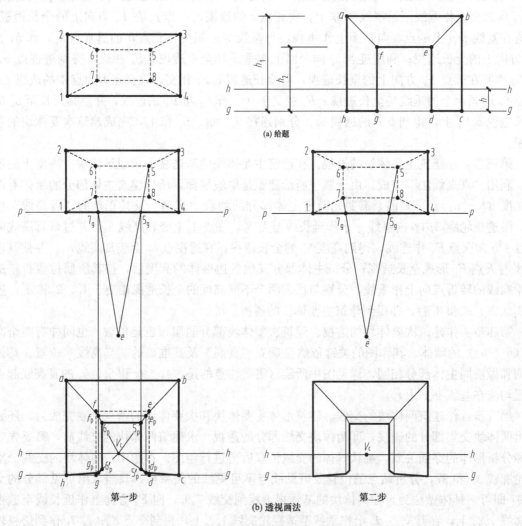

图 8-26　［例 8-6］建筑师法与一点透视

（2）透视画法［图 8-26（b）］。依据前面对建筑形体的分析和题目的要求，用尽可能少的步骤和相对简便的方法绘图，首先将画面设置在建筑的正立面上，过点 1 和点 4 作画面线 p-p，使点 1 和点 4 位于画面上；将站点的垂足放置在建筑中轴线稍偏左的位置；用约 1.1 倍的画幅宽度 K 值作为视距确定的依据。

第一步：绘制形体可见部分的透视。首先在画面上确定心点 V_c 的位置，并对应基面上建筑平面的位置绘制出建筑的正立面，再结合视点的位置，分析建筑形体的可见和不可见关系，于基面上确定点 7 和点 5 在画面 $p\text{-}p$ 上的迹点 7_g 和 5_g。依据平行投影的基本原理可知立面图中的点 g 即是空间中点 7 在画面 $g\text{-}g$ 上的正投影，点 7 的透视位置必在点 g 的全长透视 gV_c 上，所以作迹点 7_g 在画面上的垂线至全长透视 gV_c 上，其交点即为透视点 g_p（即点 7 的透视）；同理，可以将点 f、e 和 d 分别与 V_c 相连，以帮助求取内收分立面各表面的透视，再利用一点透视中平行于画面的轮廓线也相互平行的原理绘图。全长透视 eV_c 上的透视点 5_p，可以通过在形体进深方向上的点 5 及其迹点 5_g 求得。过 g_p 向 fV_c 上作垂线交于 f_p、过 f_p 向 eV_c 上作水平线交于 e_p，过 e_p 向 dV_c 上作垂线交于 d_p，从而绘制出题中所给建筑正立面中三个内倾表面的外侧轮廓线的透视；过 5_p 向 dV_c 上作垂线交于 $5_p'$、过 5_p 向 fV_c 上作水平线交于 6_p、过 6_p 向 gV_c 上作垂线交于 $6_p'$，进而完成三个内倾表面在进深方向上的轮廓线透视。分别连接点 a 和透视点 f_p、点 b 和透视点 e_p，即可得到三个内倾表面交线的透视。

第二步：完成透视。按空间关系加粗可见部分的轮廓线，完成本题所给建筑的一点透视。

二、量点法

从使用"建筑师法"绘制透视图的练习可知，建筑形体无论是在长度还是在宽度（进深）方向上的透视，都是利用视点（站点）与建筑平面作连线（视线）并与基线（画面）相交形成迹点的方法去解决的。利用迹点解决建筑在长度和宽度两方向上的度量问题离不开绘制在基面上的平面，甚至连最终成图的透视图大小也由绘制在基面上的平面来决定，所以"建筑师法"是透视成图的最基本方法，最容易理解和掌握，但作图时离不开平面图，需要随时以绘制在画面上方的基面（平面图）为基础。在进行方案表现与图纸表达时，由于图纸空间或构图排版等方面的限制，很多情况下没有图面允许制图者运用"建筑师法"进行透视图的绘制，应对这一问题，可以用"量点法"进行透视图的绘制。

关于量点：量点是透视中用以解决形体在长度或宽度方向上度量问题的辅助直线在视平线上的灭点（图 8-27），在透视学中，这类灭点被称为"量点"，用 M/m 表示。量点 M/m 至其所属灭点的距离等于该灭点到视点（站点）连线的距离，可以理解为该灭点到视点（站点）连线的距离是在画面上展开后形成的点，如果将某一直线的空间距离也在画面上展开，即可以利用该量点解决其度量问题。

关于"量点法"：利用平面中形体主向轮廓线的尺寸（或长度）按比例解决透视图中主向轮廓线长度和宽度方向上度量问题的方法，称为"量点法"，"量点法"是可以不在画面上方绘制出基面及形体完整平面、可以直接画出大小合适的透视图的作图方法。

图 8-27 中，直线 ab 落于基面上，直线 ab 有到画面基线 $g\text{-}g$ 的延长点 n，以在基线上的点 n 为轴，将 n 到 b 和 a 的距离依次在基线上展开，使 $nb_n=nb$，$na_n=na$；自站点作直线 ab 的平行线，与基线 $g\text{-}g$ 相交后得点 f，以点 f 为轴，将 ef 的距离在 $g\text{-}g$ 上展开，得点 m，使 $fm=fe$。根据点 m 和 f、点 b_n 和 a_n 在空间中的关系，将灭点 F 和量点 M 落于视平线 $h\text{-}h$ 上，将点 n_g、b_{ng} 和 a_{ng} 落于在基线 $g\text{-}g$ 上。ng 与 F 相连即是直线 ab 的全长透视，用量点 M 与点 b_{ng} 和 a_{ng} 的连线，可在全长透视上对 b_p、a_p 的位置准确定位，b_p 与 a_p 的连线即是直线 ab 的透视。

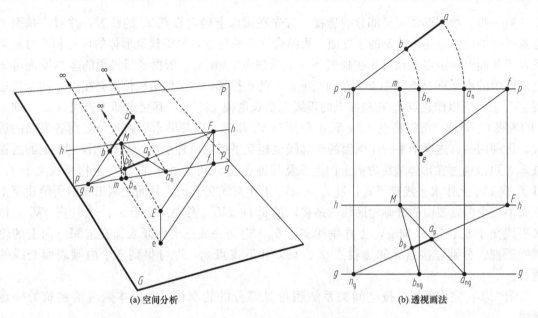

图 8-27　量点的空间分析与透视画法

例 8-7　如图 8-28 (a) 所示，基面上有长、宽分别为 AB（CD）、AD（BC）的矩形，其顶点 C 在基线上，试运用量点法求作该矩形的两点透视。

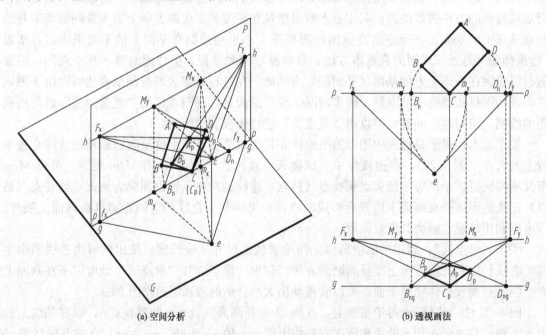

图 8-28　［例 8-7］用量点法画矩形平面的两点透视

解：透视画法［图 8-28 (b)］。在基面上，过站点作分别与矩形平面两边轮廓线 BC、DC 平行的直线，得到交于基线 p-p 上的点 f_x、f_y；以 f_x 为轴，将点 f_x 到站点 e 的距离在基线 p-p 上展开，使点 f_x 到点 m_x 的距离等于 f_x 到 e；以 f_y 为轴，将点 f_y 到站点 e 的距离在基线 p-p 上展开，使点 f_y 到点 m_y 的距离等于 f_y 到 e；以点 C 为轴，将轮廓线 BC 和 DC

的边长在基线 p-p 上展开，使 $B_nC=BC$、$D_nC=DC$。

根据在基面上绘图所得的 7 个点（f_x、f_y、m_x、m_y、B_n、C 和 D_n）的空间位置，对它们进行分组绘制，过 f_x、f_y、m_x 和 m_y 向画面上作垂线，得到落于视平线 h-h 上的灭点 F_x、F_y 和量点 M_x、M_y；过 B_n、C 和 D_n 向画面上作垂线，使它们的垂足 B_{ng}、C_p 和 D_{ng} 位于基线 g-g 上。

轮廓线 BC 是消失于灭点 F_x 的直线，点 B 在全长透视 F_xC_p 上的透视位置（B_p）可以通过量点 M_x 与 B_{ng} 的连线截取到，同理，消失于灭点 F_y 的轮廓线 DC 的透视点 D_p，也可由量点 M_y 与 D_{ng} 的连线在全长透视 F_yC_p 上截取；作 B_p 与灭点 F_y 的连线、D_p 与灭点 F_x 的连线，两条全长透视的交点即为空间上点 A 的透视 A_p；连接 C_p、B_p、A_p 和 D_p，即完成了用量点法所作矩形 $ABCD$ 的两点透视。

例 8-8　如图 8-29（a）所示，请利用题中所给形体的平面图、立面图及视平线，运用量点法作出其放大一倍的两点透视。

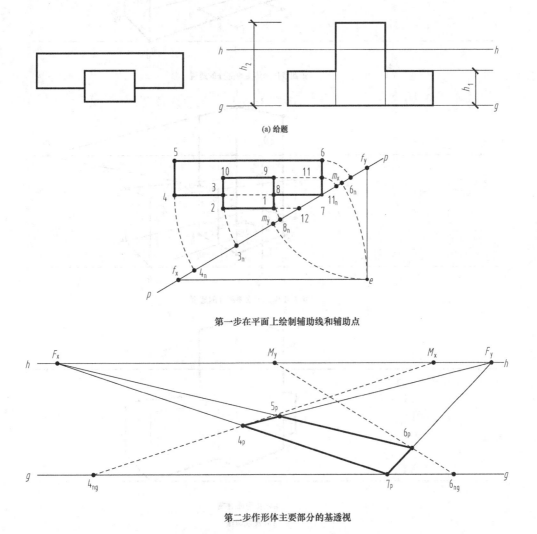

(a) 给题

第一步在平面上绘制辅助线和辅助点

第二步作形体主要部分的基透视

图 8-29　[例 8-8] 用量点法画形体的两点透视（一）

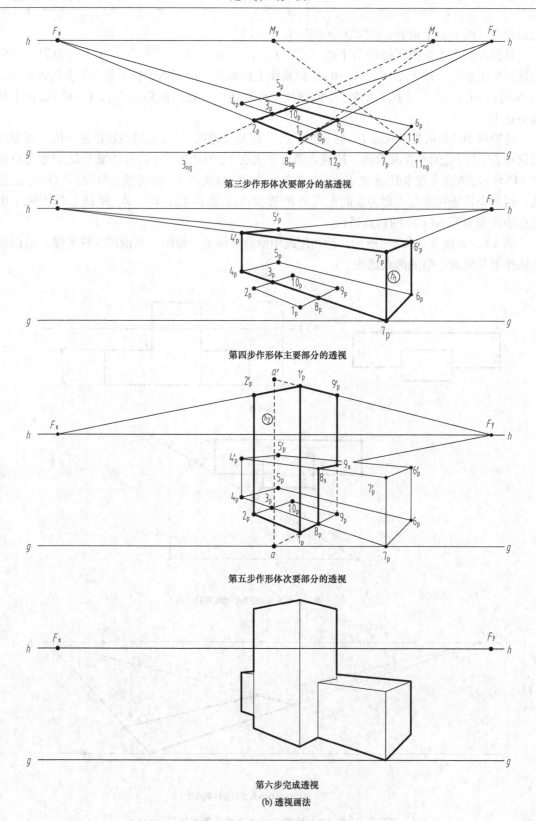

第三步作形体次要部分的基透视

第四步作形体主要部分的透视

第五步作形体次要部分的透视

第六步完成透视

(b) 透视画法

图 8-29 ［例 8-8］用量点法画形体的两点透视（二）

解：透视画法：

第一步：在平面上绘制辅助线和辅助点。如图 8-29 所示，根据形体的特征，设定形体、基线和站点的合理位置后，在基线 p-p 上确定 f_x、f_y 和 m_x、m_y 的位置；在 f_x 方向上将需要度量的点 8、3、4 以点 7 为轴展开于基线 p-p 上，得到点 8_n、3_n、4_n；在 f_y 方向上将需要度量的点 11、6 以点 7 为轴展开于基线上，得到点 11_n、6_n；同时使轮廓线 21 延长至基线 p-p，交于点 12。

注：以上这些步骤在草图上完成，不需要绘制在正式图纸上。

第二步：绘制形体主要部分的基透视。本题要求绘制出放大一倍的透视，意味着在求图的过程中，始终用所给数据的两倍数值作为绘图依据。根据这个原则，按两倍视高将基线 g-g 和视平线 h-h 的位置设定好，以基线上的 7_p 作为参照位置（平面上的顶点 7 是在基线上的点，所以点 7 的透视 7_p 即是其本身），依次使 f_x、f_y 和 m_x、m_y 落于视平线上，分别得到灭点 F_x、F_y 以及和它们对应的量点 M_x、M_y；使形体在长度方向上的待度量点 4_n 和宽度方向上的待度量点 6_n 分别落于基线 g-g 上，得到点 4_{ng} 和 6_{ng}；使基线上的透视点 7_p 与 F_x、F_y 分别相连，得到该点在长度和宽度两方向上的全长透视；用量点 M_x 与 4_{ng} 的连线在全长透视 7_pF_x 上截取出透视点 4_p，用量点 M_y 与 6_{ng} 的连线在全长透视 7_pF_y 上截取出透视点 6_p；4_p 与 F_y、6_p 与 F_x 相连后，其交点即为透视点 5_p；连接 7_p、4_p、5_p 和 6_p 以完成形体主要部分基透视的绘制。

第三步：绘制形体次要部分的基透视。以透视点 7_p 的位置为基础，在基线 g-g 上确定出 11_{ng}、8_{ng}、3_{ng} 和 12_p 的位置；用量点 M_y 和 11_{ng} 的连线在透视轮廓 7_p6_p 上截取出点 11_p 的位置后，做 11_p 的全长透视 11_pF_x；用量点 M_x 依次和 8_{ng}、3_{ng} 相连，在透视轮廓 7_p4_p 上分别确定透视点 8_p、3_p；作基线上的点 12_p 的全长透视 12_pF_x，作 8_p、3_p 在灭点 F_y 方向上的全长透视并使它们反向延长至全长透视 12_pF_x 上，所得的交点即是透视点 1_p、2_p，全长透视 8_pF_y、3_pF_y 还在空间中与 11_pF_x 相交，它们的交点即是形体次要部分基透视上的点 10_p 和 9_p，依次连接 1_p、2_p、10_p 和 9_p 后完成形体次要部分基透视的绘制。

第四步：绘制形体主要部分的透视。在透视点 7_p 上竖形体主要部分的真高线 h_1，利用其顶点 $7_p'$ 做出该点在灭点 F_x 和 F_y 方向上的全长透视；在形体可见点 4_p 和 6_p 向全长透视 $7_p'F_x$ 和 $7_p'F_y$ 上作垂线，得到透视点 $4_p'$、$6_p'$，透视点 $4_p'$、$6_p'$ 的全长透视于空间中的交点即是透视点 $5_p'$，连接全部可见透视点后（7_p、$7_p'$、6_p、$6_p'$、4_p、$4_p'$、$5_p'$），完成形体主要部分的透视。

第五步：绘制形体次要部分的透视。将形体次要部分基透视上的轮廓线 9_p1_p 延长至基线 g-g 上，交于点 a，在点 a 上竖形体次要部分的真高线 h_2，其顶点 a' 在灭点 F_y 方向上的全长透视 $a'F_y$ 与在透视点 1_p 上所作的垂线相交，交点即是透视点 $1_p'$，同理，再利用全长透视 $1_p'F_x$、$1_p'F_y$ 与透视点 2_p、9_p 上的垂线相交，确定透视点 $2_p'$ 和 $9_p'$；对形体可见部分的关系进行分析后，形体次要部分与主要部分交线的透视可以通过基透视上的 8_p 和 9_p 求作，自 8_p 作垂直于透视轮廓 $4_p'7_p'$ 的直线，交于点 $8x$，作 $8x$ 在灭点 F_y 方向上的全长透视，与透视轮廓 $9_p9_p'$ 相交于 9_x，点 9_x、8_x 及 8_p 的连线即为形体次要部分与主要部分交线的透视；连接所有可见透视点（1_p、$1_p'$、2_p、$2_p'$、8_p、8_x、9_x、$9_p'$），完成形体次要部分的透视。

第六步：完成透视。根据形体的空间关系，验证形体的可见与不可见关系，加粗可见部分的轮廓线，擦去不可见部分的图线及辅助线，完成本题所给形体的两点透视。

三、距点法

除了在透视中用"量点"解决形体在长度和宽度方向上的透视问题外，还可能遇到形体在进深方向上的透视问题，可以通过"距点"进行绘制。

从距点的空间分析与透视画法（图 8-30）中可见，距点 D 至灭点 F 的距离等于灭点 F 到视点 E 的距离，距点是通过灭点到视点的距离在画面上的展开确定的，当直线 AB 到画面的距离及直线 AB 本身的距离同时在画面基线上展开时，距点就可以在直线 AB 的全长透视上对进深上的点进行一一度量。透视过程中，视点到灭点的距离等于灭点到距点的距离，空间上形成了 $45°$ 的直角三角形关系（即"$DF=FE=$ 视距"的距离关系）。

从绘图的原理看，距点与量点的使用原理和使用方法一致，因此也可以将距点看作量点的特殊形式，二者的使用区别在于："量点法"通常应用在两点透视中（解决形体长、宽两方向上的透视问题），距点法通常应用于一点透视中（解决形体在进深方向上的透视问题）。

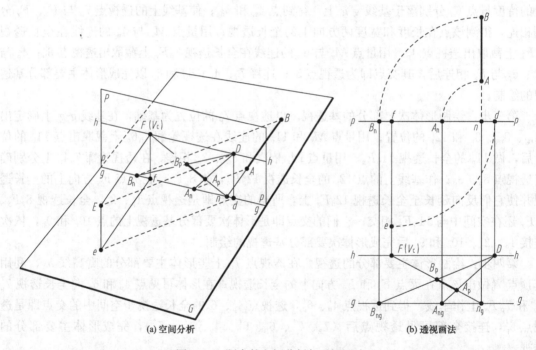

(a) 空间分析　　　　　　　　　　　　　　(b) 透视画法

图 8-30　距点的空间分析与透视画法

图 8-30 中，过站点 e 作其在基线 p-p 上的垂足 f，通过点 f 作点 d，使 $fd=fe$；延长落于基面上的直线 AB 至基线 p-p 上，使其有交点 n，过点 n 作点 A_n、B_n，使 $nA_n=nA$、$nB_n=nB$；由于直线 AB 是垂直于画面的线段，因此直线 AB 的灭点即是心点 V_c。通过以上在基面上各点的绘制，可以使灭点 F 和距点 D 按它们的所属位置落于视平线 h-h 上，使 p-p 上的点 B_n、A_n、n 按它们的位置关系落于基线 g-g 上，得到点 B_{ng}、A_{ng} 和 n_g；在点 n_g 上作直线 AB 的全长透视 F_{ng}，用距点 D 和点 B_{ng}、A_{ng} 相连，在全长透视 F_{ng} 上截取出透视点 B_p 和 A_p；连接 B_p、A_p 即得到直线 AB 的透视。

例 8-9　如图 8-31（a）所示，请根据题中所给形体的平面图、立面图及视平线，选择合理的视点后，用距点法画出该形体的一点透视。

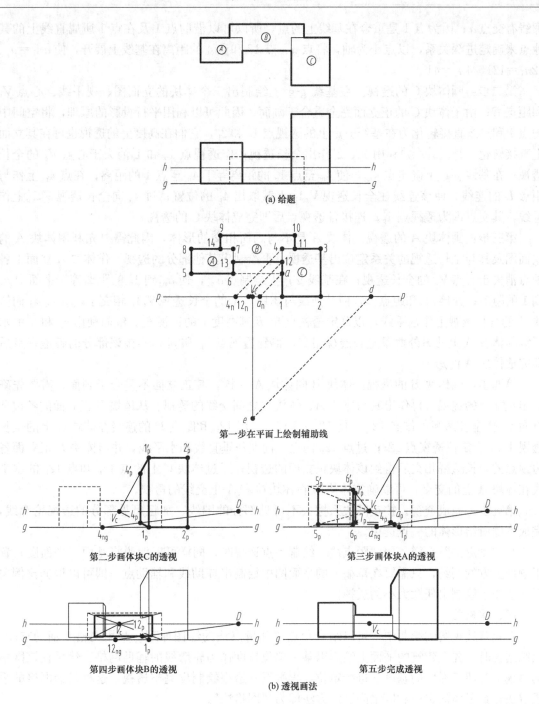

(a) 给题

第一步在平面上绘制辅助线

第二步画体块C的透视

第三步画体块A的透视

第四步画体块B的透视

第五步完成透视

(b) 透视画法

图 8-31 ［例 8-9］用距点法画形体的一点透视

解： 透视画法 ［图 8-31 （b）］：

第一步：在平面上绘制辅助线。如图 8-31 （a） 所示，题中所给形体由 A、B、C 三个体块组成，在体块 C 的正立面上设置画面，将站点的垂足设定在组合形体的中轴线附近，并用约 1 倍的 K 值 （画幅宽度） 确定视距。在基线 p-p 上确定心点 V_c，并向基线作站点的 45° 直线以确定点 d，使 $dV_c = eV_c =$ 视距；作体块 A 上的轮廓线 56 的延长线使其与体块 C 上的轮

廓线有交点 a；因为点 1 是重合在基线上的点，所以可以借助点 1 及在点 1 所属直线上的其他点来确定进深关系，以点 1 为轴，将点 a、点 12 和点 4 的距离在基线上展开，使 $an_1＝a_1$、$12n_1＝121$、$4n_1＝41$。

第二步：画体块 C 的透视。在基线 g-g 上绘制出三个体块的立面图、视平线、心点 V_c 和距点 D；由于体块 C 的正立面完全重合于画面，因此可以利用平行投影的原理，将空间中的点 1 和点 2 直接转化为在基线 g-g 上的透视点 1_p 和 2_p，它们在高度上的透视也可在其立面上直接转化（$1_p'$、$2_p'$）并利用 $1_p'$、$2_p'$ 作出全长透视；作透视点 1_p 和 $1_p'$ 消失于心点 V_c 的全长透视；在基线 g-g 上确定点 4_{ng}，使 4_{ng} 至点 1_p 的距离等于 4_n 至点 1 的距离；在点 4_{ng} 上作与距点 D 的连线，使该连线在全长透视 V_c1_p 上截取出 4_p 的位置；过 4_p 向全长透视 V_c1_p' 上作垂线，其交点即为透视点 $4_p'$；连接各透视点后即完成体块 C 的透视。

第三步：画体块 A 的透视。体块 A 是不与画面相交的形体，因此需要先利用体块 A 的立面图及其与全长透视的关系定位出基透视，再绘制出其他部分的透视。作体块 A 立面上各顶点消失于心点 V_c 的全长透视；在基线 g-g 上绘制点 a_{ng}，使 a_{ng} 到 1_p 的距离等于平面中 a_n 到 1 的距离；连接 a_{ng} 和距点 D，使其连线与体块 C 上的全长透视 V_c1_p 相交于 a_p；过 a_p 向体块 A 的全长透视上作水平线，以确定透视点 6_p 及其高度上的透视 $6_p'$，继而利用 6_p 和 $6_p'$ 的水平线与体块 A 上的另外两条全长透视相交，得到透视点 5_p 和 $5_p'$；连接该部分的各透视点后即完成体块 A 的透视。

第四步：画体块 B 的透视。体块 B 同体块 A 一样，其正立面不重合于画面，需要先确定出正立面的透视，再作出其与体块 A、体块 C 之间交线的透视。从体块 B 正立面的各边顶点向 V_c 作全长透视；作点 12_{ng}，使 $12_{ng}1＝12_n1$，用 12_{ng} 和距点 D 的连线在体块 C 上的全长透视 1_pV_c 上定位透视点 12_p；过点 12_p 向上、向左作垂直线和水平线，并与体块 B 正立面各边顶点的全长透视相交后得到该体块正立面的透视；通过体块 C 上的点 12_p 和点 12_p 的水平线在体块 A 上的交点，可以确定体块 B 在体块 C 和 A 上交线的透视。

第五步：完成透视。按空间关系擦去不可见部分的图线、加粗可见部分的透视轮廓线，完成本题所给形体的一点透视。

与"量点法"一样，用"距点法"绘制一点透视时，同样可以摆脱将基面（平面图）置于画面上方的制约，只需要在草稿上的平面图中绘制出辅助线和辅助点，即可以根据比例关系在正图上绘制出任意大小的透视。

四、网格法

在建筑透视图的绘制中，可以结合距点法和量点法的绘图原理，利用网格来辅助求图。绘制透视时，先在建筑的平面上绘制以某一单位长度作为轮廓线的辅助网格，然后在该网格的透视上对建筑形体的基透视进行定位，再根据基透视绘制出完整透视，这种借助网格的手段解决建筑形体的定位和度量问题的方法即为"网格法"。

"网格法"根据"对格入位"的原理解决透视网格上建筑形体的基透视，这种透视方法简单易绘，特别适合绘制建筑群体的鸟瞰图或平面形状不规则的建筑形体的透视图，在室内设计的透视表达中也有广泛应用。

下面用实例说明网格法绘制透视的原理和方法。

例 8-10 用网格法画一点透视，如图 8-32（a）所示，请根据题中所给某建筑群体的平面图和立面图，运用"网格法"绘制出一点透视鸟瞰图。

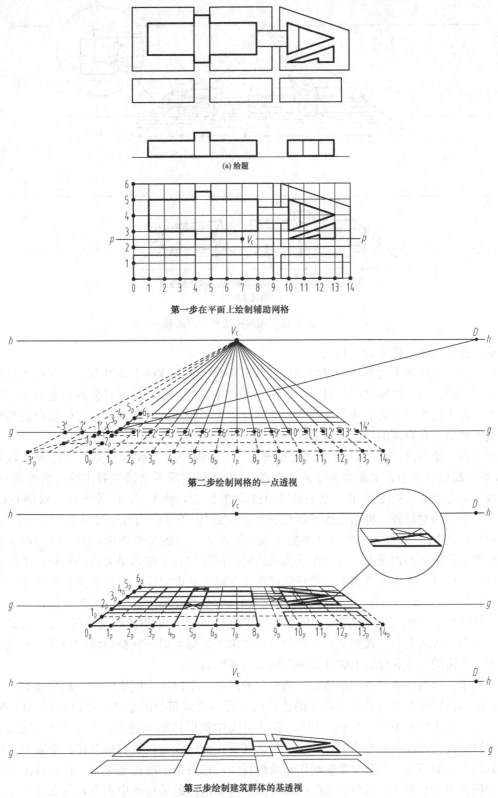

图 8-32 ［例 8-10］用网格法画一点透视（一）

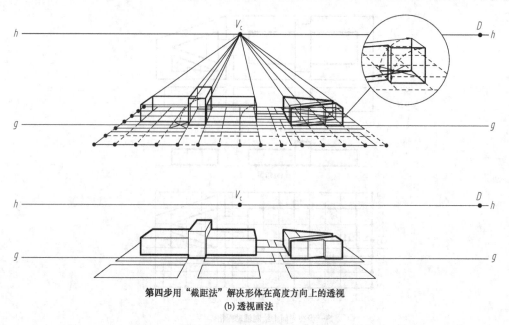

第四步用"截距法"解决形体在高度方向上的透视
(b) 透视画法

图 8-32　[例 8-10] 用网格法画一点透视（二）

解：透视画法 [图 8-32（b）]：

第一步：在平面上绘制辅助网格。根据题中所给建筑群体的平面特征，在平面上设定一个适合尺寸的网格，使网格中的每一个方格都具有相同的边长，并尽量使网格上的边或顶点与建筑平面中的主要轮廓线或形体的转折点重合；为了使绘图更加简便，在较复杂的建筑立面上设置画面，在画面的居中位置放置心点 V_c。

第二步：绘制网格的一点透视。在基线 g-g 上方绘制视平线和心点，以形成鸟瞰效果（视平线的高度要适中，太高容易导致"失真"，太矮则表现不出建筑群体的鸟瞰效果）；在视平线 h-h 上用画幅宽度 K 的大小来确定距点 D 的位置，使 V_c 至 D 等于 K；根据心点 V_c 在视平线上的相对位置，将网格的经线在 p-p 上的交点（0-14）于 g-g 上定位（0′-14′），并使它们与心点 V_c 一一相连，形成网格的经线在进深方向上的全长透视；因为将画面 p-p 放置的位置不在网格的边缘上，所以在画面基线的外部还应有 2 组水平方向的网格，求作这两组网格的透视时，需要先依据平行投影的规律在基线 g-g 上定位，在点 0′ 的左侧用单位网格的距离定位点 −1′、−2′ 和 −3′，过这三个点与心点 V_c 相连后形成它们的全长透视；在 0′ 和 −1′ 之间用 1/2 个单位网格的距离定位点 X，用距点 D 和点 X 相连并交于点 −3′$_p$，使该连线与 g-g 上所有点的全长透视相交，过每个交点作水平线即可得到网格纬线的透视，最后依据平面图中网格的经线和纬线上的数量确定辅助网格的透视。

第三步：绘制建筑群体的基透视。透视后的网格，虽然每个网格的边长和角度都发生了变化，但仍在空间上具有单个方格上的边两两平行、两两相等的意义，可以利用"网格法"的这一原理来将建筑平面"对格入位"，借以完成建筑群体的基透视。在本部分的绘制中，重合于网格边缘或顶点上的建筑平面可以根据其所在经纬线的位置直接落位，不重合于网格边缘或顶点上的部分，绘图时要先利用辅助线找到其在网格中的位置关系，再将其落位到透视后的网格中。本题中，三角形平面的某一顶点落于网格的某边的中点上，绘图时可以运用平行投影的原理，在该方格中绘制对角线，借助其对角线交点作水平线与方格轮廓线相交的方法得到该边中点的透视。

第四步：用"截距法"解决形体在高度方向上的透视。平行投影原理中，平行两直线的投影也相互平行，它们的长度比等于其投影的长度比。在"网格法"的一点透视绘图中，可以根据平行投影原理的定比性规律绘制形体在高度上的透视。一点透视的网格中，每一条纬线和在其上的表面都具有平行性和定比性，绘制形体的高度时，可以根据形体高度与辅助网格单位边长的比例关系在对应的纬线上截取出透视高度，使该高度竖于对应的网格坐标上，与该高度相关的全长透视和透视可在此基础上逐步绘制。把这种截取纬线方向上的网格距离作为解决对应高度透视的方法，称为"截距法"。

例 8-11　用网格法画两点透视。

解：如图 8-33（a）所示，请根据题中所给某建筑群体的平面图和立面图，运用"网格法"绘制其放大一倍的两点透视鸟瞰图。

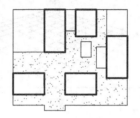

(a) 给题

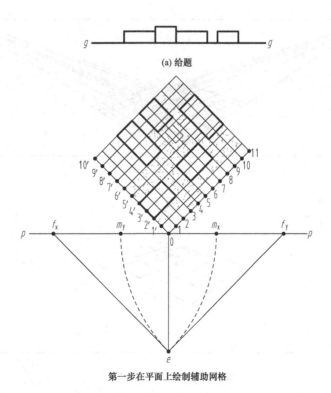

第一步在平面上绘制辅助网格

图 8-33　[例 8-11]　用网格法画两点透视（一）

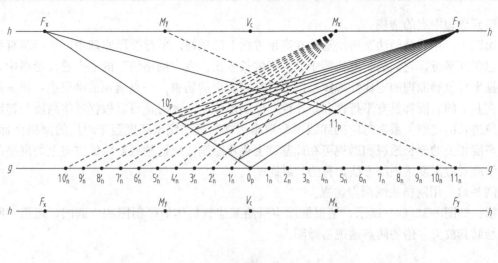

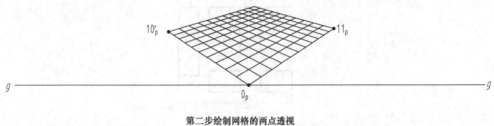

第二步绘制网格的两点透视

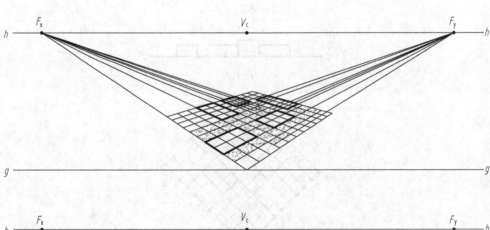

第三步绘制建筑群体的基透视

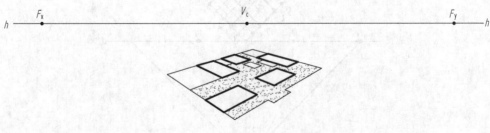

图 8-33 ［例 8-11］用网格法画两点透视（二）

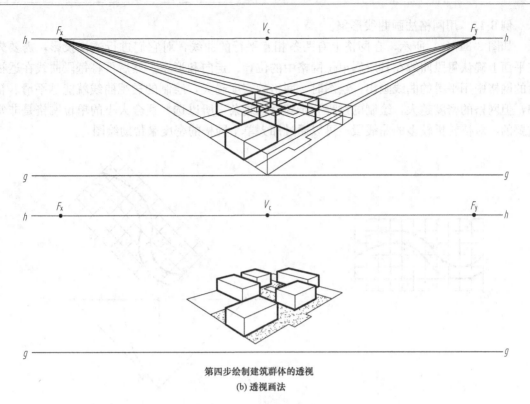

第四步绘制建筑群体的透视

(b) 透视画法

图 8-33　〔例 8-11〕用网格法画两点透视（三）

透视画法〔图 8-33（b）〕：

第一步：在平面上绘制辅助网格。将平面图旋转 45°后，依据平面上的关系绘制网格，并在网格的顶点 0 上放置画面，用约 1.2 倍的画幅宽度确定视距，使站点的垂足（即心点 V_c）重合于顶点 0；过站点 e 作分别平行于代表网格长度和宽度两方向上轮廓线的直线，与画面基线 p-p 相交后得到点 f_x 和 f_y；在基线 p-p 上确定点 m_x 和 m_y，使 $ef_x=m_xf_x$、$ef_y=m_yf_y$。

第二步：绘制网格的两点透视

先在基线 g-g 上确定网格顶点 0 的透视 0_p，然后再以 0_p 为基础，将网格上的点 $1\sim11$ 以及点 $1'\sim10'$ 在基线 g-g 上展开，得到点 1_n-11_n 以及点 $1'_n$-$10'_n$；在视平线 h-h 上确定心点 V_c（0_p 在 h-h 上的垂足）、灭点 F_x、F_y 及其量点 M_x、M_y 的位置；作点 0_p 在 F_x 和 F_y 两方向上的全长透视；用点 $1'_n$-$10'_n$ 和 M_x 相连，在全长透视 F_x0_p 上截取出点 $1'_p\sim10'_p$，同理，可利用 M_y 求出点 $1_p\sim11_p$ 在全长透视 F_y0_p 上的位置（图中省略）；用点 $1'_p\sim10'_p$ 分别和灭点 F_y 相连、点 $1_p\sim11_p$ 和 F_x 相连，这些全长透视彼此相交，即形成了辅助网格的两点透视。

第三步：绘制建筑群体的基透视。用"对格入位"的方法将建筑和场地的平面落于辅助网格的两点透视上，从而完成建筑群体的基透视。两点透视中网格的中点仍然可以用作对角线的方法得到，对网格上的边的多段等分也可在此基础上进行变化。

第四步：绘制建筑群体的透视。完成了建筑群体的基透视后，"网格"便完成了它的任务，建筑在高度方向上的透视可直接在建筑群体的基透视上绘制，可以通过在透视点 0_p 上竖"真高线"的方法来完成建筑在高度方向上的透视；最后，仔细分析建筑和场地的关系后，擦掉不可见部分的图线、加粗可见部分的图线，完成透视。

例 8-12　用网格法画曲线形象。

如图 8-34（a）所示，在网格上有两条相互平行的曲线，对它们进行透视投影，需要先在平面上确认每段曲线在其所属单位网格中的位置、走向和形态，然后再将每段曲线在透视后的网格中用平滑的曲线画出。绘图时，网格的密度越大，绘制的透视曲线就能越平滑、精细，但网格的密度越大，绘制的过程和步骤就越复杂，所以选择适合大小的单位网格是非常重要的，对待转折较多的曲线段，可以通过加大单个网格的密度来帮助绘图。

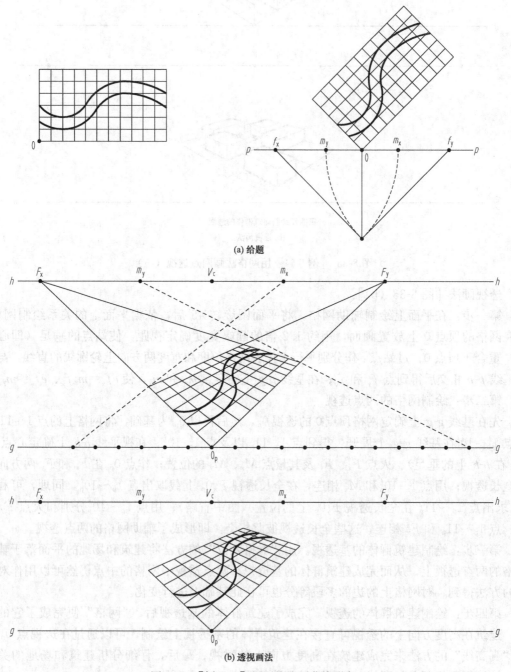

(a) 给题

(b) 透视画法

图 8-34　［例 8-12］用网格法画曲线形象

　　在网格上绘制建筑平面，技巧在于抓住网格顶点和定位交点的位置，遇到建筑平面中有斜线或有其他不在网格上的轮廓，也要先在网格的经纬线上对轮廓上的点进行定位。平面一旦被确定，建筑形体在高度方面的透视也就迎刃而解了。

　　无论是用网格法绘制一点透视还是两点透视，辅助网格的整体尺寸、比例以及单个网格的尺寸变化等，都可以根建筑物及其周边环境的特征灵活设定。

8.3.4　建筑透视图的快速绘制

　　在用量点法绘制建筑透视时，可以结合透视投影参数的设置原则和量点法的透视投影原理，在绘图时对两点透视中的参数快速设置，可以使绘图过程更加简便，也可以更好地把握透视投影的成图大小。

一、45°透视的快速绘制

　　在两点透视中，当建筑物相邻的两个主立面与画面形成的夹角都是 45°时，形成的透视称为 45°透视。在这种情况下，可以提前规划出拟画透视图的成图大小（即画幅宽度 K），然后再根据拟画透视图的大小用简化的取值设定灭点（F_x、F_y）、心点（V_c）和量点（M_x、M_y）在视平线（h-h）上的位置，从而达到减少绘图步骤的目的。

　　快速绘制 45°透视的参数设置方法如图 8-35 所示。

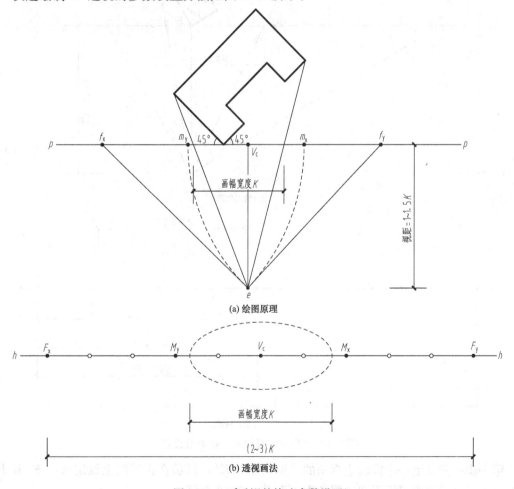

(a) 绘图原理

(b) 透视画法

图 8-35　45°透视的快速参数设置

第一步：先设定一个画幅宽度 K（拟画透视图的成图大小），按此画幅宽度于视平线 h-h 的居中位置上设定心点 V_c。

第二步：取画幅宽度 K 的 2～3 倍值，以心点 V_c 为中心，在视平线 h-h 上展开，使 $F_xV_c=F_yV_c$，获得灭点 F_x、F_y。

第三步：将 F_xV_c 五等分，于等分后的 3/5 处设量点 M_y，使 F_xM_y：$M_yV_c=3$：2；将 V_cF_y 五等分，于等分后的 2/5 处设量点 M_x，使 V_cM_x：$M_xF_y=2$：3。

二、30°～60°透视的快速绘制

在两点透视中，当建筑物相邻的两个主立面与画面形成的夹角是 30°～60°时，形成 30°～60°透视。

快速绘制 30°～60°透视的参数设置方法如图 8-36 所示。

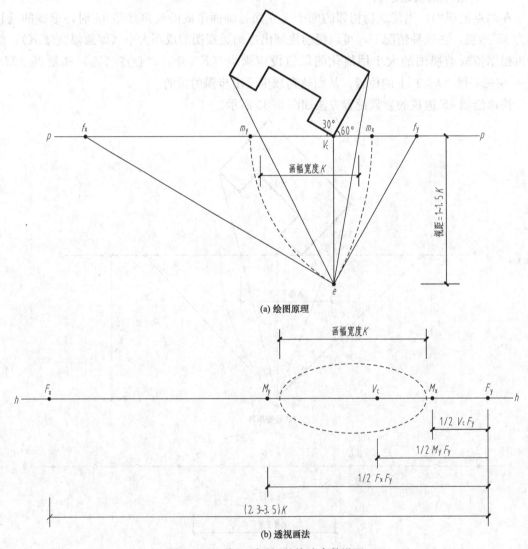

(a) 绘图原理

(b) 透视画法

图 8-36 30°～60°透视的快速参数设置

第一步：先设定一个拟画透视图的"画幅宽度 K"，然后在视平线上设定灭点 F_x 和 F_y，使两个灭点之间的距离等于"画幅宽度 K"的 2.3～3.5 倍。

第二步：在 F_x 到 F_y 的中点处绘制量点 M_y，使 $M_yF_y=1/2F_xF_y$。

第三步：在 M_y 到 F_y 的中点处绘制心点 V_c，使 $V_cF_y=1/2M_yF_y$。

第四步：在 V_c 到 F_y 的中点处绘制量点 M_x，使 $m_xF_y=1/2V_cF_y$。

8.3.5　建筑透视图的辅助画法

一、辅助灭点

在建筑透视图的练习中，可能会因为图幅的限制或建筑某个立面与画面形成的夹角过小，而遇到两点透视中的两个灭点不能同时进入绘图画面的情况［图 8-37（a）］，在这种灭点不可达的情况下，可以使用辅助灭点进行绘图［图 8-37（b）、（c）］。

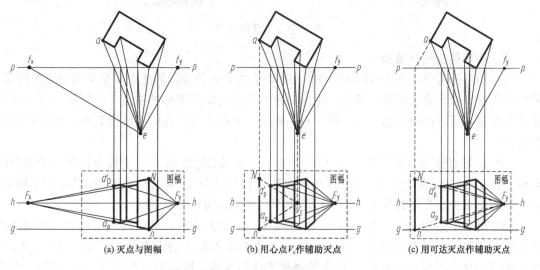

(a) 灭点与图幅　　　　　(b) 用心点V_c作辅助灭点　　　　　(c) 用可达灭点作辅助灭点

图 8-37　两点透视中的辅助灭点

无论是利用心点 V_c 作辅助灭点，还是利用可达灭点作辅助灭点，都是以"真高线"作为绘图依据的，所以"真高线"竖在基线 g-g 上的正确位置是绘图的关键：

（1）用心点 V_c 作辅助灭点时，可以在基面上过形体外围轮廓线的顶点向画面基线 g-g 做垂线，在该垂线上竖"真高线"（Nn），通过作真高线与辅助灭点 V_c 的连线，确定形体外轮廓在高度方向上的透视，继而解决形体其他部分的透视。

（2）用可达灭点作辅助灭点时，需要先在基面上将形体的外围轮廓线延长至基线 p-p 上，再过该延长线与 p-p 的交点向画面基线 g-g 上作垂线，在该条垂线上竖"真高线"（Nn），通过作真高线与辅助灭点的连线，确定形体外轮廓在高度方向上的透视，继而解决形体其他部分的透视。

二、直线的分割

与画面平行的直线，其线段上的长度比和其透视的各段长度比相等，利用该定比性的特点，可以在透视图中对透视线段作定比分割（图 8-38），绘图步骤如下：

（1）完成形体主要轮廓的透视绘制后，过透视点 1_p 作水平于基线 g-g 的辅助直线 $1_p4'$，并按 $A：B：A$ 的比例分割线段。

（2）作点 $4'$ 和 4_p 的连线，使其与视平线 h-h 交于点 F'（点 F' 是辅助直线 $1_p4'$ 的灭点）。

（3）用辅助直线段上的点 $2'$、$3'$ 和辅助灭点 F' 相连，它们在透视轮廓线 1_p4_p 上的交点即是透视点 2_p 和 3_p，其在 1_p4_p 上的分割比例不变。

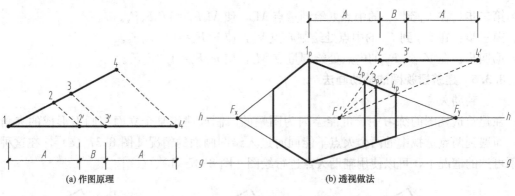

图 8-38　直线的分割

三、矩形的分割与追加

（1）矩形的等分［图 8-39（a）］。相交的两直线，它们投影的交点即是空间交点的投影，可以利用这一投影特性对矩形等分。矩形对角线的交点即是矩形的中点，矩形的中线也必从该中点通过，可利用矩形的中点、过中点的铅垂线和中点与灭点的连线及其延长线对矩形进行等分。

（2）矩形的纵向等分［图 8-39（b）］。在矩形透视的轮廓线 1_p4_p 上任意设置三个等分的点位，使 $1_pa:ab:bc=1:1:1$，连接点 c 和 2_p，使其与 a、b 的全长透视 aF_y、bF_y 相交，过它们的交点向矩形轮廓线上所作的铅垂线即矩形的纵向等分分割线。

（3）矩形的追加［图 8-39（c）］。作矩形 $1_p\sim4_p$ 的对角线，利用矩形中点与灭点的连线得到矩形竖向轮廓线上的中点，用透视点 4_p 和轮廓线 2_p3_p 上的中点的作连线，并与 1_pF_y 的全长透视相交，过其交点向 4_pF_y 的全长透视上作铅垂线，即得到对矩形 $1_p\sim4_p$ 的第一个追加，以此类推可对矩形进行继续追加。

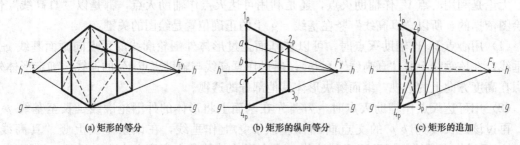

　　（a）矩形的等分　　　　　　　（b）矩形的纵向等分　　　　　　（c）矩形的追加

图 8-39　矩形的分割与追加

四、圆形的透视

（1）圆形的所在表面与画面平行时，此时的透视仍是圆。图 8-40（a）中，拱门的前后表面均平行于画面，前后两表面上的拱券的透视须在圆心及其圆周的全长透视上求作，位于背立面上的拱券发生圆心位置的偏移、直径变小，但所得透视仍为 1/2 圆，基本形态未发生变化。

（2）圆形的所在表面与基面垂直且不平行于画面时，圆形的透视是由平滑曲线组成的近似圆形，作图时可用"八点法"绘制。如图 8-40（b）所示，绘制拱门在其前后表面上的拱券时，需要先求作圆形（拱券）的外切正方形及其对角线，将圆周等分为 8 段圆弧，再求作圆心、外切正方形对角线及其与圆周的交点的透视，用平滑的圆弧连接这些交点，即可得到拱券的透视。拱门背立面上的券，由于位置和透视发生变化，绘图时需要先确定出前后表面上的圆心，再根据每个圆心与其圆周、圆周外切正方形的关系绘制透视。

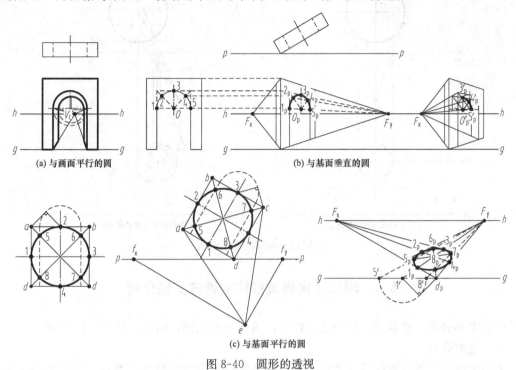

图 8-40　圆形的透视

（3）圆形的所在表面与基面平行时，圆形的透视也是由平滑曲线组成的近似圆形，这些圆弧的透视可以通过对每段圆弧的起止点进行定位得到。如图 8-41（c）所示，作圆形的外切正方形及其对角线，与圆周相切后得到圆的八等分和它们的连接点 1～8；在点 a 和点 2 上作等腰直角三角形，三角形的腰长和直线 58 的延长线在正方形轮廓线 ab 上的交点至点 2 的距离相等，可以借助等腰三角形和正方形及其对角线与圆周的关系在透视图上找到 8 段圆弧的起止位置，进而用平滑的曲线连接各点后绘制出圆形的两点透视。

五、圆球的透视

（1）如图 8-41（a）所示，当视点在圆球的中轴线上时，圆球的透视仍是一个圆。在基面上作视线与圆周相切，利用其在 p-p 上的迹点可得圆球在画面上的透视。

（2）如图 8-41（b）所示，当视点偏离圆球的中轴线时，圆球的透视是一个椭圆。在此种情况下求作圆球的透视，可以先将圆球分割出若干个与画面平行的截面，再分别绘制这些截面的透视，圆球的透视由它们的包络线组成。作图时，在基面上，将圆在其中轴线上的直径延长至基线 p-p，作该线的分割点并向圆周上作水平线；在画面上，作圆球在进深方向上中轴线的全长透视及其上面的分割点，在这些分割点上绘制截面后用圆滑的曲线勾勒出它们的包络线，即可得到形状为椭圆形的圆球透视。

尽管圆球会有以上两种情况的透视产生，但人们的视觉经验并非如此，在人们的视觉印象中，圆球的透视是圆的而不是椭圆的。上述画法虽然在理论上成立，但不符合人眼的视觉经验，因此，在保证圆球透视大小准确的前提下，简化透视制图中圆球的画法，直接用正圆来表示圆球的透视。

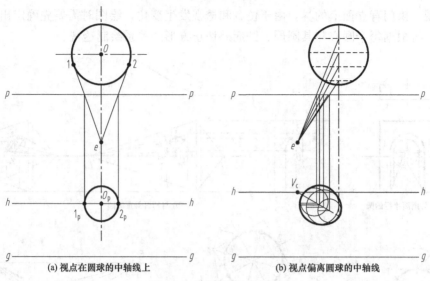

(a) 视点在圆球的中轴线上　　　　　　　　　(b) 视点偏离圆球的中轴线

图 8-41　圆球的透视分析

8.4　现代经典建筑形体的透视实例分析

建筑实例分析　建筑师：贝聿铭；作品：美国国家东馆；时间：1549—1563 年。

一、造型分析

美国国家美术馆东馆的设计者用一条对角线将梯形分割为两个三角形，其平面形态由西北部面积较大的等腰三角形和东南部面积较小的直角三角形共同构成，进而形成了由平行四边形的四棱柱体控制整个形体的造型特点 [图 8-42 (a)]。

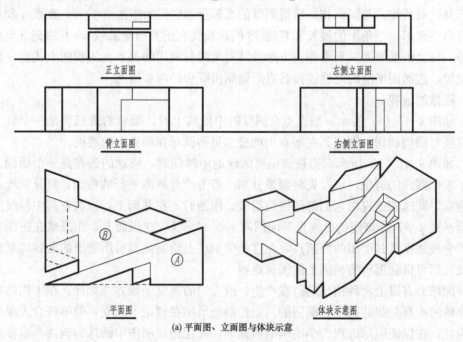

(a) 平面图、立面图与体块示意

图 8-42　美国国家美术馆东馆（一）

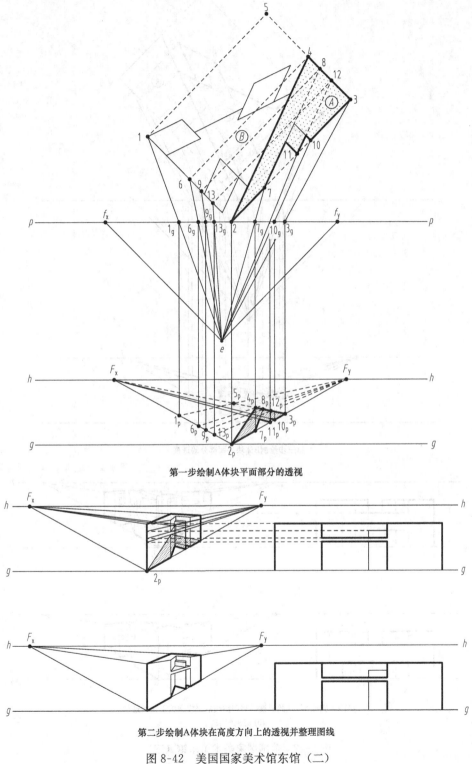

第一步绘制A体块平面部分的透视

第二步绘制A体块在高度方向上的透视并整理图线

图 8-42　美国国家美术馆东馆（二）

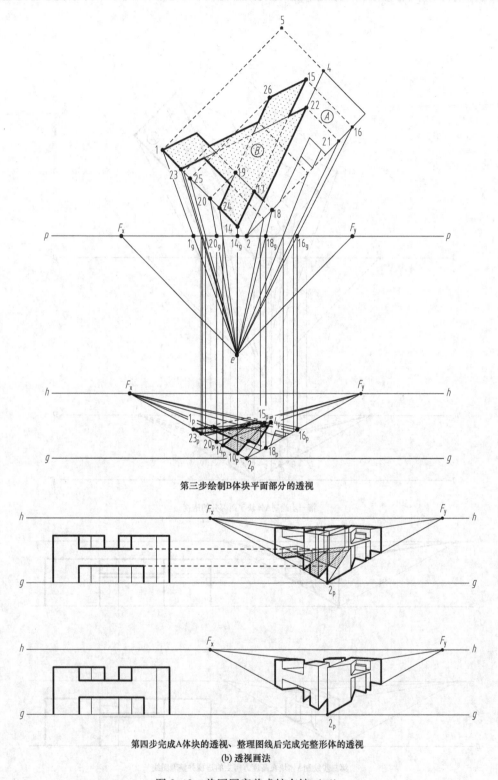

第三步绘制B体块平面部分的透视

第四步完成A体块的透视、整理图线后完成完整形体的透视
(b) 透视画法

图 8-42　美国国家美术馆东馆（三）

二、绘制透视图

依据美术馆的平面和立面，综合考虑建筑的造型特点，绘制 45°透视投影图 [8-42（b）]。绘图时，结合站点的位置，考虑建筑体块透视后可见和不可见的部分，按先画体块 A 的平面及其立体、再画体块 B 的平面及其立体的顺序绘图。

美术馆的平面轮廓中，有构成三角形和平行四边形的斜线，绘图时，要先求出直角边的透视投影（绘制出辅助矩形及其他相关联部分的辅助线），再利用直角边和其他斜线的关系求三角形和平行四边形的透视投影，绘制美术馆在高度方向上的透视时，也可对这一原则加以利用。

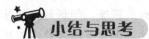
小结与思考

1. 关于投影原理

在透视原理和绘图的学习中，尽管中心投影是绘制透视图的基本原理，但在绘图的过程中，很多情况下仍会应用到平行投影的原理知识，因此，需要熟练掌握平行投影原理和中心投影原理，并能在绘图时灵活运用。

2. 关于作图的技巧

形体、基面和画面是透视绘图的三要素，绘图时要首先找到形体与画面、形体与基面的位置关系，然后再找准与画面、基面有关的全长透视以及真高的情况下，从形体的主要部分入手进行透视绘制。

3. 关于透视种类

建筑师法（视线迹点法）是所有透视绘图的基础，量点法、距点法和网格法的画法、步骤相对简单，但都是在建筑师法的基础上衍生而来，选择透视种类时，既要考虑到制图的便捷性，也要综合考虑形体的表达需要。

4. 关于作图的步骤

形体的正投影图（平面图、立面图）是所有透视作图的依据，无论选用何种方法绘制透视图，在绘制透视图前，都要先根据正投影图想象形体的空间形象；结合方案表达的需要和形体的特征合理设置透视参数；画形体的透视时，要依先主要部分、后次要部分、最后细节部分的顺序作图，整个绘图过程中，要始终保持对形体可见和不可见关系的分析与判断，争取用最合理、最便捷的步骤绘制透视，以降低过于复杂的绘图步骤可能导致透视结果出错的风险。

第 9 章 阴　　影

在建筑图纸的表达上加绘阴影,可以增强图纸的表现力、强化建筑形体的空间关系。本章将介绍阴影的基本概念和阴影的形成原理,解析形体的落影规律和制图作法。本章的讲授重点在于建筑投影图上的阴影,通过典型建筑细部的实例解析阴影制图要点。

知识要点

投影的形成
常用光线与坐标体系
阴影的画法

9.1　基　本　知　识

阴影是形体在光线的照射下,在地面或其他靠近形体的表面上形成的"影子"。生活中的"影子"有两种,一种是由较近的光源投射于物体后形成的影子,这种影子会因为物体距离光源的远近而产生长度、大小甚至形状的变化;另一种是由足够远的光源(例如太阳光)投射于物体后形成的影子,假设光源固定时,这种影子不会因为物体的移动而产生长度、大小或形状的变化。如果用投影原理来解释上述现象,距离物体较近的光源可以理解为中心投影,距离足够远的太阳光可以理解为平行投影。

前面提到的正投影和本章将要讲授的阴影都是属于平行投影的应用,但投影和阴影又有所区别,如图 9-1 所示,阴影表达的是光线受阻后,在地面上形成的形体的阴影,该阴影由形体的外部轮廓围合而成[图 9-1(a)],投影表达的是光线穿过形体后,在地面上形成的投影,该投影由形体的外部轮廓及其内部结构组成[图 9-1(b)]。

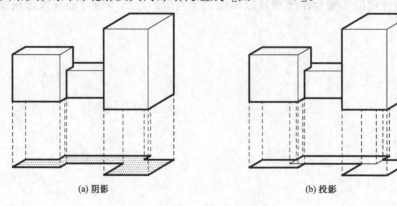

(a) 阴影　　　　　　　　　　　　　(b) 投影

图 9-1　投影与阴影

9.1.1 阴影的定义

物体受到光线照射时，物体本身的表面和靠近物体的表面上，不直接接受光线的阴暗部分，称为阴影。阴影是阴面与落影的总称，是受阻光线在承影面上形成的落影的总和。

9.1.2 阴影的形成

如图 9-2 所示，物体的阳面是光线照射的迎光表面；物体的阴面是不受光线直接照射的背光表面；阳面与阴面之间形成的分界线（阴线）往往在形体的转折部分；在物体不透光的情况下，光线受到形体的阻挡并在靠近物体的表面（承影面）上形成的落影即为阴影，阴影是所有影线在承影面上的总和。

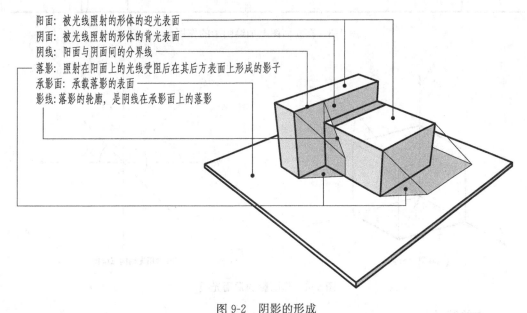

阳面: 被光线照射的形体的迎光表面
阴面: 被光线照射的形体的背光表面
阴线: 阳面与阴面间的分界线
落影: 照射在阳面上的光线受阻后在其后方表面上形成的影子
承影面: 承载落影的表面
影线: 落影的轮廓, 是阴线在承影面上的落影

图 9-2 阴影的形成

9.2 投影图中的阴影

在建筑方案的图纸表达中，建筑的立体形象可以通过轴测图和透视图进行表达，而在正投影图（如在正立面图）上加绘阴影也可加强方案的表达效果。如图 9-3 所示，如果没有在投影图中加绘出阴影，单纯在立面图上很难直观地对柱体和柱头的体型关系进行判断，只能结合分析其平面图和立面图，才能对它们的体型关系加以区分。加绘阴影后的立面图，使形体的转折、凹凸和空间层次关系能被更直观地表达出来。因此，在正投影图中加绘阴影，是加强投影图表达效果的重要手段。

9.2.1 点、线、面与形体的阴影

使用一种特定角度的平行光在正投影图上加绘阴影，如图 9-4（a）所示，使这种特定角度的平行光从正方体的顶点入射至其对角线上的另一顶点，这种特定角度的平行光在正方体展开面上的正投影，分别与坐标轴 X、Y、Z 形成了 45°的夹角关系［图 9-4（b）］示意了常用光线的三面正投影，将这种特殊角度的平行光称为求作阴影的常用光线。

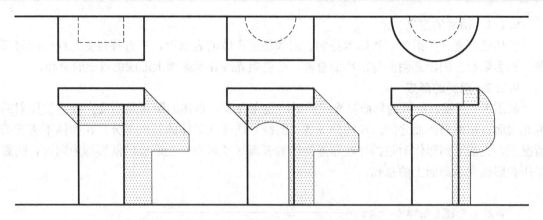

图 9-3　在立面图上加绘阴影的作用

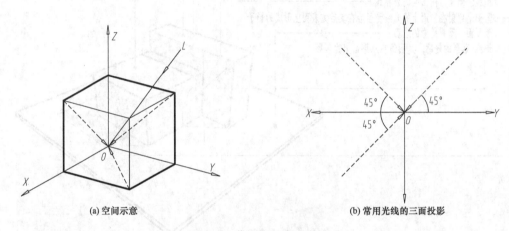

(a) 空间示意　　　　　　　　　　　　　　　　(b) 常用光线的三面投影

图 9-4　作阴影的常用光线

一、点的落影

　　空间上点的落影，即是常用光线投射至该点并延长至承影面的交点。如图 9-5 所示，空间中的点在承影面 H 和 G 上可能出现的三种落影情况：

　　(1) 如图 9-5 (a) 所示，点至 H 面的距离（即点在 Y 轴方向上至 H 面的距离）小于点至 G 面的距离（即点在 Z 轴方向上至 G 面的距离）时，如果 H 面不透明，点在 H 面上有落影 A_H；如果 H 面是透明的，点既在 H 面上有落影，又在 G 面上形成"虚影" A_G。反之，点至 H 面的距离（即点在 Y 轴方向上至 H 面的距离）大于点至 G 面的距离（即点在 Z 轴方向上至 G 面的距离）时，G 面是点的落影的承影面，点在 H 面上没有落影。

　　(2) 点至 H 面的距离（即点在 Y 轴方向上至 H 面的距离）等于点至 G 面的距离（即点在 Z 轴方向上至 G 面的距离）时，点的落影在 H 面和 G 面的交线上 [图 9-5 (b)]。

　　(3) 如果点在 H 面上，点的落影即是该点本身 [图 9-5 (c)]。

　　绘图时，在 H 面和 G 面的正投影展开面上进行落影的求作，用 H 面和 G 面的交线表示 X 轴（水平方向）、X 轴线的上部表示 Z 轴（垂直方向）上的 H 面、X 轴线的下部表示 Y 轴（进深方向）上的 G 面。常用光线与投影轴形成了 45°的夹角关系，因此空间中的点在 H 面和 G 面上的落影必在其所属的 45°直角三角形上，同面落影及其同面投影之间的水平或垂直距离必等于空间点至其所属承影面的距离。

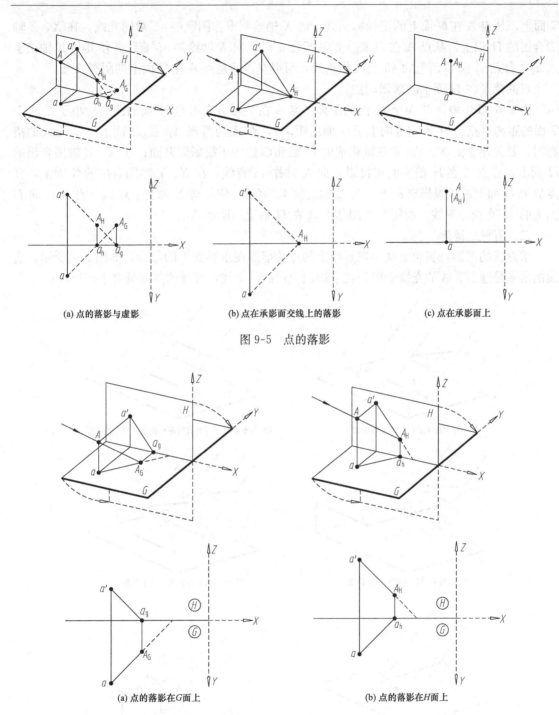

(a) 点的落影与虚影　　　　(b) 点在承影面交线上的落影　　　　(c) 点在承影面上

图 9-5　点的落影

(a) 点的落影在 G 面上　　　　(b) 点的落影在 H 面上

图 9-6　点的落影画法

点的落影在 G 面上的落影画法：

图 9-6（a）中，点 A 点至 H 面的距离（点 A 在 Y 轴方向上至 H 面的距离）大于点 A 至 G 面的距离（点 A 在 Z 轴方向上至 G 面的距离），点 A 的落影 A_G 在 G 面上。作点 A 的落影时，要先建立由 X、Y、Z 三轴构成的 H 面和 G 面的正投影展开面；在 X、Y 轴围合出的

G 面上，从点 A 在 G 面上的正投影 a 处，向 X 轴绘制求作阴影的 45°常用光线；在 X、Z 轴围合出的 H 面上，从点 A 在 H 面上的正投影 a' 处，向 X 轴绘制 45°直线并使其与 X 轴交于点 a_g，自点 a_g 向 G 面上的 45°直线作垂线，所得交点即是点 A 在 G 面上的阴影 A_G。

点的落影在 H 面上的落影画法：

图 9-6（b）中，点 A 至 H 面的距离（点 A 在 Y 轴方向上至 H 面的距离）小于点 A 至 G 面的距离（点 A 在 Z 轴方向上至 G 面的距离），点 A 的落影 A_H 在 H 面上。作点 A 的落影时，要先建立由 X、Y、Z 三轴构成的 H 面和 G 面的正投影展开面；在 X、Z 轴围合出的 H 面上，自点 A 在 H 面上的正投影 a' 向 X 轴作 45°直线；在 X、Y 轴围合出的 G 面上，在点 A 在 G 面上的正投影点 a 上，向 X 轴绘制 45°直线，使其与 X 轴交于点 a_h，自点 a_h 向 H 面上的 45°直线作垂线，所得交点即是点 A 在 H 面上的阴影 A_H。

二、直线的落影

求直线的落影，实质上就是求直线上的点的落影在承影面上的集合，如图 9-7 所示，直线的落影是通过直线的光线受阻后在承影面上形成的交线，直线的落影具有下列特性：

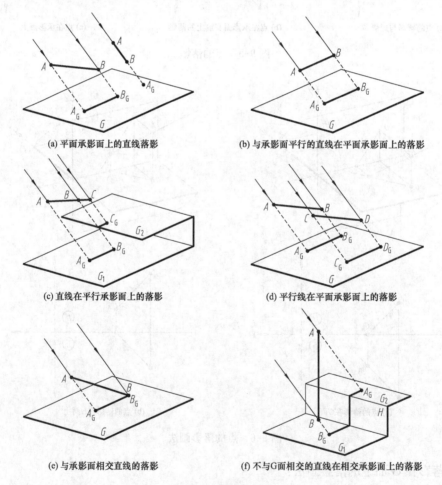

(a) 平面承影面上的直线落影   (b) 与承影面平行的直线在平面承影面上的落影

(c) 直线在平行承影面上的落影   (d) 平行线在平面承影面上的落影

(e) 与承影面相交直线的落影   (f) 不与G面相交的直线在相交承影面上的落影

图 9-7 直线的落影

（1）当承影面是平面时，如果光线与直线不平行，直线在承影面上的落影仍是直线；如果光线与直线平行，直线在承影面上的落影积聚为一点。

（2）当直线与承影面平行时，直线的落影与直线本身平行且相等。

（3）同一条直线在相互平行的承影面上分别有落影时，其落影必相互平行；空间中有多条相互平行的直线，它们在承影面上的落影也相互平行。

（4）与承影面相交的直线，其落影的起点必在直线与承影面的交点上。

（5）直线在相交的多个承影面上有落影时，其落影所呈的形状由相交承影面本身的形状决定，落影的折影点必在相交承影面的交线上。

例 9-1　垂直于 G 面的直线落影。

解：（1）空间分析。如图 9-8（a）所示，空间中有一条垂直于 G 面且不与 G 面相交的直线 AB，该直线上的点 A 至 H 面的距离大于该点至 G 面的距离，且直线 AB 的长度大于直线到 H 的距离，因此直线 AB 的落影会同时在 H 面上和 G 面上形成，其落影的折影点必在 H 面和 G 面的交线（X 轴）上。

（2）落影画法。求直线的落影时，需要先将直线在 H 面上的正投影 $a'b'$ 和在 G 面上的正投影 ab 绘制成展开图，使点 b' 至 X 轴的距离反映点 B 至 G 面的距离、点 a（b）至 X 轴的距离反映直线距 H 面的距离，然后再依次求出直线上各点的落影［图 9-8（b）］。

过点 a' 向 X 轴上作 $45°$ 斜线交于点 a'_g，使 $1a'_g = 1a'$，作 a（b）的 $45°$ 斜线与 X 轴交于点 2，使 $21 = a$（b）1，过点 2 向斜线 $a'a'_g$ 上作垂直线，其交点 A_H 即是点 A 在 H 面上的落影；过点 b' 向 X 轴上作 $45°$ 斜线交于点 b'_g，使 $1b'_g = 1b'$，向点 a（b）的 $45°$ 斜线上作点 b'_g 的垂线，其交点即是点 B 在 G 面上的落影 B_G；作点 a'_g 的垂线，使 A_G 至 a'_g 的距离与 a'_g 至 2 的距离相等，点 A_G 即为点 A 在 G 面上的虚影，由于 AB 是垂直于 G 面的直线，所以点 A 的虚影 A_G 必在点 a（b）的 $45°$ 斜线延长线上，直线落影的折影点（点 2）也必在该延长线与 X 轴（H 面与 G 面交线）的交点上。

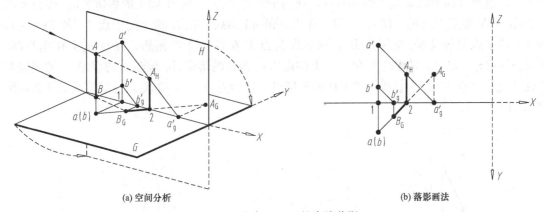

(a) 空间分析　　　　　　　　　　(b) 落影画法

图 9-8　垂直于 G 面的直线落影

例 9-2　平行于 H 面的直线落影。

解：（1）空间分析。直线 AB 是平行于 H 面的直线［图 9-9（a）］，直线至 H 面的距离小于至 G 面的距离，因此 H 面是直线 AB 的承影面，直线 AB 在 H 面上有落影，在 G 面上没有落影；因为直线 AB 平行于 H 面，所以其落影与直线本身平行并等长。

（2）落影画法。在 H 面上作直线 AB 的正投影 $a'b'$，在 G 面上作其正投影 ab；作点 a' 的 $45°$ 斜线至 X 轴上，作点 a 的 $45°$ 斜线，在 X 轴上交于点 a_h，使 $a_h1 = a1$，作点 a_h 的垂线至点 a' 的 $45°$ 斜线上，所得的交点即是点 A 在 H 面上的落影 A_H；同理，再作点 b' 的 $45°$ 斜线

与 X 轴相交，作点 b 的 $45°$ 斜线与 X 轴交于点 b_h，过该点向 b' 的 $45°$ 斜线作垂直线，所得的交点即是点 B 在 H 面上的落影 B_H；点 A_H 与点 B_H 的连线即为直线 AB 在 H 面上的落影[图 9-9（b）]。

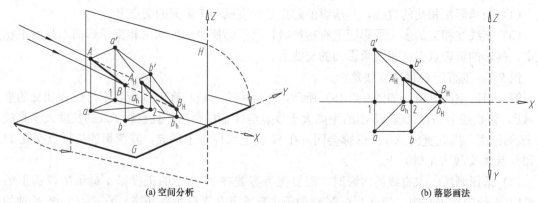

(a) 空间分析   (b) 落影画法

图 9-9 平行于 H 面的直线落影

例 9-3 倾斜直线的落影。

解：（1）空间分析。如图 9-10（a）所示，直线 AB 是既不平行于 H 面也不平行于 G 面的倾斜直线，直线距 H 面和 G 面的距离均小于直线本身的长度，所以 H 面和 G 面同时都是直线的承影面，点 A 的落影在 H 面上形成，点 B 的落影在 G 面上形成，直线落影的折影点必在 H 面和 G 面的交线上。

（2）落影画法。在 H 面上作直线 AB 的正投影 $a'b'$，并在 G 面上作其正投影 ab 后，作点 a' 的 $45°$ 斜线，在 X 轴上交于点 a'_g，使 $1a'_g=1a'$，作点 a 的 $45°$ 斜线与 X 轴交于点 2，使 $21=a1$，过点 2 向斜线 $a'a'_g$ 上作垂直线，所得交点即为点 A 在 H 面上的落影 A_H；作点 b 的 $45°$ 斜线与 X 轴交于点 b_g，使 $b_g1=b1$，作点 b' 的 $45°$ 斜线，在 X 轴上交于点 3，使 $31=b'1$，作点 3 的垂线与斜线 bb_g 交于点 B_G，该点即为点 B 在 G 面上的落影；在点 a'_g 上作垂直线，使 $A_G a'_g=3a'_g$，点 A_G 即是点 A 在 G 面上的虚影；点 B 的落影 B_G 与点 A 的虚影 A_G 的连线与 X 轴的交点（点 4）即为直线落影 AB 的折影点；连接点 A_H、4 和 B_G，完成直线 AB 的落影[图 9-10（b）]。

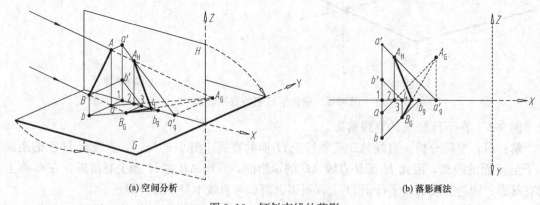

(a) 空间分析   (b) 落影画法

图 9-10 倾斜直线的落影

例 9-4 铅垂线在组合面上的落影。

解：（1）空间分析。如图 9-11（a）所示，直线 AB 是落于 $G1$ 面上的铅垂线，H 面是一组由曲面和平面构成的侧向组合面，$G1$ 和 $G2$ 是两个相互平行的平面承影面，该铅垂线自身的长度决定了其在 $G1$、H 和 $G2$ 面上都有落影，点 A 的落影在 $G2$ 面上、点 B 的落影在 $G1$ 面上、铅垂线的折影部分落于组合面 H 上。

　　（2）落影画法。作该直线的落影时，需要对 $G1$、H 和 $G2$ 三个承影面上的落影分别绘制［图 9-11（b）］。点 B 是落于承影面 $G1$ 上的点，点 a（b）是直线 AB 在展开面上的正投影重合点，因此，点 B 的落影 B_{G1} 与点 a（b）重合；作点 a（b）至 X 轴的 45°斜线，所得的交点即为直线 AB 的折影在 H 面和 $G1$ 面交线上的定位点；可以根据常用光展开面中铅垂线与组合面的空间关系进行判断，直线 AB 在组合面 H 上的落影的正投影与该落影的左侧投影形成了镜像形（以 Z 轴为镜像轴的形状相同、方向相反的形），因此，直线 AB 在组合面 H 上的折影部分可以通过自折影定位点上绘制组合面 H 的左侧立面轮廓线的镜像形得到；作点 a' 的 45°斜线至组合面 H 与 G_2 的交线上，过组合面 H 与 G_2 交线上的折影点向点 a' 的斜线作 45°斜线，交于点 A_{G2}，点 A_{G2} 即为点 A 在承影面 G_2 上的落影；将 A_{G2}、B_{G1} 以及组合面 H 上的折影相连，完成铅垂线 AB 在多个承影展开面上的落影绘制。

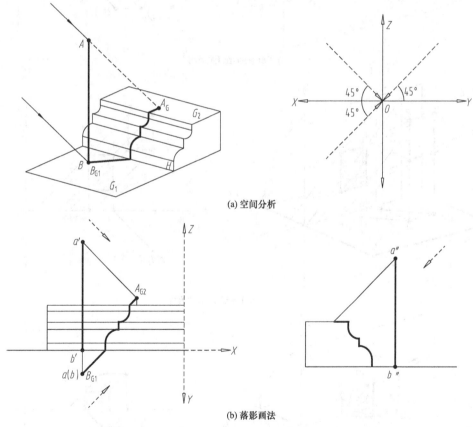

(a) 空间分析

(b) 落影画法

图 9-11　［例 9-4］铅垂线在组合面上的落影

三、平面形的落影

　　当承影面是平面时，求平面形的落影，其实质就是求构成平面形的点和线在相应承影面上落影的集合，也即是求围合平面形的轮廓线在承影面上的影线集合，如果有多个承影面，折影点的确定是准确绘制平面形落影的关键。

　　图 9-12 中的平面形 $ABCD$ 是平行于 H 面的矩形，由于平面形在空间中的位置不同，平

行于 H 面的矩形与 H 面和 G 面形成了以下三种典型的落影关系：

（1）如图 9-12（a）所示，平面形 $ABCD$ 至 H 面的距离大于平面形在高度方向上的边长，G 面是其承影面，平面形在 G 面上形成落影，落影的形状是平行四边形。

（2）如图 9-12（b）所示，平面形 $ABCD$ 至 H 面的距离小于其至 G 面的距离，H 面是其承影面，平面形在 H 面上形成落影，落影是同平面形大小相同、形状一样、位置偏移的实形。

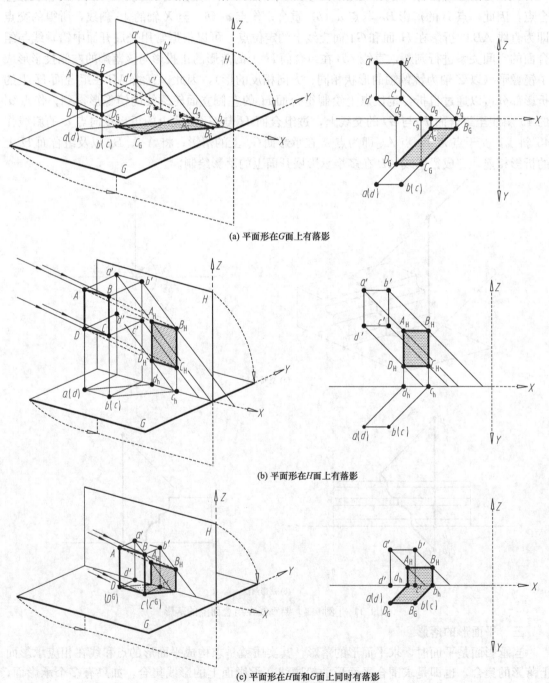

(a) 平面形在 G 面上有落影

(b) 平面形在 H 面上有落影

(c) 平面形在 H 面和 G 面上同时有落影

图 9-12 与 H 面平行的平面形的落影

（3）如图 9-12（c）所示，矩形 $ABCD$ 是置于 G 面的平面形，平面形 $ABCD$ 至 H 面的距离小于平面形在高度方向上的边长，H 面和 G 面同时是其承影面，平面形在 H 面和 G 面上同时形成落影，其在 G 面上的落影起点与平面形置于 G 面上的点重合，落影的折影点在 H 面和 G 面的交线（X 轴）上。

图 9-13 中的平面形 $ABCD$ 是平行于 G 面的矩形，由于平面形在空间中的位置不同，平行于 G 面的矩形与 H 面和 G 面形成的三种典型落影关系如下：

（1）如图 9-13（a）所示，平面形 $ABCD$ 至 H 面的距离大于其至 G 面的距离，G 面是其承影面，平面形在 G 面上形成落影，落影是同平面形大小相同、形状一样、位置偏移的实形。

（2）如图 9-13（b）所示，平面形 $ABCD$ 是垂直且相交于 H 面的矩形，平面形至 G 面的距离大于其在进深方向上的边长，H 面是平面形的承影面，平面形在 H 面上形成落影，落影的形状是平行四边形，影线 $A_H B_H$ 与相交于 H 面的平面形边长 AB（$a'b'$）重合。

（3）如图 9-13（c）所示，平面形 $ABCD$ 是平行于 G 面、垂直于 H 面、与 H 面相交的矩形，H 面和 G 面同时是平面形 $ABCD$ 的承影面，平面形在 H 面和 G 面上同时形成落影，落影的折影点在 H 面和 G 面的交线上，影线 $A_H B_H$ 与相交于 H 面的平面形边长 AB（$a'b'$）重合。

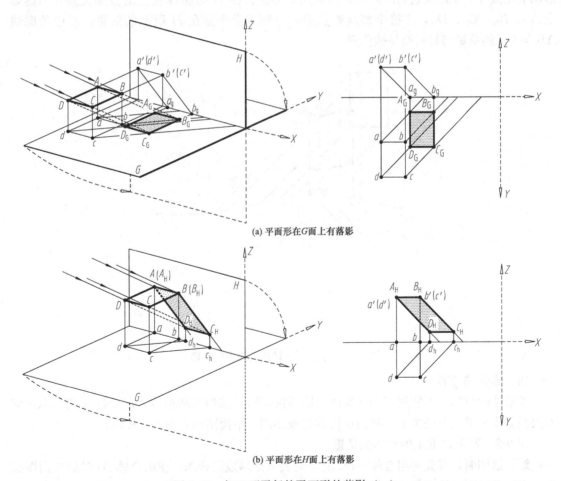

(a) 平面形在 G 面上有落影

(b) 平面形在 H 面上有落影

图 9-13　与 G 面平行的平面形的落影（一）

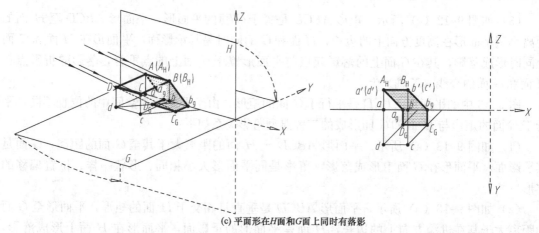

(c) 平面形在H面和G面上同时有落影

图 9-13　与G面平行的平面形的落影（二）

　　图 9-14 中，矩形平面ABCD的承影面是一组转折面，作在转折表面上的平面形落影时，关键要找出平面在转折表面上的折影点及其阴线。在空间展开面中，过H面的转折点向G面上矩形的投影图上作 45°斜线，得到重合点 1（2），同时利用该重合点在H面上矩形的投影图确定点 1′、2′以及它们的落影；再利用矩形平面在H面和G面上的投影关系作出落影点 A_H、B_H、C_H、D_H，连接全部落影点后，得到矩形平面在H面上的落影，其中轮廓线AB与DC的落影与转折面呈镜像形。

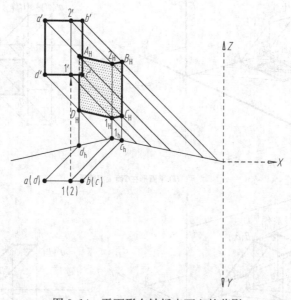

图 9-14　平面形在转折表面上的落影

四、形体的落影

　　求形体的落影，其实质就是求形体上阴线的落影，准确判断形体上的阴线及其与承影面的关系是作形体阴影的关键，利用形体的正投影图（平面图和立面图）作图。

　　例 9-5　置于G面上的形体的落影。

　　解：绘图时，首先将组合体ABC的空间关系绘制成展开图，使组合体ABC的立面图在上、平面图在下，按它们的空间对位关系绘制落影。如图 9-15（a）所示，体块A在G1 和

$G2$ 面分别有落影，要分别求作阴线 12、23、34 和 45 的落影，其中阴线 45 的落影与其本身重合；体块 B 和 C 的落影在 G_1 面上，要分别求作阴线 67、78、89、1112 和 910 的落影，阴线 910 的落影也与其本身重合。

（1）作体块 A 上阴线 34 在 G_1 面上的落影［图 9-15（b）］。在平面图上过点 3（4）作 45°的斜线，使其与体块 B 上的 H 面和承影面 G_1 的交线相交于点 4_G，因为点 3（4）是阴线 34 在 G_1 面上的投影重合点，所以该交点 4_G 是阴线 34 在 H 面和 G_1 面上折影点的起始点，点 3（4）和 4_G 的连线是阴线 34 在 G_1 面上的落影。

（2）作体块 A 上阴线 34 在 H 面上的落影［图 9-15（b）］。在立面图上过点 3 向 H 面和 G_1 面的交线（X 轴）上作 45°的斜线交于点 3_{g1}，在体块 B 的立面图上找到折影点 4_G 的对应位置，在折影点上作垂线与斜线 $3_{g1}3$ 交于点 3_H，3_H 与 4_G 的连线即为阴线 34 在 H 面上的落影。

（3）作体块 A 上阴线 32 在承影面 $G1$ 和 $G2$ 上的落影［图 9-15（c）］。在立面图上过点 3 所作的 45°斜线在 H 面和 G_1 面的交线（X 轴）上有交点 3_{g2}，用作点 3_{g2} 垂线的方式找到该点在 $G2$ 面上的位置，在其上作点 3_{g2} 的垂线，该垂线即为阴线 32 在承影面 $G2$ 上的落影；在立面图上过点 3_{g1} 向平面图上作垂线，在平面图上分别作点 2 和点 3_{g2} 的 45°斜线，使它们与点 3_{g1} 向平面图上所作的垂线相交于点 2_{G1} 和 $3'_{G1}$，两交点的连线即为阴线 32 在承影面 $G1$ 上的落影。

（4）作体块 B 上阴线 67 和阴线 78 在承影面 $G1$ 上的落影［图 9-15（d）］。在立面图上作点 7（8）的 45°斜线，使其在体块 B 和 $G1$ 面的交线（X 轴）上有交点 7_{g1}（8_{g1}），过该点向平面图上作垂线，使其与平面图中点 7 和点 8 的 45°斜线相交于点 7_{G1} 和 8_{G1}，连接两点后即得阴线 78 在承影面 $G1$ 上的落影；作点 7_{G1} 的水平线与点 6 在平面上的 45°斜线相交于点 6_{G1}，点 6_{G1} 与点 7_{G1} 的连线即为阴线 67 在承影面 $G1$ 上的落影。

（5）作体块 C 上阴线 1112 和体块 A 上的阴线 12 在承影面 $G1$ 上的落影［图 9-15（e）］。阴线 1112 和阴线 12 是与承影面平行的直线，可以根据"与承影面平行的直线的落影与直线本身平行且相等"的规律直接绘制它们的落影。在平面图中作点 11 和点 2 的 45°斜线，使其与立面图上的点 11_{g1}、3_{g1} 所作的垂线相交于点 11_{G1} 和点 2_{G1} 上，过点 11_{G1} 作长度等于阴线 1112 的水平直线可得落影 $11_{G1}12_{G1}$，过 2_{G1} 作长度等于阴线 12 的水平直线可得落影 $1_{G1}2_{G1}$。

（6）如图 9-15f 所示，上述阴线的落影全部绘制后，即得到组合体 ABC 在不同承影面上的落影。

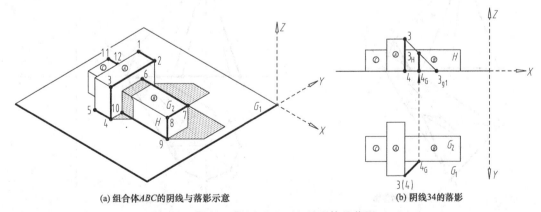

(a) 组合体 ABC 的阴线与落影示意　　　　(b) 阴线 34 的落影

图 9-15　［例 9-5］置于 G 面上的形体的落影（一）

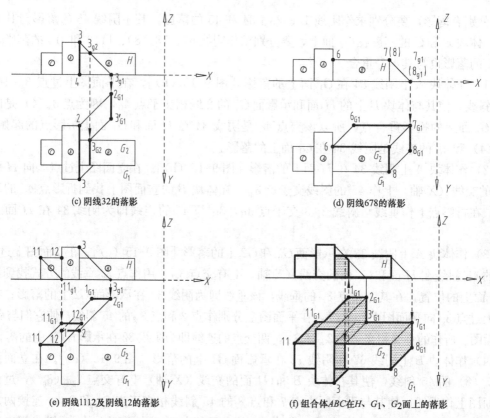

(c) 阴线32的落影

(d) 阴线678的落影

(e) 阴线1112及阴线12的落影

(f) 组合体ABC在H、G₁、G₂面上的落影

图9-15 ［例9-5］置于G面上的形体的落影（二）

例9-6 棱锥的落影。

解： 图9-16中，三棱锥［图9-16（a）］和六棱锥［图9-16（b）］是置于G面、靠近H面的形体，在H面和G面上同时会有锥体的落影。由于锥体上的任一表面均不垂直于其投影面，因此需要利用锥体的顶点来绘制落影。在G面上过锥顶a向两承影面的交线（X轴）上作45°斜线，与交线的交点a_h即是锥顶阴线的折影点，同时可利用该点做出锥顶在H面上的

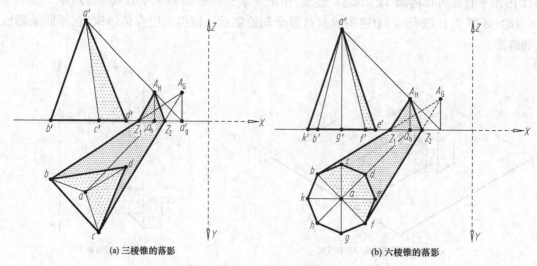

(a) 三棱锥的落影

(b) 六棱锥的落影

图9-16 棱锥的落影

落影 A_H 和在 G 面上的虚影 A_G，连接虚影 A_G 与锥底外侧上的点后，可依次确定锥体表面在两承影面交线上的折影点 Z_1、Z_2，将这两个折影点和锥顶在 H 面上的落影 A_H 用直线连接后，即得到棱锥在 H 面上的落影；将锥底外侧的顶点与其所属表面的折影点用直线连接后，即得到棱锥在 G 面上的落影。由此，也可以对锥体上的阳面和阴面进行判断（由影线与阴线的反对应关系，依据影线判断阴线），并在相应的锥体表面上对阴面进行表达。

9.2.2　圆形平面及曲面体的阴影

一、圆形平面的落影

（1）图 9-17（a）中的圆形是平行于 G 面垂直于 H 面但不交于 H 面的平面，其落影落于承影面 H 上，落影的形状是椭圆形。作图时，在圆的 G 面正投影上，利用圆的外切正方形及其对角线与圆周相交，将圆周等分为 8 段圆弧，它们的连接点分别是切点 1、2、3、4 和交点 5、6、7、8；在 H 面上作外切正方形及其对角线、中轴线的落影，得到切点 1、2、3、4 的落影 1_H、2_H、3_H、4_H；用 B_H 到 O_H 的距离在中轴线 1_H3_H 的落影上截取点 9_H、10_H，过这两点作平行线即可得交点 5、6、7、8 的落影 5_H、6_H、7_H、8_H，将圆周上 8 个连接点的落影用平滑的曲线连接，即得到圆形在 H 面上的椭圆形落影。

（2）图 9-17（b）中，当圆形平面与其承影面平行时，圆形平面的落影的形状仍为圆形，求其落影时需要先找到圆形落影的圆心，再利用圆形的半径绘制圆形落影即可。

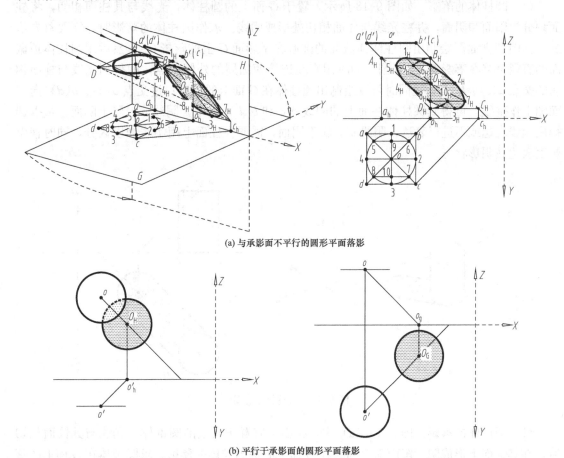

(a) 与承影面不平行的圆形平面落影

(b) 平行于承影面的圆形平面落影

图 9-17　圆形平面的落影（一）

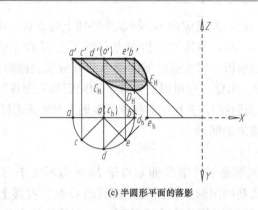

(c) 半圆形平面的落影

图 9-17　圆形平面的落影（二）

（3）图 9-17（c）中的半圆形是平行于 G 面、垂直且相切于 H 面的平面，其在 H 面上的落影是与半圆直径重合的半椭圆。作图时，可以利用过圆心作到圆周的 45° 斜线的方法，得到半圆圆周的 4 等分圆弧及其连接点，在 H 面上画出 3 个圆弧连接点的落影后，用平滑的圆弧连接它们即得到半圆在 H 面上的落影。

二、曲面体的落影

（1）圆柱体的落影。如图 9-18 所示，置于 G 面上的圆柱体，光线与其柱面相切，将柱面划分为阳面和阴面，并在光线与柱面相切处形成阴线。求作圆柱体的落影时，需要首先依据平面图和立面图绘制出圆柱体顶截面的圆心在承影面 G 上的落影 O_G；然后用圆柱体顶截面的直径直接在落影 O_G 上画圆，同时用直线连接两圆周的外侧切点，即得到光线与柱面相切的交点 $a(c)$、$b(d)$，也同时可以绘制出圆柱体在 G 面上的落影；过交点 $a(c)$、$b(d)$ 向立面图上作垂线，可得到圆柱体柱面上的阴线 $a'c'$ 和 $b'd'$，其中，阴线 $a'c'$ 属于阳面，可以选择用虚线表达或不进行表达，阴线 $b'd'$ 属于阴面，需要在柱面上用实线加以区分，同时辅以灰度表达其阴影状态。

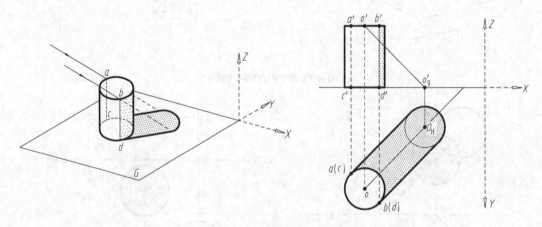

图 9-18　圆柱体的落影

（2）圆锥体的落影。图 9-19（a）中，G 面上有置于其上的圆锥体，光线与其锥面相切后，在其锥面上形成阴、阳两面，同时在 G 面上有该圆锥体的落影。求圆锥体在 G 面上的落影及其锥体上阴面的作图方法与求圆柱体的画法原理相同，也是通过先求作锥顶在 G 面上的

落影位置再绘制出 G 面上锥体影线的方法，对圆锥体在 G 面上的落影以及锥体上阳面和阴面的阴线位置进行确定。

如果是倒圆锥体 [图 9-19（b）]，可以在倒圆锥体的顶部作一个辅助表面，然后利用 $45°$ 的反向光线作出圆锥体在辅助表面上落影及锥面上的阴线、阴面以及阳面。

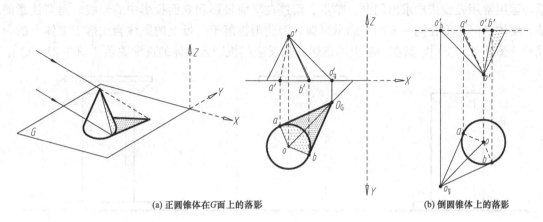

(a) 正圆锥体在 G 面上的落影　　　　　　　　(b) 倒圆锥体上的落影

图 9-19　圆锥体的落影

（3）球面体的落影。球面体是曲面体中的特例。常用光线与球面体相切时，在球面上形成了一个圆形切线，求球面体的阴影实质上就是求该圆形切线的阴影。由于常用光线对各投影面的倾角相等，圆形阴线的各面投影均为大小相等的椭圆，因此，球面体在承影面上的落影形状是椭圆形，椭圆形的中心即是圆球中心的落影。

作球面上的阴线及其阴面（图 9-20）。球面体上的椭圆形阴线与圆心 o' 重合；短轴平行于光线，长度约为 $D\tan30°$；长轴垂直于光线的同面投影，长度与球面直径相等。根据椭圆形的长短轴，可用几何作图法作出球面上的阴线及其阴面。

球面体在承影面 G 上的落影也是椭圆形，相切于球面的光线与承影面的交线即是该球面体的落影。椭圆形落影的中心即是球心在 G 面上的落影 O_G；短轴与光线的同面投影垂直，长度等于球面的直径；长轴平行于光线的同面投影，长度为 $D\tan60°$。根据落影的长短轴，用几何作图法作出承影面 G 上的球面体阴影。

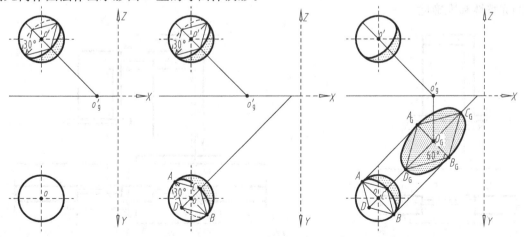

图 9-20　球面体的落影

9.2.3 建筑细部的阴影

（1）门和雨篷的阴影。图9-21中，求门和雨篷的阴影，需要先确认墙体是雨篷和踏步在立面投影中的承影面；门板是本身门洞和其上雨篷在立面上的承影面；踏步是门洞在平面投影中的承影面，其自身的落影又承影于地面上。根据门、踏步、雨篷和地面的相互承影关系，运用常用光线依次求出门洞、踏步、雨篷在平面投影和立面投影中的影线。需要注意的是，墙体和门是不在同一表面上的承影面，因此雨篷落于门板上的影线会比落于墙体上的影线长 ［图9-21（b）］，其在门板上的落影必然反应门板凹入墙体的进深关系 ［图9-21（c）］。

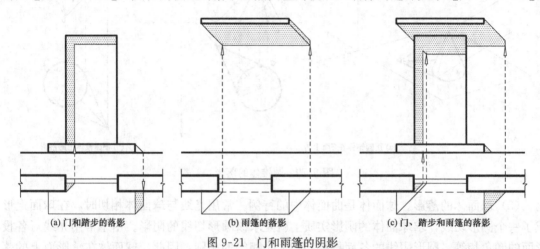

(a) 门和踏步的落影　　　　(b) 雨篷的落影　　　　(c) 门、踏步和雨篷的落影

图 9-21　门和雨篷的阴影

（2）窗和窗台的阴影。图9-22中，求窗和窗台的阴影，首先需要确认立面投影中窗洞的承影面是窗、平面投影中窗洞的承影面是窗台；窗台本身的高度小于其距地面的高度，其落影只在立面投影中的墙体上反应（作图时在平面投影中反应阴线）。根据窗、窗台、墙体和地面的相互承影关系，运用常用光线绘制出的影线总和即为窗和窗台的阴影，在窗和窗台上的落影反映了窗洞的凹入墙体的进深关系，在墙体上的落影反映了窗台凸出墙体的进深关系。

（3）门、窗和雨篷的阴影。图9-23中，求门、窗和雨篷的阴影，需要首先分析所有构件与墙体以及构件之间的关系，确认好每个构件的承影面后再进行影线的绘制，最后还需要根据建筑细部构件在平面投影和立面投影中的关系，对落影结果进行验证，以保证各部分阴影的完整性和准确性。

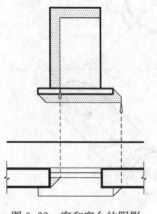

图 9-22　窗和窗台的阴影

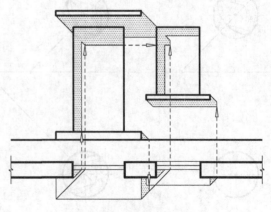

图 9-23　门、窗和雨篷的阴影

小结与思考

（1）在建筑的正投影图上加绘阴影，是将平行投影原理应用于阴影绘制的过程。

（2）求形体的阴影时，要充分理解形体在平面、立面上的对应空间关系，依据形体的造型特征分析形体本身及其周边物体的迎光表面、背光表面和承影面后，再准确运用常用光线求出所有影线的总和，即落影。

第 10 章　建筑制图相关规范解析

学习指导

本章对建筑行业的国家标准和基本规定进行介绍，建筑行业的所有从业人员在设计、施工、管理中都应严格执行建筑制图国家标准。

知识要点

房屋、建筑、总图制图标准中的共性画法、区别与应用。

10.1　《房屋建筑制图统一标准》

《房屋建筑制图统一标准》（GB/T 50001—2017）是房屋建筑制图的基本规定，是指导各专业制图标准的标准。《房屋建筑制图统一标准》是为了统一房屋建筑制图规则，保证制图质量，提高制图效率，使图面清晰、简明、符合设计、施工、审查和存档的要求，能适应工程建设的需要而制定的标准。该标准是房屋建筑制图的基本规定，适用于总图、建筑、结构、给水排水、暖通空调、电气等各专业的制图。

《房屋建筑制图统一标准》共分14章及2个附录，主要技术内容包括：总则、术语、图纸幅面规格与图纸编排顺序、图线、字体、比例、符号、定位轴线、常用建筑材料图例、图样画法、尺寸标注、计算机制图文件、计算机制图文件图层、计算机制图规则。

10.1.1　制图术语

图纸幅面（drawing format）——图纸宽度与长度组成的图面。

图线（chart）——起点和终点间以任何方式连接的一种几何图形，形状可以是直线或曲线，连续和不连续线。

字体（font）——文字的风格式样，也称书体。

比例（scale）——图中图形与其实物相应要素的线性尺寸之比。

视图（view）——将物体按正投影法向投影面投射时所得到的投影。

轴测图（axonometric drawing）——用平行投影法将物体连同确定该物体的直角坐标系一起沿不平行于任一坐标平面的方向投射到一个投影面上，所得的图形。

透视图（perspective drawing）——根据透视原理绘制出的具有近大远小特征的图像，以表达建筑设计意图。

标高（elevation）——以某一水平面作为基准面，并作零点（水准原点）起算地面（楼面）至基准面的垂直高度。

工程图纸（project sheet）——根据投影原理或有关规定绘制在纸介质上的，通过线条、符号、文字说明及其他图形元素表示工程形状、大小、结构等特征的图形。

10.1.2　图纸幅面

图纸幅面是指图纸宽度与长度组成的图面（即绘制图样时选用纸张的大小规格）。建筑制图中，通常根据图纸幅面的大小和幅面形式绘有相应的图框。图纸以短边作为垂直边的为横式幅面，以短边作为水平边的为立式幅面，A0、A1、A2、A3 图纸通常横式使用，必要时也可立式使用。图框是限定绘图区域的线框，是图纸上作为绘图范围的边线。

图纸的幅面以及图框的尺寸，应符合以下图表中的规定（图 10-1、表 10-1）。

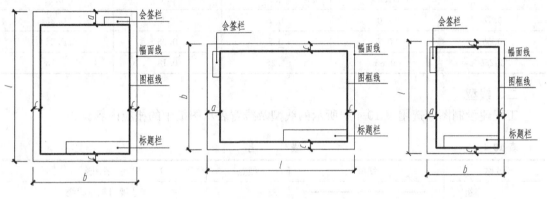

图 10-1　幅面样式

表 10-1　　　　　　　　　　　**幅面与图框（尺寸单位为 mm）**

幅面代号		A0	A1	A2	A3	A4
幅面尺寸 $b \times l$		841×1189	594×841	420×594	297×420	210×297
图框线与 幅面线的间距	c	10			5	
	a	25				

《房屋建筑制图统一标准》对标题栏和会签栏的内容、格式和尺寸有规定。有特殊图纸需要时，可微缩或加长图纸，应注意图纸的短边尺寸不加长，A0～A3 幅面的长边尺寸可加长。

10.1.3　图线

图线是绘制在图纸上的线条，图线的线宽大致可分为粗、中、细三种，图线的线型有实线、虚线、点画线、折断线等样式，绘图时应以不同的线宽和线型表示图纸中各种复杂的内容。

一、线宽

图纸中的图框和标题栏线，可采用表 10-2 中的线宽。

图线的宽度简称线宽（b），通常从 1.4、1.0、0.7、0.5、0.35、0.25、0.18、0.13mm 的线宽系列中选取。图纸中的最小线宽不应小于 0.1mm。绘图时，应根据每个图样的复杂程度和比例大小，先选定基本线宽 b，再选用相应的线宽组（表 10-3）对图样进行表达。同一张图纸内，相同比例的各图样，应选用相同的线宽组。

表 10-2 图框线、标题栏的线宽 (mm)

幅面代号	图框线	标题栏外框线	标题栏分格线
A0、A1	b	0.5b	0.25b
A2、A3、A4	b	0.7b	0.35b

表 10-3 线宽组 (mm)

线宽	线宽组			
b	1.4	1.0	0.7	0.5
0.7b	1.0	0.7	0.5	0.35
0.5b	0.7	0.5	0.35	0.25
0.25b	0.35	0.25	0.18	0.13

二、线型

工程建设制图应选用表 10-4 中所示的线型及线宽表示图纸中的相应内容。

表 10-4 线 型

名称		线型	线宽	一般用途
实线	粗	——————	b	主要可见轮廓线
	中粗	——————	0.7b	可见轮廓线
	中	——————	0.5b	可见轮廓线、尺寸线、变更云线
	细	——————	0.25b	图例填充线、家具线
虚线	粗	- - - - - -	b	见各有关专业制图标准
	中粗	- - - - - -	0.7b	不可见轮廓线
	中	- - - - - -	0.5b	不可见轮廓线、图例线
	细	- - - - - -	0.25b	图例填充线、家具线
点画线	粗	—·—·—·—	b	见各有关专业制图标准
	中	—·—·—·—	0.5b	见各有关专业制图标准
	细	—·—·—·—	0.25b	中心线、对称线、轴线等
双点画线	粗	—··—··—	b	见各有关专业制图标准
	中	—··—··—	0.5b	见各有关专业制图标准
	细	—··—··—	0.25b	假想轮廓线、成型前原始轮廓线
折断线	细	——/\——	0.25b	断开界线

绘制图线时，应注意以下问题（表 10-5）：

（1）虚线、点画线、双点画线的线段长度和间隔宜各自相等。

（2）点画线或双点画线，当在较小图形中绘制有困难时，可用实线代替。

（3）点画线或双点画线的两端，不应是点。

（4）虚线、点画线、双点画线与其他图线交接时，应是线段交接。

（5）虚线为实线的延长线时，不得与实线相接，应有间隔。

（6）图线不得与文字、数字或符号重叠、混淆，不可避免时，应首先保证文字的清晰。

表 10-5　　　　　　　　　　　**绘制图线时的主要注意事项**

绘图示例	绘图要点
	虚线、点画线、双点画线的线段长度和间隔宜各自相等
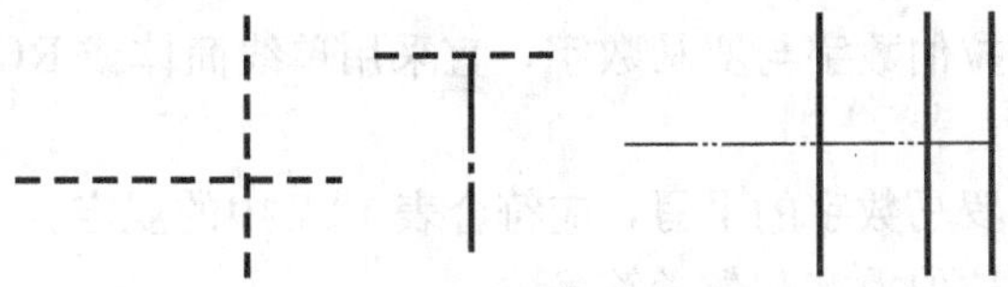	虚线、点画线、双点画线与其他图线交接时，应是线段交接
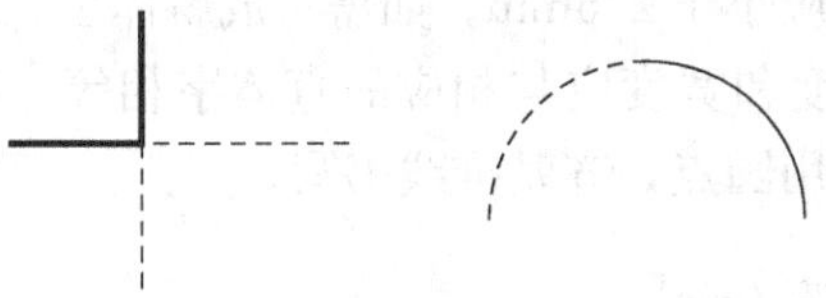	虚线为实线的延长线时，不得与实线相接，实线与虚线间应有间隔
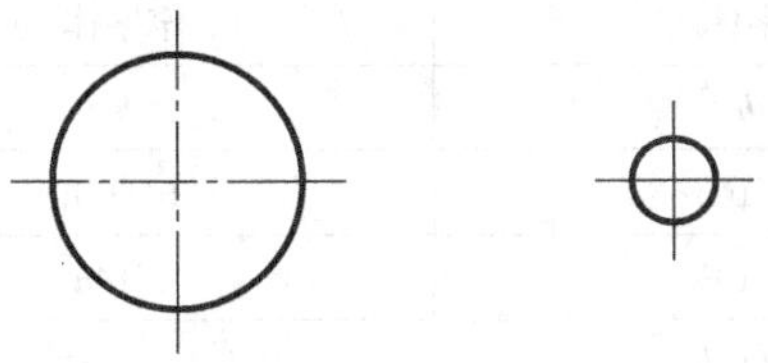	点画线或双点画线的两端，不应是点当在较小图形中绘制点画线或双点画线有困难时，可用实线代替

10.1.4　字体

图纸上所需书写的文字、数字或符号标注等，均应笔画清晰、字体端正、排列整齐；标点符号应清楚正确。

一、汉字

（1）字体。图样及说明中的汉字，宜采用长仿宋体（矢量字体）或黑体，同一图纸上的字体种类不应超过两种。大标题、图册封面、地形图等处的汉字，可书写成其他易于辨认的字体。汉字的简化字书写应符合国家有关汉字简化方案的规定。

长仿宋体的书写要领和书写特点是：横平竖直、起落顿笔分明、笔锋满格、布局均匀。长仿宋体的基本笔画有横、竖、撇、捺、点、折、勾（图 10-2），可根据字体的宽高关系在打好的格子内满格书写，遇到笔画繁简程度相差较大的字，可适当进行缩、放格调整，以使整片文字工整、清晰。

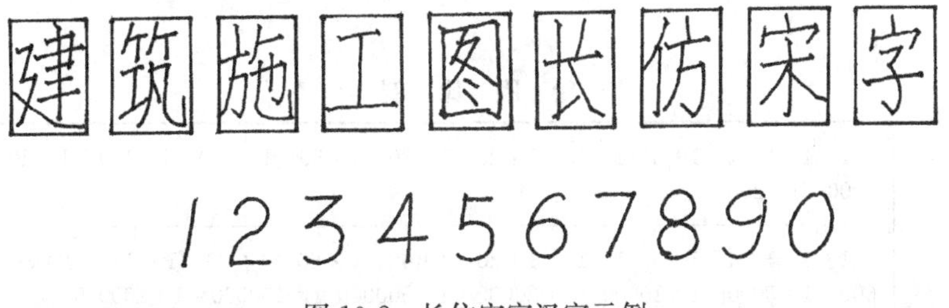

建筑施工图长仿宋字

1234567890

图 10-2　长仿宋字汉字示例

（2）书写规则。长仿宋体的字宽与字高常用关系应符合表 10-6 中的规定，黑体字的宽度与高度应相同，多行文字应留有合适的字间距和行间距。

表 10-6　　　　　　　　　　　　长仿宋字的宽高关系（mm）

字高	20	14	10	7	5	3.5
字宽	14	10	7	5	3.5	2.5

二、拉丁字母、阿拉伯数字与罗马数字

（1）字体。图样及说明中的拉丁字母、阿拉伯数字与罗马数字，宜采用单线简体或 ROMAN 字体。

（2）书写规则。拉丁字母、阿拉伯数字与罗马数字的书写，应符合表 10-7 中的规定。

分数、百分数和比例数的注写，应采用阿拉伯数字和数学符号。

拉丁字母、阿拉伯数字与罗马数字的字高，不应小于 2.5mm。如需写成斜体字，其斜度应是从字的底线逆时针向上倾斜 75°。斜体字的高度和宽度应与相应的直体字相等。当注写的数字小于 1 时，应写出各位的"0"，小数点应采用圆点，齐基准线书写。

表 10-7　　　　　　　　　　　　长仿宋字的宽高关系（mm）

书写格式	字体	窄字体
大写字母高度	h	h
小写字母高度（上下均无延伸）	$7/10h$	$10/14h$
小写字母伸出的头部和尾部	$3/10h$	$4/14h$
笔画宽度	$1/10h$	$1/14h$
字母间距	$2/10h$	$2/14h$
上下行基准线的最小间距	$15/10h$	$21/14h$
词间距	$6/10h$	$6/14h$

10.1.5　比例

图样的比例，是指图形与实物相对应的线性尺寸之比。比例用符号"："表示，用阿拉伯数字表示，并在图名的右侧注写；比例和图名的基准线应取平；比例的字高宜采用比图名小一到二号的字高（图 10-3）。

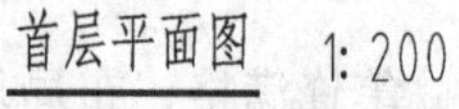

首层平面图　1:200

图 10-3　比例的注写

绘图所用的比例应根据图样的用途以及被绘制对象的复杂程度，从表 10-8 中选用，并应优先采用表中常用比例。

一般情况下，一个图样应选用一种比例。根据专业制图需要，同一图样可选用两种比例。特殊情况下也可自选比例，这时除应注出绘图比例外，还必须在适当位置绘制出相应的比例尺。

表 10-8　　　　　　　　　　　　绘 图 比 例

常用比例	1:1　1:2　1:5　1:10　1:20　1:30　1:50　1:100　1:150　1:200　1:500　1:1000　1:2000
可用比例	1:3　1:4　1:6　1:15　1:25　1:40　1:60　1:80　1:250　1:300　1:400　1:600　1:5000　1:10000　1:20000　1:50000　1:100000　1:200000

10.1.6 符号

一、剖切符号

剖视的剖切符号由剖切位置线及剖视方向线组成，均应以粗实线绘制。剖视的剖切符号应符合下列规定：

（1）剖切位置线的长度宜为6～10mm；剖视方向线应垂直于剖切位置线，剖视方向线的长度应短于剖切位置线，宜为4～6mm［图 10-4（a）］，也可采用国际统一和常用的剖视方法［图 10-4（b）］，绘制剖切符号时，剖视剖切符号不应与其他图线相接触。

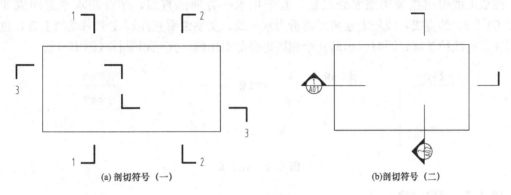

图 10-4 剖切符号

（2）剖视剖切符号的编号宜采用粗阿拉伯数字，按剖切顺序由左至右、由下向上连续编排，注写在剖视方向线的端部。

（3）建（构）筑物剖面图的剖切符号应标注在±0.000标高的平面图或首层平面图上。

（4）需要转折的剖切位置线，应在转角的外侧加注与该符号相同的编号。

二、索引符号

图样中的某一局部或构件，如需另见详图，应用索引符号索引。索引符号是由直径为8～10mm的圆和水平直径组成，以细实线绘制。索引符号应按下列规定编写［图 10-5（a）］。

（1）索引出的详图，如与被索引的详图在同一张图纸内，应在索引符号的上半圆中用阿拉伯数字注明该详图的编号，在下半圆的中间画一段水平细实线［图 10-5（b）］。

（2）索引出的详图，如与被索引的详图不在同一张图纸内，应在索引符号的上半圆中用阿拉伯数字注明该详图的编号，在索引符号的下半圆中用阿拉伯数字注明该详图所在图纸的编号［图 10-5（c）］。数字较多时，可加文字标注。

（3）索引出的详图，如采用标准图，应在索引符号水平直径的延长线上加注该标准图册的编号［10-5（d）］。

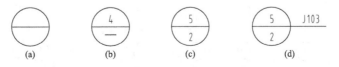

图 10-5 索引符号

（4）索引符号如果用于索引剖视详图，应在被剖切的部位绘制剖切位置线，并用引出线引出索引符号，引出线所在的一侧应代表剖视方向。引出线所带的索引符号编写规则同上。

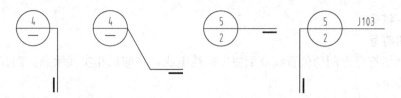

图 10-6　用于索引剖面详图的索引符号

三、引出线

图纸上的引出线应用细实线绘制，宜采用水平方向的直线，结合与水平方向成 30°、45°、60°、90°的直线，或经上述角度再折为水平线。文字说明宜注写在水平线的上方，也可注写在水平线的端部；同时引出的几个相同部分的引出线，宜互相平行（图 10-7）。

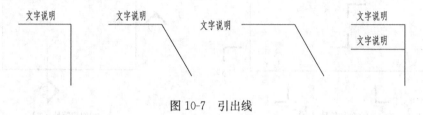

图 10-7　引出线

10.1.7　定位轴线

定位轴线应用细单点长画线绘制。定位轴线应编号，编号应注写在轴线端部的圆内。表示定位轴号的圆，应用细实线绘制，直径为 8～10mm。定位轴线圆的圆心应在定位轴线的延长线或延长线的折线上。

除较复杂需采用分区编号或圆形、折线形的平面，一般平面上定位轴线的编号，宜标注在图样的下方或左侧。横向编号应用阿拉伯数字，按从左至右的顺序编写；竖向编号应用大写拉丁字母，按从下至上的顺序编写（图 10-8）。拉丁字母的 I、O、Z 不能用做轴线编号，以避免和阿拉伯数字中的 1、0、2 混淆。字母不够用时，可增用双字母或在单字母上加数字进行编号。

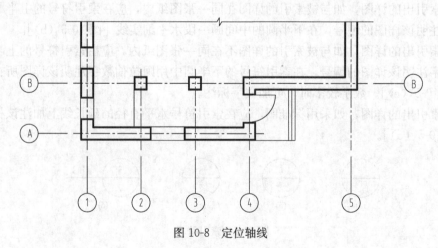

图 10-8　定位轴线

10.1.8　尺寸标注

如图 10-9 所示，图样上的尺寸，包括尺寸界线、尺寸线、尺寸起止符号以及尺寸数字。

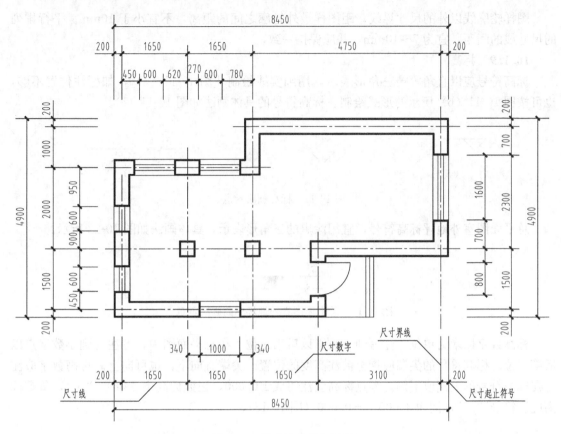

图 10-9　尺寸的组成与排列

一、尺寸界线、尺寸线与尺寸起止符号

尺寸界线应用细实线绘制，一般应与被注长度垂直，其一端应离开图样轮廓线不应小于 2mm，另一端宜超出尺寸线 2～3mm。图样轮廓线可用作尺寸界线。

二、尺寸数字

图样上的尺寸是按比例绘制的，所以图样上的尺寸应以尺寸数字为准，不能通过从图上直接量取的方式获得。

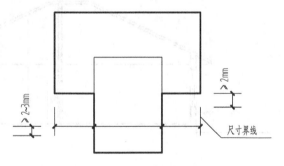

图 10-10　尺寸界线画法示意

图样上的尺寸单位，除标高和总平面图以米为单位外，其他必须以毫米为单位。

尺寸数字的标注有规则（图 10-10），尺寸数字一般应依据其方向注写在靠近尺寸线的上方中部。如没有足够的注写位置，最外边的尺寸数字可注写在尺寸界线的外侧，中间相邻的尺寸数字可上下错开注写。

三、尺寸的布置原则

尺寸宜标注在图样轮廓以外，不宜与图线、文字及符号等相交。

互相平行的尺寸线，应从被注写的图样轮廓线由近向远整齐排列，较小尺寸应离轮廓线较近，较大尺寸应离轮廓线较远。

图样轮廓线以外的尺寸界线，距图样最外轮廓之间的距离，不宜小于 10mm。平行排列的尺寸线的间距，宜为 7～10mm，并应保持一致。

10.1.9 标高

标高符号应以直角等腰三角形表示，用细实线绘制 [图 10-11（a）]，如标注位置不够，也可按图 10-11（b）所示的形式绘制。标高符号的具体画法如图 10-11（c）。

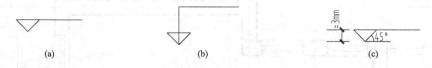

图 10-11 标高画法示意

总平面图室外地坪标高符号，宜用涂黑的三角形表示，具体画法如图 10-12 所示。

图 10-12 总平面图室外地坪标高画法示意

标高数字以米为单位，注写到小数点以后第三位。在总平面图中，可注写到小数字点以后第二位。标高符号的尖端应指至被注高度的位置。尖端宜向下，也可向上。标高数字应注写在标高符号的上侧或下侧。零点标高应注写成±0.000，正数标高不注符号"＋"，负数标高应注符号"－"，例如 3.000、－0.600（图 10-13）。

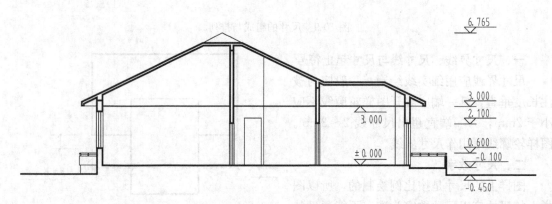

图 10-13 标高标注示意

其他规定详见《房屋建筑制图统一标准》（GB/T 50001—2017）。

10.2 《建筑制图标准》

《建筑制图标准》（GB/T 50104—2010）是适用于建筑专业和室内设计专业的专业制图标准。《建筑制图标准》是保证建筑专业和室内设计专业制图的质量，提高制图效率，使图面清晰、简明、符合设计、施工、审查和存档的要求，能适应工程建设的需要而制定的标准。该标准适用于建筑专业和室内设计专业的新建、改建和扩建工程的各阶段设计图、竣工图；原有建筑物以及构筑物的实测图；通用设计图以及标准设计图。

《建筑制图统一标准》共 4 章，主要技术内容包括：总则、一般规定和图样画法。

10.2.1　图线

图线的宽度 b，应根据图样的复杂程度和比例，按现行国家标准《房屋建筑制图统一标准》（GB/T 50001—2017）的有关规定执行。绘制较简单的图样时，可采用两种线宽的线宽组，其线宽比宜为 $b：0.25b$。

建筑专业、室内设计专业制图采用的各种图线，应符合表 10-9 中的规定。

表 10-9　　　　　　　　　　　　　　　图　　　线

名称		线型	线宽	用途
实线	粗	——————	b	1. 平、剖面图中被剖切的主要建筑构造（构配件）的轮廓线 2. 建筑立面图或室内立面图的轮廓线 3. 建筑构造详图中被剖切的主要部分的轮廓线 4. 建筑构配件详图中的外轮廓线 5. 平、立、剖面的剖切符号
	中粗	——————	$0.7b$	1. 平、剖面图中被剖切的次要建筑构造（构配件）的轮廓线 2. 建筑平、立、剖面图中建筑构配件的轮廓线 3. 建筑构造详图及构配件详图中的一般轮廓线
	中	——————	$0.5b$	小于 $0.7b$ 的图形线、尺寸线、尺寸界线、索引符号、标高符号、详图材料作法引出线、粉刷线、保温层线、地面、墙面的高差分界线等
	细	——————	$0.25b$	图例填充线、家具线、纹样线、肌理线等
虚线	中粗	- - - - - -	$0.7b$	1. 建筑构造详图及建筑构配件不可见的轮廓线 2. 平面图中的起重机（吊车）轮廓线 3. 拟建、扩建建筑物轮廓线
	中	- - - - - -	$0.5b$	投影线、小于 $0.7b$ 的不可见轮廓线
	细	- - - - - -	$0.25b$	图例填充线、家具线等
单点划线	粗	—·—·—	b	起重机（吊车）轨道线
	细	—·—·—	$0.25b$	中心线、对称线、定位轴线
折断线	细	—〜—	$0.25b$	部分省略表示时的断开界线

10.2.2　比例

建筑专业、室内设计专业的制图选用比例，宜符合表 10-10 中的规定。

表 10-10　　　　　　　　　　　　绘　图　比　例

图名	比例
建筑物或构筑物的平面图、立面图、剖面图	1：50　1：100　1：150　1：200　1：300
建筑物或构筑物的局部放大图	1：10　1：20　1：25　1：30　1：50
配件及构造详图	1：1　1：2　1：5　1：10　1：15　1：20　1：25　1：30　1：50

10.2.3　图例

构造及配件常用图例应符合下表中的规定（表 10-11），其他图例画法参加《建筑制图标准》（GB/T 50104—2010）。

表 10-11　　　　　　　　　　　构造及配件主要图例

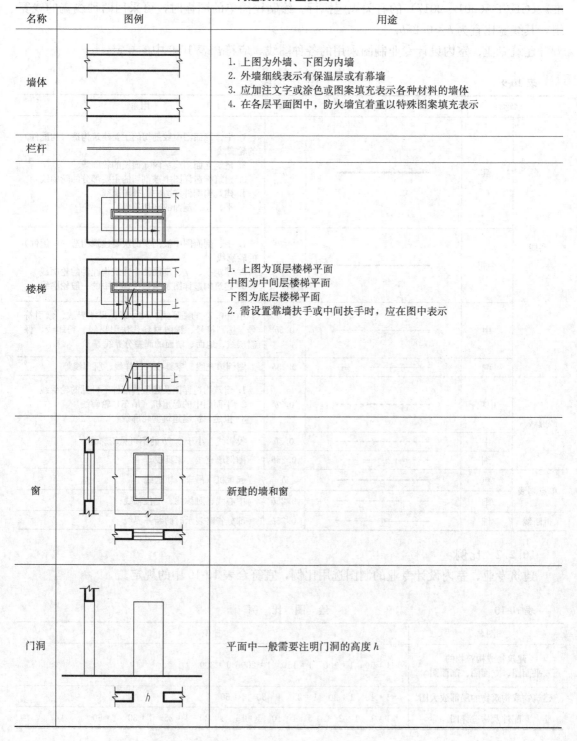

名称	图例	用途
墙体		1. 上图为外墙、下图为内墙 2. 外墙细线表示有保温层或有幕墙 3. 应加注文字或涂色或图案填充表示各种材料的墙体 4. 在各层平面图中，防火墙宜着重以特殊图案填充表示
栏杆		
楼梯		1. 上图为顶层楼梯平面 中图为中间层楼梯平面 下图为底层楼梯平面 2. 需设置靠墙扶手或中间扶手时，应在图中表示
窗		新建的墙和窗
门洞		平面中一般需要注明门洞的高度 h

名称	图例	用途
门	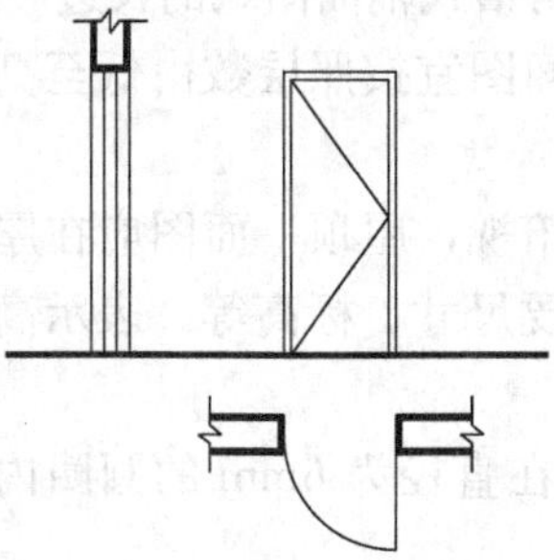	单面开启单扇平开门或弹簧门
	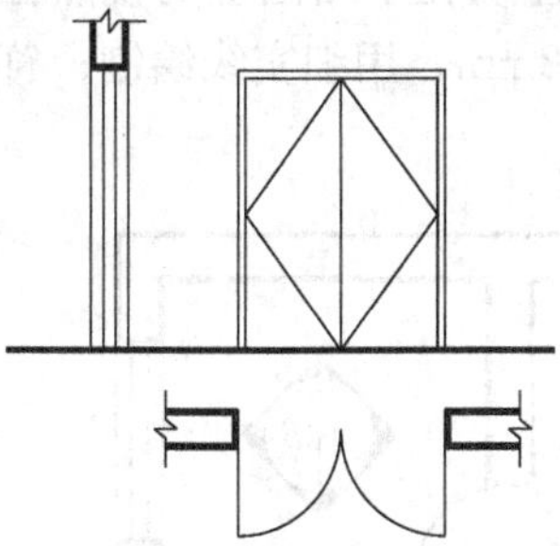	单面开启双扇平开门或弹簧门
坡道	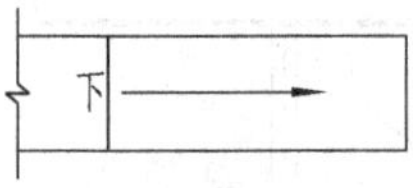	长坡道
	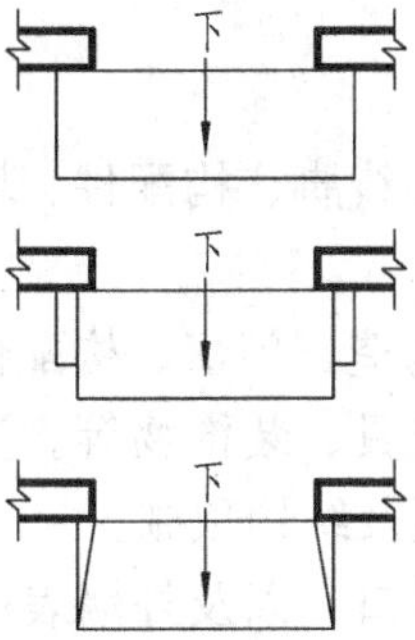	上图为两侧垂直的门口坡道 中图为有挡墙的门口坡道 下图为两侧找坡的门口坡道
台阶	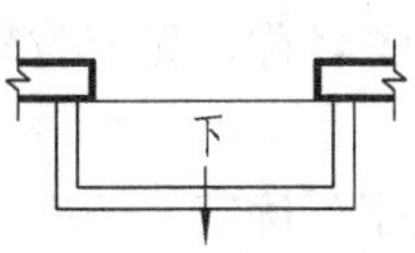	
烟、风道	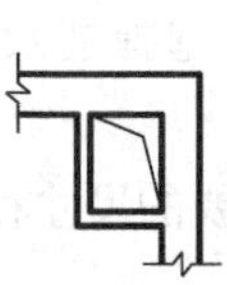 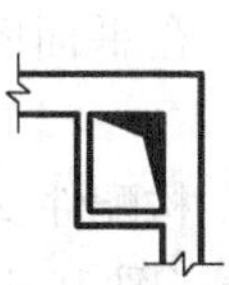	左图为风道 右图为烟道

10.2.4　图样画法

一、平面图

（1）平面图的方向宜与总图方向一致。平面图的长边宜与横式幅面图纸的长边一致。

（2）在同一张图纸上绘制多于一层的平面图时，各层平面图宜按照层数由低至高的顺序从左至右或从上至下的规律布置。

（3）建筑物的平面图应在建筑物的门窗洞口处水平剖切俯视，屋顶平面图应在屋面以上俯视。图内应包括剖切面及投影方向可见的建筑构造及其必要尺寸、标高等，表示高窗、洞口、通气孔、槽、地沟等不可见部分时，应采用虚线绘制。

（4）建筑物平面图应注写房间名称或编号。编号应注写在直径为 6mm 的圆圈内，用细实线绘制，并应在同张图纸上列出房间名称表。

（5）室内立面图的内视符号（表示内视方向的符号）应注明在平面图上的视点位置、方向及立面标号。符号中的圆圈可根据图面比例选择直径 8～12mm，用细实线绘制；符号中的立面编号宜用拉丁字母或阿拉伯数字表示（图 10-14）。

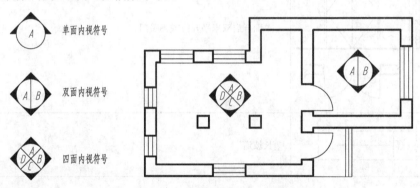

图 10-14　内视符号及应用示例

二、立面图

（1）建筑立面图应包括投影方向可见的建筑外轮廓线和墙面线脚、构配件、墙面作法及必要的尺寸和标高等。

（2）室内立面图应包括投影方向可见的室内轮廓线和装修构造、门窗、构配件、墙面作法、固定家具、灯具、尺寸和标高及需要表达的非固定家具、灯具、装饰物等。室内立面图的顶棚轮廓线，可根据具体情况只表达吊平顶或同时表达吊平顶及结构顶棚。

（3）在建筑物立面图上，应用区分外轮廓、内轮廓、门窗洞口，以及外墙表面分格等的线型关系。

（4）有定位轴线的建筑物，宜根据两端定位轴线编注立面图名称；无定位轴线的建筑物，可按平面图各面的朝向确定立面图名称。

（5）室内立面图的名称，应根据平面图中内视符号的编号或字母确定。

三、剖面图

（1）剖面图的剖切部位，应根据图纸的用途或设计深度，在平面图上选择能反映全貌、构造特征以及有代表性的部位剖切。

（2）建筑剖面图内应包括剖切面和投影方向可见的建筑构造、构配件及必要的尺寸和标高等。

（3）剖切符号可用阿拉伯数字、罗马数字或拉丁字母编号（图 10-15）。

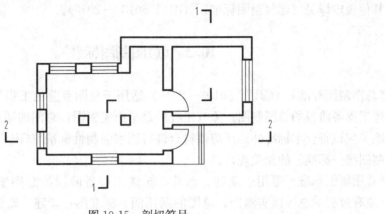

图 10-15　剖切符号

10.2.5　其他规定

（1）指北针应绘制在建筑物±0.000 标高的平面图上，指北针的方向应与总图一致，放在明显的位置上。

（2）比例小于 1∶50 的平面图、剖面图，可不画出抹灰层，但剖面图宜画出楼地面、屋面的面层线。

（3）比例为 1∶100～1∶200 的平面图、剖面图，可画简化的材料图例，但剖面图宜画出楼地面、屋面的面层线。

（4）比例小于 1∶200 的平面图、剖面图，可不画材料图例，剖面图的楼地面、屋面的面层线可不画出。

（5）标注建筑平面图各部位的定位尺寸时，应注写与其最临近的轴线间尺寸；楼地面、地下层地面、阳台、平台、檐口、屋脊、女儿墙、台阶等处的高度尺寸及标高，宜在平面图和详图中注写完成面标高，立面图、剖面图及详图应注写完成面标高及高度方向的尺寸；标准建筑剖面各部位的定位尺寸时，应注写其所在层次内的尺寸。

（6）相邻的立面图或剖面图，宜绘制在同一水平面上，图内相互有相关的尺寸和标高，宜标注在同一竖线上（图 10-16）。

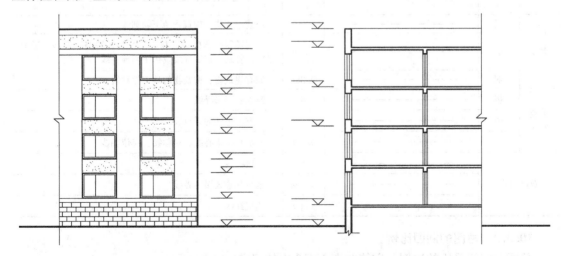

图 10-16　相邻立面图、剖面图的位置关系

其他规定详见《建筑制图标准》(GB/T 50104—2010)。

10.3 《总图制图标准》

《总图制图标准》(GB/T 50103—2010)适用于总图专业的工程制图,包括新建、改建和扩建工程各阶段的总图制图;原有工程的总平面实测图;总图的通用图和标准图。总图制图,除了应该符合本标准外,还应该符合现行国家强制性标准(GB/T 50001—2017)《房屋建筑制图统一标准》的相关规定。

《总图制图标准》适用于新建、改建、扩建工程各阶段的总图制图(场地园林景观制图);原有过程的总平面实测图;总图的通用图、标准图;新建、改建、扩建工程各阶段场地园林景观设计制图。

10.3.1 总图的图线

图线的宽度 b,应根据图样的复杂程度和比例,按现行国家标准《房屋建筑制图统一标准》(GB/T 50001—2017)的有关规定执行。总图制图应根据下表中的线型选用(表 10-12)。

总图中的图线,应根据各类图纸所表示的不同重点确定不同粗细线型的使用。

表 10-12 图 线

名称		线型	线宽	用途
实线	粗		b	1. 新建建筑物±0.000 高度可见轮廓线 2. 新建铁路、管线
	中		$0.7b$ $0.5b$	1. 新建构筑物、道路、桥涵、边坡、围墙、运输设施的可见轮廓线 2. 原有标准轨距铁路
	细		$0.25b$	1. 新建建筑物±0.000 高度以上的可见建筑物、构筑物轮廓线 2. 原有建筑物、构筑物、窄轨、铁路、道路、桥涵、围墙的可见轮廓线 3. 新建人行道、排水沟、坐标线、尺寸线、等高线
虚线	粗		b	新建建筑物、构筑物地下轮廓线
	中		$0.5b$	计划预留扩建的建筑物、构筑物、铁路、道路、运输设施、管线、建筑红线及预留用地各线
	细		$0.25b$	原有建筑物、构筑物的地下轮廓线
单点划线	粗		b	露天矿开采界线
	中		$0.5b$	土方填挖区的零点线
	细		$0.25b$	分水线、中心线、对称线、定位轴线
双点划线			b	用地红线
			$0.7b$	地下开采区塌落界线
			$0.5b$	建筑红线

10.3.2 总图的制图比例

总图制图宜采用的比例,宜符合表 10-13 中的规定。

一个图样宜选用同一种比例，铁路、道路、土方等的纵断面图，可在水平方向和垂直方向选用不同比例。

表 10-13　　　　　　　　　　　　　　总 图 制 图 比 例

图　名	比　例
现状图	1∶500　1∶1000　1∶2000
地理位置交通图	1∶25 000～1∶200 000
总体规划、总体布置、区域位置图	1∶2000　1∶5000　1∶10 000　1∶25 000　1∶50 000
总平面图、竖向布置图、管线综合图、土方图、铁路、道路平面图	1∶300　1∶500　1∶1000　1∶2000
场地园林景观总平面图、场地园林景观竖向布置图、种植总平面图	1∶300　1∶500　1∶1000
铁路、道路纵断面图	（垂直）1∶100　1∶200　1∶500 （水平）1∶1000　1∶2000　1∶5000
铁路、道路横断面图	1∶20　1∶50　1∶100　1∶200
场地断面图	1∶100　1∶200　1∶500　1∶1000
详图	1∶1　1∶2　1∶5　1∶10　1∶20　1∶50　1∶100　1∶200

10.3.3　计量单位

（1）总图中的坐标、标高、距离应以米为单位。坐标以小数点标注三位，不足时以"0"补齐；标高和距离，以小数点后两位数标注，不足时以"0"补齐。详图可以以毫米为单位标注。

（2）建筑物、构筑物、铁路、道路方位角（或方向角）和铁路、道路转向角的度数，宜注写道"秒"，特殊情况时应另注说明。

（3）铁路纵坡度宜以千分计，道路纵坡度、场地平整坡度、排水沟沟底纵坡度宜以百分计，并取小数点后一位数标注，不足时以"0"补齐。

10.3.4　标高注法

建筑物应以接近地面处的±0.000 标高的平面作为总平面。字符应平行于建筑的长边书写。总图中标注的标高应为绝对标高，标注相对标高时，应注明相对标高与绝对标高的换算关系。

建筑物、构筑物、铁路、道路、水池等应按以下规定标注有关部位的标高，标高符号应按现行国家标准《房屋建筑制图统一标准》（GB/T 50001—2017）的有关规定进行标注：

（1）建筑物标注室内±0.000 处的绝对标高在一栋建筑物内宜标注一个±0.000 标高，当有不同地坪标高时，以相对±0.000 的数值标注。

（2）建筑物室外散水，标注建筑物四周转角或两对角的散水坡脚处标高。

（3）构筑物标注其由代表性的标高，并用文字注明标高所指的位置。

（4）铁路标注轨顶标高。

（5）道路标注路面中心线交点及变坡点的标高。

（6）挡土墙标注强顶和墙趾标高，路堤、边坡标注坡顶和坡脚的标高，排水沟标注沟顶和沟底标高。

（7）场地平整标注其控制位置标高，铺砌场地标注其铺砌面标高。

10.3.5　其他规定

（1）总图应按上北下南的方向绘制。根据场地形状或布局，可向左或右偏移，但不宜超过 45°。总图中应绘制指北针或风玫瑰图。

（2）总图上的建筑物、构筑物应注写名称，名称宜直接标注在图上。当图样比例小或图面无足够空间时，也可编号后列表标注在图内；图形过小时，可标注在图形外侧附近处。

（3）一个工程中，整套总图图纸所注写的场地、建筑物、构筑物、铁路、道路等的名称应统一，各阶段的上述名称和编号应一致。

其他规定详见《总图制图标准》（GB/T 50103—2010）。

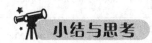

在建筑制图中，无论是徒手、尺规仪器还是计算机绘图，都要注意依据我国现行的制图规范绘制，在规范指导下绘制的各类图纸才能满足读图、表达以及施工的需要。

涉外图纸在图纸表达上会与依据我国制图规范所绘的图纸有所不同，但基本的表达要求与我国的基本一致。

参 考 文 献

［1］ 马志超. 建筑透视和阴影. 上海：同济大学出版社，2002.

［2］ 黄红武，王子茹：现代阴影透视学. 北京：高等教育出版社，2008.

［3］ 钟训正. 建筑制图. 南京：东南大学出版社，2009.

［4］ 程大金. 建筑绘图. 5 版. 张楠，张威，译. 天津：天津大学出版社，2014.

［5］ 德尔尼. 建筑绘画与技法. 梁静，杨瑞，译. 北京：中国建筑工业出版社，2012.

［6］ 李国生，黄水生. 建筑透视与阴影（含画法几何）. 广州：华南理工大学出版社，2007.

［7］ 华南理工大学，湖南大学，等. 建筑制图，北京：高等教育出版社，2014.

［8］ 黄钟琏. 建筑阴影和透视. 上海：同济大学出版社，2010.